Infrared Spectroscopy

赤外分光法

Yukio Furukawa
古川行夫 [編著]

講談社

執 筆 者

(カッコ内は担当章・節・項)

赤尾　賢一　　日本分光株式会社(3.2 節, 4.1.3 項, 4.3, 5.1, 5.2 節)
田隅　三生　　東京大学名誉教授(1 章)
長谷川　健　　京都大学　化学研究所
　　　　　　　(2.3 節, 4.1.1 項, 4.2, 5.3, 6.2 節, 付録 A, B, C)
古川　行夫　　早稲田大学　先進理工学部
　　　　　　　(2.1, 2.2, 3.1 節, 4.1.2 項, 5.2, 5.4, 5.5, 6.1, 6.3 節, 付録 D：編者)

まえがき

　赤外分光法は機器分析法の一つとして，基礎研究ばかりでなく，材料・食品・医薬などの分野の開発研究で広く使用されている．赤外スペクトルがもっている試料の情報を十分に利用するためには，赤外分光測定と振動スペクトルの原理を理解し，さまざまな応用例を知ることが必要である．これから分光学を学ぼうとする初学者や分光計測を利用し始める研究者に基礎をわかりやすく説明することを意図して，日本分光学会の分光測定入門シリーズ6『赤外・ラマン分光法』が出版されている．一方，「分光法シリーズ」の本書は，赤外分光法を専門とする方，赤外分光法を利用する広範な科学技術分野のアカデミア，企業の研究者，大学院修士課程以上の学生に役立つような内容の，やや程度の高い教科書となることを目指した．

　第1章では赤外分光法の過去・現在・未来を概観した．第2章では赤外分光法の基礎を記述した．赤外スペクトルには，量子論に基づいて分子の振動と赤外光の相互作用を取り扱う立場と，古典電磁気学に基づいて振動双極子が存在する場合の赤外光伝播の周波数依存性を取り扱う立場がある．それらの関係がわかるように解説した．第3章では，FT-IR分光測定と分光計の基礎と実際を記述した．第4章と第5章においては，さまざまな赤外分光測定の実例と解析の方法を紹介した．最近の赤外分光測定の約45%がATR測定，約30%が顕微測定であり，これら二つの測定法の使用頻度が高い．そこで，本書でもATR測定と顕微測定に重点を置いた．第6章では，新しい測定法として，ナノメーター領域の赤外スペクトル測定が可能なナノ赤外分光法を紹介した．走査型プローブ顕微鏡として新しい赤外分光測定法が開発されている．

　本書を出版するにあたって多くの方々のご協力をいただいた．早稲田大学大学院生の吉中 健君，髙力啓孝君，沖 範彰君には図の作成や式のチェックを手伝っていただいた．講談社サイエンティフィクの五味研二氏には，熱心に原稿の査読をしていただいた．これらの方々に心から御礼申し上げたい．分光法シリーズの第4巻として本書を出版できたことは，赤外分光法を専門としてきた編者にとって大きな喜びである．

2018年4月5日

古川行夫

目　　次

第1章　赤外分光法の過去・現在・未来 ………………………………… 1
1.1　用語について ……………………………………………………… 1
1.2　赤外分光法のはじまり …………………………………………… 3
1.3　赤外分光学のはじまり …………………………………………… 4
1.4　わが国での赤外分光学のはじまり ……………………………… 8
1.5　1946年から1965年ごろまでの赤外分光法 …………………… 10
1.6　振動スペクトルの解析—1930年代から1970年代まで …… 11
1.7　フーリエ変換赤外分光法の登場—1970年代の主役交代 …… 13
1.8　1980年代の赤外分光法—FT-IR分光法による
　　　領土拡大の時代 ………………………………………………… 14
1.9　量子化学計算に基づく振動スペクトル解析
　　　—1980年代における大変革 ………………………………… 15
1.10　1990年代以降現在まで ………………………………………… 16
1.11　未　来 …………………………………………………………… 19

第2章　赤外分光法の基礎 ………………………………………………… 23
2.1　赤外吸収スペクトル ……………………………………………… 23
2.2　分子振動からのアプローチ ……………………………………… 28
　　2.2.1　2原子分子の振動—古典力学に基づく取り扱い ……… 29
　　2.2.2　2原子分子の振動—量子力学に基づく取り扱い ……… 30
　　2.2.3　多原子分子の振動とエネルギー準位 …………………… 33
　　2.2.4　吸収強度と選択律 ………………………………………… 38
　　2.2.5　フェルミ共鳴 ……………………………………………… 42
2.3　電磁気学からのアプローチ ……………………………………… 43
　　2.3.1　物質中の光の伝搬 ………………………………………… 43
　　2.3.2　複素屈折率，複素誘電率，複素電気感受率 …………… 46
　　2.3.3　複素誘電率の振動数依存性 ……………………………… 49

v

2.3.4　光学界面 ·· 53

第3章　フーリエ変換赤外分光測定および分光計 ················ 55

3.1　フーリエ変換赤外分光測定の基礎 ····························· 55
　3.1.1　光の表現法 ·· 55
　3.1.2　インターフェログラムとフーリエ変換 ······················· 56
　3.1.3　コンボリューション定理 ·· 60
　3.1.4　バンド波形と分解 ··· 61
　3.1.5　サンプリングとスペクトルの折り返し ······················· 65
3.2　フーリエ変換赤外分光計 ·· 67
　3.2.1　FT-IR 分光計の本体 ··· 67
　　A．FT-IR 分光計の概略および測定の流れ ······················· 67
　　B．干渉計 ·· 68
　　C．光　源 ·· 74
　　D．検出器 ·· 75
　　E．入射孔 ·· 78
　　F．試料室 ·· 78
　　G．信号処理 ·· 79
　　H．光学フィルター ·· 81
　3.2.2　スペクトルの算出 ··· 82
　　A．スペクトルが得られるまでの計算過程 ······················· 82
　　B．高速フーリエ変換 ··· 82
　　C．アポダイゼーション ··· 86
　　D．スペクトルデータ点の補間—ゼロフィリング ············ 87
　　E．位相補正 ·· 88
　　F．測定条件のまとめ ··· 89
　　G．FT-IR 分光計と分散型分光計の特徴 ··························· 89
　3.2.3　分光計の性能確認 ··· 91
　　A．波数の正確さ ·· 92
　　B．波数繰り返し性 ·· 92
　　C．透過率繰り返し性 ··· 92
　　D．分　解 ·· 92
　　E．ASTM の試験項目の概略 ·· 93

第 4 章　赤外スペクトルの測定 …… 95
4.1　バルク試料の透過吸収測定 …… 95
4.1.1　透過吸収測定の方法および解析 …… 95
- A.　液体，溶液の測定 …… 95
- B.　臭化カリウム(KBr)錠剤法 …… 99
- C.　高分子フィルムの測定 …… 101

4.1.2　偏光測定 …… 103
4.1.3　スペクトル処理 …… 111
- A.　四則演算と差スペクトル …… 111
- B.　微　分 …… 113
- C.　ベースライン補正 …… 113
- D.　スムージング …… 114
- E.　FFT フィルター …… 116
- F.　デコンボリューション …… 116
- G.　データ補間 …… 119
- H.　ピーク波数，強度，幅の計算 …… 119
- I.　波形分離(カーブフィッティング) …… 121

4.2　界面を利用した測定法 …… 124
4.2.1　弱吸収近似 …… 125
4.2.2　透過法 …… 126
4.2.3　反射吸収(RA)法 …… 132
4.2.4　外部反射法 …… 136
4.2.5　ATR 法 …… 142
4.2.6　正反射法 …… 147

4.3　顕微・イメージ測定 …… 153
4.3.1　顕微測定 …… 154
- A.　赤外顕微鏡の概略 …… 154
- B.　赤外顕微鏡の空間分解 …… 156
- C.　顕微赤外分光計の測定手順 …… 160
- D.　顕微透過吸収測定 …… 162
- E.　顕微 RA 測定 …… 164
- F.　顕微反射測定 …… 165
- G.　顕微 ATR 測定 …… 167

4.3.2　赤外イメージ測定·· 168
　　　A.　赤外イメージ測定の概略··· 168
　　　B.　顕微透過イメージ測定·· 170
　　　C.　顕微 RA イメージ測定·· 171
　　　D.　顕微 ATR イメージ測定·· 173

第 5 章　赤外スペクトルの解析·· 179
5.1　ライブラリーサーチ ··· 179
　　5.1.1　ライブラリーを用いた定性分析································ 180
　　5.1.2　市販ライブラリー·· 184
　　5.1.3　官能基分析·· 186
5.2　定量分析·· 187
　　5.2.1　分解およびアポダイゼーション関数の設定···················· 188
　　5.2.2　検量線·· 191
　　5.2.3　水溶液の定量分析·· 193
　　5.2.4　樹脂中の成分の定量分析·· 194
　　5.2.5　気体の定量分析··· 195
5.3　ケモメトリックス·· 197
　　5.3.1　スペクトルの多次元空間表現···································· 198
　　5.3.2　ランベルト・ベール則の多成分系への拡張：
　　　　　　classical least-squares (CLS) 回帰式····················· 199
　　5.3.3　成分数の誤りに強い ILS (MLR) 回帰法······················· 205
　　5.3.4　主成分分析 (PCA) 法··· 207
　　5.3.5　主成分回帰 (PCR) 法··· 211
　　5.3.6　PLS 法·· 214
5.4　群論を用いた解析·· 215
　　5.4.1　1,3-ブタジエン·· 215
　　5.4.2　ポリアセチレン··· 221
　　5.4.3　ポリエチレン·· 226
5.5　グループ振動による解析··· 229
　　　A.　3600〜2100 cm^{-1} の領域に強い特徴的なバンドがある物質······ 230
　　　B.　2300〜2000 cm^{-1} の領域に強い特徴的なバンドがある物質······ 233
　　　C.　1900〜1600 cm^{-1} の領域：C=O 基································ 233

D. その他の官能基・化学結合 ·· 235
E. 1000 cm^{-1} 以下の領域：アルケンや芳香族化合物の
　　CH 面外変角振動 ·· 235

第6章　赤外分光法の先端測定法 ·· 239
6.1　ダイナミック赤外分光法 ·· 239
　6.1.1　過渡状態法と定常状態法 ·· 239
　6.1.2　時間分解測定 ·· 241
　　A. 液晶の電場応答の測定例 ·· 242
　　B. 液晶の電場応答の時間分解赤外イメージ測定 ··················· 244
　　C. 導電性高分子のキャリヤー再結合過程の評価 ··················· 246
　　D. UV 硬化樹脂の硬化過程の評価 ·· 247
　6.1.3　変調測定と差スペクトル測定 ··· 249
　　A. 振動シュタルク効果の測定 ··· 249
　　B. 強誘電体の電場誘起スペクトル測定 ································ 250
　　C. 延伸による配向変化と2次元相関解析法 ························· 252
6.2　多角入射分解分光 (MAIRS) 法 ·· 254
　6.2.1　MAIRS 法 ··· 255
　6.2.2　pMAIRS 法 ··· 258
6.3　ナノ赤外分光法 ·· 262
　6.3.1　AFM-IR ··· 262
　6.3.2　近接場赤外分光法 ··· 266

付　録 ·· 271
付録 A　界面での連続条件 ··· 271
付録 B　Abelès の伝達行列法 ··· 273
付録 C　クラマース・クローニッヒの関係式 ································ 281
付録 D　無機イオンの振動スペクトル ·· 288

索　引 ·· 291

第 1 章　赤外分光法の過去・現在・未来

　赤外分光法は，全体として見れば，新しい分光法ではないが，常に新しい測定法や解析法が開発されてきた．そういう意味で，古くて新しい分光法である．1.1 節で赤外分光法に関する用語について簡単に説明してから，本題に入る．

1.1 ■ 用語について

　分光にぴったり対応する英語はないが，「分光する」を「単色化する」と同等と考えれば，'monochromate' が対応することになる．この言葉は，多くの波長の光（電磁波）が混合している場合，そこから特定の波長をもつ光を分け取ることを意味する．「単色化する」に似た言葉をして，「分散する(disperse)」があり，これはいろいろな波長が混合している光を波長の順に分けて並べる（スペクトル状にする）ことを意味する．光を分散するための機器(分散素子)の代表的なものはプリズムと回折格子である．

　赤外分光学(infrared spectroscopy)は，物質構造(やや狭い意味では分子構造)に関する情報を含んでいる**赤外スペクトル**(infrared spectrum，複数形は infrared spectra)の測定法と，測定されたスペクトルの解析法を含んだ学問分野である．**赤外分光法**(infrared spectrometry)は，主として測定法を指す場合に用いられることが多いが，「分光学」と「分光法」という 2 つの用語の使途は厳密に区別されているわけではない．

　分光に用いられる装置を指す言葉には，**分光器**(monochromator)，**分光計**(spectrometer)，**分光光度計**(spectrophotometer)がある．これらも厳密に区別されて使用されてはいないが，分光器を 'monochromator' という英語に対応させるならば，単色化器という意味になるので，検出器からあとの電子回路系などを含まない光学系のみを指す場合に使うべきであろう．分光計と分光光度計は同じ意味で，光学系，電子回路系，測定を制御するパソコン，プリンターなどを含む測定装置全体を指す．

　赤外線は，**波長**(wavelength，記号は λ)によって，**近赤外線**(near-infrared)，**中**

1

赤外線(mid-infrared)，**遠赤外線**(far-infrared)に分類される．近赤外線は約 750 nm から 2.5 µm まで，中赤外線は 2.5 µm から 25 µm まで，遠赤外線は 25 µm から約 1 mm までの波長領域を指すことが多い．中赤外線は普通赤外線ということもあるが，英語の mid-infrared に対応するものとしては中赤外線の方がよい．

赤外分光学では，スペクトルの横軸として，波長(λ)の逆数 $1/\lambda$ を cm^{-1} 単位で表した**波数**(wavenumber，記号は$\tilde{\nu}$)を使うことが普通である．($\tilde{\nu}$はニューティルダと読む．) 波数は**振動数**(frequency，記号はν)を真空中の光速で割ったものに等しい．

波数で表すと，近赤外線は約 14,000〜4,000 cm^{-1}，中赤外線は 4,000〜400 cm^{-1}，遠赤外線は 400〜約 10 cm^{-1} の領域に相当する．

本書の目的は，物質の定性分析と定量分析に現在最もよく用いられている，中赤外(線)領域の測定法について解説することである．

赤外スペクトルを得るには，測定対象物質による赤外線の**吸収**(absorption)を測定することが普通であるが，**反射**(reflection)を測定することも多く，本書の 4.2.5 項で述べられている**全反射吸収**(attenuated total reflection，略称 ATR)は反射を測定することによって，実質的には吸収を測定する手法である．このほかに，高温の物質から，赤外線の**放出**(emission)を測定することも可能である．吸収スペクトルと放出スペクトルは基本的に同等である．

赤外スペクトルには多数の吸収(バンド)が現れることが多く，それらの波数位置が接近していることがしばしばある．波数でどれぐらい接近しているバンドを分けて測定できるかを表すために，**分解**(resolution)が用いられる．分解の波数値が小さいほど，**高分解**(high resolution)となる．分解は分光計の性能によって決まり，現在よく使用されている小型のフーリエ変換赤外分光計では 2 から 4 cm^{-1} 程度であるが，大型のフーリエ変換赤外分光計では 0.01 cm^{-1} よりも高い分解を得ることができる．測定対象が液体や粉末の場合には，バンドの幅が広いので，分解は 2 から 4 cm^{-1} 程度で十分なことが多い．

赤外スペクトルは，測定対象物質を構成している分子内の原子の振動(これを**分子振動**(molecular vibration)とよぶ)によって起こる．測定対象物質が結晶である場合は，その結晶がイオン結晶か分子性結晶かによって事情が異なるが，赤外スペクトルは一般に**格子振動**(lattice vibration)によって起こる．分子振動や格子振動に起因して生じるスペクトルには，赤外スペクトルのほかに**ラマンスペクトル**(Raman spectrum，複数形は Raman spectra)がある．赤外スペクトルとラマンスペクトル

は，分子振動や格子振動について同等または相補的な情報を与えるので，どちらも**振動スペクトル**(vibrational spectrum，複数形は vibrational spectra)とよぶことも多い．赤外分光学とともに**ラマン分光学**(Raman spectroscopy)がある．赤外分光学とラマン分光学を合わせて**振動分光学**(vibrational spectroscopy)とよぶ．

日本分光学会との関係で，過去10年間(2009年以降)に出版された振動分光学関係の参考書を章末にあげる．

1.2 ■ 赤外分光法のはじまり

19世紀の赤外分光法の歴史についての詳しい記述は，本書には必要ないと思われるので，Normar. Sheppard の総説[1]を参考にして簡単に紹介する．

Frederick W. Herschel(ドイツ生まれだが，イギリスで活躍)は，今から2世紀以上前の1800年に，太陽光には，照らされる物体の温度を上昇させる作用をもつ，可視光の中で最も波長の長い赤色光よりもさらに長波長の光線があることを発見した．これが赤外線(近赤外線を含む)の存在についての最初の報告である．その後，19世紀を通じて，欧米の幾人もの研究者によって，赤外線の性質を解明するための測定手段の開発と改良が行われたが，それはすらすらと進んだわけではない．

検出器としては，熱電対をつないだサーモパイルが19世紀の前半から，現在遠赤外領域で用いられているボロメーターの原型となるものが19世紀の後半から使用されていた．中赤外線を透過する材料として岩塩が適していることは1830年代に見出された．岩塩とは地中にある塩化ナトリウムの鉱床を指し，そのなかには塩化ナトリウムの大きな単結晶が含まれていることがある．岩塩の単結晶は近赤外から中赤外領域の大部分(波長で約 15 μm，波数で約 650 cm^{-1} まで)を透過する．

1850年代に，John Tyndall は，種々の物質について分散されていない赤外線の透過率を測定して，赤外吸収が分子振動に関係するものであろうという説を出したが，分子の存在がまだ確認されていない時代のことなので，これは憶測に過ぎなかった．

Macedonio Mellcni は，1830年代から1850年ごろまで，赤外分光器を製作することに努力し，スリット，岩塩の大きな単結晶から造ったレンズ(赤外線の分散素子として)，サーモパイル(検出器として)を用いた分光器を作った．この分光器は，赤外線の屈折率が波長に依存することを利用したもので，スリットの像を赤外線の波長にしたがって異なる位置に結像させ，検出器を(異なる波長の赤外線の)スリッ

ト像に沿って移動させることによって，赤外スペクトルを測定するものであった．検出器が大きなものだったため，スリット幅を広くしなければならず，高分解のスペクトルを得ることはできなかったが，このタイプの赤外分光器は 1880 年代まで使用された．

　Samuel P. Langley は，Melloni が用いたサーモパイルよりもはるかに小型のボロメーターを 1880 年に開発し，この検出器と大きな岩塩プリズムを組み合わせた分光器を 1887 年に製作した．この種の分光器を用いて，Knut Ångstrom は，1889 年から 1893 年にかけて，CO，CO_2，CH_4，HCl などの近赤外から波長 5 µm（波数では 2000 cm^{-1}）までのスペクトルを測定し，近赤外領域の吸収と比べて，中赤外領域の吸収の強度が強いことを見出した．Langley は回折格子を用いた分光器も製作した．

　赤外線の光源としてネルンスト発光体（Nernst glower，高温に熱した棒状の酸化セリウムなど）を用いることは，Heinrich Rubens らによって 1910 年ごろに始められた．同じころ，軟らかい金属に線を刻むことで回折格子を作ることが Robert W. Wood らによって始められ，これはのちに高分解分光法を発展させるために役立った．Langley のボロメーターよりも高感度の熱電対検出器も 20 世紀の初めごろには開発された．

1.3 ■ 赤外分光学のはじまり

　19 世紀から 20 世紀の初めまでは，近赤外から遠赤外にかけての領域のスペクトルが何から生じるのかについての議論はあったものの，はっきりしたことはわかっていなかった．1926 年にシュレーディンガー方程式が発表され，量子力学の基礎が固まったことを受けて，それを用いて原子や分子の構造を解明する研究が急速に進んだ．その結果，分子には，電子のエネルギー準位，分子振動のエネルギー準位，（分子全体の）回転のエネルギー準位があることが明らかになった．エネルギーの大きさは，電子エネルギーが最も大きく，次が振動エネルギーで，回転エネルギーが最も小さい．電子，振動，回転のエネルギー準位は各個に独立して存在しているのではなく，電子エネルギー準位に付随する振動・回転のエネルギー準位があり，振動エネルギー準位に付随する回転エネルギー準位がある．紫外・可視吸収スペクトルは，基底電子状態から励起電子状態への遷移によって生じるのに対し，赤外吸収スペクトルは，基底振動状態（振動量子数 $v = 0$）から第一励起振動状態（振動

写真 1.3.1 Gerhard Herzberg（1904〜1999）

量子数 $v=1$）への遷移によって生じる．これを基本音バンドとよぶ．基底振動状態から第二励起振動状態（振動量子数 $v=2$）への遷移によって生じるバンドを倍音バンドとよぶ．倍音バンドはしばしば近赤外領域に現れる．多原子分子には，多数の分子振動があり，それらのうちの 2 個の振動量子数を v_1, v_2 とすると，$v_1=0, v_2=0$ の基底振動状態から $v_1=1, v_2=1$ の結合音振動状態への遷移に対応して，結合音バンドが現れる．これも近赤外領域にあることが多い．倍音や結合音のバンドの吸収強度は基本音バンドの吸収強度よりもずっと小さい．これは，前記の Ångstrom による測定結果と一致している．倍音バンドや結合音バンドは，分子内で原子にかかる力（分子内力場）がフックの法則からずれること（分子内力場の非調和性）によって現れる．

分子を対象とする理論と測定結果の対応を考察するためには，自由分子のスペクトルを測定しなければならない．気体中の分子は通常独立した自由分子である．したがって，理論との対応を考察するためには，気体の赤外吸収スペクトルを測定することが必要になるが，この場合，振動準位に付随する回転準位間の遷移から生じる振動回転スペクトルを高分解で測定しなければならない．2 原子分子および小型の多原子分子（原子数の多くない）を対象とする，このような測定は 1930 年代から始まっており，これらの研究によって，測定対象分子の構造について詳細な情報が得られた．のちに Gerhard Herzberg（**写真 1.3.1**，1971 年度ノーベル化学賞受賞者，ドイツで生まれ，カナダの国立研究所で活躍）はそれらの研究を 2 冊の単行本にまとめた[2,3]．

原子数が多い多原子分子は通常液体状態か固体状態で存在する．これらの状態で

は，分子の自由回転は起こらないので，これらの分子の赤外スペクトルは基本的に分子振動から生じる．したがって，これらの分子の赤外スペクトルは，分子振動と分子構造，分子内力場の関係を研究するうえで重要であるだけでなく，比較的簡便に定性分析や定量分析に用いることができる点でもきわめて有用である．本書の主な目的は，多数存在するこれらの分子の赤外スペクトルの測定法と解析法を解説することにある．

分子性結晶およびその粉末や無定形（アモルファス）固体には，電子エネルギー準位と格子振動のエネルギー準位はあるが，回転のエネルギー準位はない．これらの赤外吸収スペクトルは，液体状態の分子の赤外吸収スペクトルと同じような情報を与える．分子性結晶では，分子が結晶格子を形成するので，分子間の振動や分子全体の回転に由来する格子振動があり，それらの多くは遠赤外領域に現れる．

塩化ナトリウムなどの無機物のイオン結晶は，格子振動に基づく吸収があり，それらの多くは遠赤外領域に現れる．通常それらのバンド幅は広い．イオン結晶ではないダイヤモンド（炭素），ケイ素，ゲルマニウムのなどの結晶は赤外吸収を示さない．

ある分子または結晶のどのような分子振動や格子振動が赤外吸収を生じるかについては，それらの対称性によって決まる規則（選択則）がある．選択則は群論によって導かれる．

高分解赤外分光法は，1910年代から1940年代に，ミシガン大学のHarrison M. Randall（**写真1.3.2**）と共同研究者によって発展させられた．独自に刻んだ回折格子と回折次数の異なる光を分離するための前置プリズムを備えた分光器が開発された．測定された高分解赤外吸収スペクトルの解析については，David M. Dennison, Harald. H. Nielsen, Reinhard Meckeらが多くの貢献を行った．Randallは遠赤外領域の吸収スペクトルを測定できる分光器も開発し，この領域の水蒸気の高分解回転スペクトルを測定した．

有機化合物（多くは液体）について，高分解ではない赤外スペクトルを測定することは，早くから行われていたが，20世紀のはじめに，William W. Coblentz（**写真1.3.3**）は少なくとも130種類の有機化合物の赤外吸収スペクトルを岩塩プリズム分光器によって14 μmまたは15 μmまで測定した．Coblentzは，測定対象の化合物の精製に気を使った．当時の分光器では，プリズムを手動で回転して，波長を少しずつ変えながら，各波長での透過度を測定していたので，1つの化合物の赤外吸収スペクトルを測定するのに3時間から5時間かかった．こういう状況で，多数の化合物の

写真 1.3.2 Harrison M. Randall（1870〜1969）

写真 1.3.3 William W. Coblentz（1873〜1962）

赤外吸収スペクトルを測定することは容易なことではなかった．測定されたスペクトルを見比べて，Coblentz は，特定の原子団（CH_3, CH_2, NH_2, OH, NO_2, CN など）が一定の波長に吸収バンドを示すことに気付いた．これは，赤外スペクトルが化合物の定性分析や定量分析に使えることを示したもので，化学界に大きな影響を与えた．Coblentz は，吸収だけでなく反射や放出の測定も行った．これらの測定は，

1903年から1905年までの期間に，コーネル大学で行われ，測定方法と測定結果はカーネギー研究所から7編の長文の論文として出版された[4]．

1920年代には，パリのソルボンヌ大学で，J. Lecomteはさらに多くの有機化合物の赤外吸収スペクトルを収集し[5]，赤外吸収スペクトルが化合物の指紋ともいえるものであることを示した．これは，第2次世界大戦時に，炭化水素燃料の分析に役立った．

第2次世界大戦が始まる前の1939年には，欧米の大学などの研究機関で，数十台の赤外分光器が使われていた．戦争中に，検出器本体と検出された信号を処理する電気系が顕著に進歩した．戦後間もない1947年には500台を超える赤外分光計が化合物の分析用に用いられていた．

1.4 ■ わが国での赤外分光学のはじまり

わが国で赤外分光測定を最初に行ったのは，東京帝国大学理学部化学科教授だった水島三一郎（**写真 1.4.1**）の研究室であった．水島研究室では，太平洋戦争勃発のほぼ2年前から，赤外吸収スペクトルを測定するための準備が開始され，それを担当したのは島内武彦（**写真 1.4.2**：当時学部学生，のちに水島の後任教授となる）だった．この測定に用いられた赤外分光器はドイツのZeiss社から輸入されたものであった．

この分光器の購入は，文部省からの経費と服部報公会からの寄付金によってまか

写真 1.4.1 水島三一郎（1899～1983）

写真 1.4.2 島内武彦（1916～1980）

なわれたが，金額はわかっていない．ドイツからの輸送はシベリア経由で行われ，東京大学に到着したのは 1941 年（昭和 14 年）11 月だった．ドイツのポーランド侵攻が同年 9 月に始まったことを考慮すると，その直前に鉄道でポーランド領を通過した可能性が高い．幸運にも，間一髪のところで，わが国における赤外分光学の開始時期はほぼ 10 年早まったのであった．

この分光器を用いた研究論文の最初のものは，島内の単独名で発表されている[6]．この論文には測定に用いられた Zeiss 社の分光器の平面図が示されている．それによると，プリズム，凹面鏡 2 枚，平面鏡 1 枚からなる光学系が使用されており，Coblentz が吸収測定に用いたもの（プリズムと凹面鏡 2 枚からなる）を小型化したものであることがわかる．この論文では，1,2-ジクロロエタンなどについて 1〜2.7 μm の近赤外スペクトルを測定した結果が報告されている．測定されたスペクトルとこれらの分子の回転異性との関連や分子内力場の非調和性が考察されており，内容のレベルは高い．この論文を掲載した日本化学会誌は 1941 年（昭和 16 年）12 月号であり，その月に太平洋戦争が始まったことを思うと感慨深いものがある．

上記の島内の論文で報告された近赤外スペクトルは，石英プリズムを用いて測定されたものであった．この論文よりも先に，岩塩プリズムによって測定されるべき中赤外領域のスペクトルがなぜ報告されなかったのかについては，納入された岩塩プリズムに問題があったためと見られる．この件については，水島研究室と在京 Zeiss 社との間でいろいろなやり取りがあったことがわかっている[7]．2 個納入された岩塩プリズムのうち，少なくとも 1 個は納入された時点で表面が光学面ではなく，ドイツに返送された．しかし，独ソ戦が始まったため，磨き直したものは戻らないままとなった．岩塩プリズムは，湿度の高いところに置かれると，表面に曇りを生じるので，防湿用の塩化カルシウムとともに輸送されてきた．その塩化カルシウムの粉末が岩塩プリズムの表面にこびりついて，光学面が「あばた」になっていたのであった．

残りの 1 個の岩塩プリズムは何とか使えたようで，1,2-ジクロロエタンなどの中赤外領域の測定結果は，太平洋戦争後の 1946 年に報告された[8]．それには，1,2-ジクロロエタンの気体と液体，1,2-ジブロモエタンの気体，液体，固体の赤外吸収バンドの波数と相対吸収強度が記載されている．しかし，スペクトルは示されていない．気体のスペクトルの温度変化から，これらの分子の回転異性体（トランス形とゴーシュ形）間のエネルギー差が求められている．これはまったく新しい研究成果であり，高く評価されてよいものである．

1.5 ■ 1946年から1965年ごろまでの赤外分光法

　第2次世界大戦後，アメリカで自記式赤外分光光度計が開発されたことにより，赤外分光法の有用性は世界中で飛躍的に高まった．自記式分光光度計によって赤外スペクトルを容易に測定することができるようになり，赤外分光法は大学などで基礎研究のために用いられるだけでなく，民間企業の研究所などでも分子構造の研究や定性・定量分析の手段として日常的に用いられるようになった．

　このような状況のなかで，わが国では，1949年（昭和24年）12月に東京大学綜合試験所にBaird社製の自記式複光束赤外分光光度計が設置された．複光束分光計では，光源からの光を二等分して，試料を通過した光の強度を，試料を通過しない光の強度で割って，自動的に透過率のスペクトルを示すことができた．東京大学に設置された分光光度計は，1950，51年にはわが国で唯一の自記式赤外分光光度計であったから，東京大学だけでなく全国の研究者によって利用され，その後の赤外分光法の普及に大きく貢献した．1950年代の終わりから1960年代のはじめにかけてPerkin-Elmer社が製造販売したPE21型赤外分光光度計は名機といってよいもので，わが国では，主として民間企業の研究所で活用された．

　上記のような動きに並行して，国産の自記式赤外分光光度計を製作しようという努力が，東京文理科大学（のちに東京教育大学，現 筑波大学）附属光学研究所の藤岡由夫や工藤恵栄らによって行われた．その結果，1954年に最初の国産自記式赤外分光光度計が市販されるに至った．製造販売を行ったのは応用光学研究所で，機種名は光研DS-101であった．続いて，1956年に島津製作所も自記式赤外分光光度計AR-275型の市販を開始した．1957年には，大阪大学工学部の吉永 弘の研究室で遠赤外分光計が製作された．1958年には，応用光学研究所の業務を引き継ぐ形で日本分光工業株式会社（現在の社名は日本分光株式会社）が設立された．同じころ，日立製作所でも赤外分光光度計が製作され，EPI-2型の市販が始まった．

　1950年代から1960年代前半にかけて，赤外分光法に関するさまざまな測定法が開発された．そのうち，1950年代のはじめに，カリフォルニア大学バークレー校のGeorge C. Pimentel（**写真1.5.1**）によって始められたマトリックス単離法は，反応性の高いラジカルなどをアルゴンなどの希ガス固体（マトリックス）中に単離して埋め込んで，その赤外吸収スペクトルを測定する方法で，今日でも有用なものである．Pimentelは物理化学と化学教育の分野で活躍し，化学界に大きな足跡を残した．

写真 1.5.1　George C. Pimentel（1922〜1989）

　1960 年代のはじめに，オランダのシェル研究所の J. Fahrenfort とアメリカのフィリップス研究所の N. J. Harrick が独立に考案した ATR 法（1.1 節参照）は，当初，ゴムなど透過法では測定しがたい試料を対象にしていたが，現在では広く使用されるきわめて重要な測定法になっている．

　1960 年代に入って，分散素子として回折格子を用いる動きが始まった．プリズムより高い分解を実現できること，湿度に対する強さが回折格子の利点である．1960 年代の半ばまでに，市販の赤外分光光度計は回折格子を採用するようになった．真空分光器を備えた遠赤外分光光度計も市販された．

1.6 ■ 振動スペクトルの解析—1930 年代から 1970 年代まで

　赤外スペクトルを含む振動スペクトルは分子振動や格子振動に由来するものであるから，これらに関する理論の構築と分子振動や格子振動を計算しようという試みは古くから行われてきた．

　ハーヴァード大学の E. Bright Wilson（**写真 1.6.1**）は，新たな理論計算の枠組みとして，1939 年に GF 行列法を発表し，その後の分子振動計算の基礎を築いた．のちに，Wilson が J. C. Decius，P. C. Cross との共著で出版した本[9]は，Herzberg の本[3]とともに，振動分光学のコミュニティに大きな影響を与えた．

　島内武彦は，GF 行列法をわかりやすく説明するとともに，分子内の原子間反発ポテンシャルを考慮した Urey–Bradley–Shimanouchi の力場を 1941 年に提唱し，

第 1 章　赤外分光法の過去・現在・未来

写真 1.6.1　E. Bright Wilson（1908～1992）

　その後約 30 年間にわたって，この力場を用いて多くの分子の振動スペクトルを解析した．水島と島内が 1958 年に出版した本[10]は，わが国の学生や研究者に長い間利用された．

　アメリカでは 1950 年代半ばから，わが国では 50 年代の終わりごろから，電子計算機が使えるようになったが，世界的に見て，島内は分子振動の計算にいち早く電子計算機を利用したひとりで，共同研究者とともに 1960 年ごろに分子振動計算プログラムを完成した．

　島内らの計算プログラムとともに，早い時期に完成されたプログラムとしては，アメリカのシェル開発会社の Robert G. Snyder と J. H. Schachtschneider が 1960 年代のはじめに作成したものがあり，これは FORTRAN で書かれていたので，世界中の研究者によって利用された．Snyder は原子価力場を用いて，長年にわたって，多くの炭化水素分子の分子振動を計算した．

　ミネソタ大学の Bryce L. Crawford（**写真 1.6.2**）は赤外吸収強度に関する基礎的研究を 1940 年代以降発展させた．Crawford は振動分光学に関する国際会議で重きをなす存在で，アメリカ化学会の *Journal of Physical Chemistry* の編集長も務めた．凝縮相での赤外吸収バンドの形状に関しては，ハーヴァード大学の Roy G. Gordon が 1965 年に発表した論文がきっかけとなり，多くの研究者によって理論と測定に関する研究が行われた．

写真 1.6.2 Bryce L. Crawford (1914〜2011)

1.7 ■ フーリエ変換赤外分光法の登場—1970年代の主役交代

　1970年代に入って，赤外分光法に新しい動きが起きた．フーリエ変換赤外分光法の登場である．フーリエ変換赤外分光法の考えは新しいものではなく，その基礎となる干渉分光法は1940年代あるいはもっと前から構想されており，ヨーロッパでこつこつと研究を続けていた人たちがいた．しかし，フーリエ変換を迅速に行うことができない限り，干渉分光法は実用的には意味のないものであった．コンピューターが高い性能をもつようになっただけでなく，小型になったことで，フーリエ変換分光法は日の目を見ることになった．1970年以前は干渉分光法とよぶことが普通であったが，1970年代の特に後半からフーリエ変換分光法という名称が一般に用いられるようになった．

　装置性能の理論的評価によれば，フーリエ変換に要する時間が問題にならないという条件下では，干渉分光法の方が分散型分光法より優れていることになる．しかし，実際の測定で実感される干渉分光法の利点は，測定される波数の精度が高いこと (Connes advantage) によると思われる．干渉計では，平面鏡の移動距離をレーザーによってモニターしているため，高い波数精度が一定に維持される．このため，多数回積算の効果が理論どおりに得られるのである．

　わが国で最も早くフーリエ変換赤外分光計を製作・販売したのは日立製作所で，1971年のことであった．これは遠赤外専用機070型で，干渉分光法は遠赤外領域の測定にこそ適しているはずだという，そのころまでの一般的な考え方に合致した

ものであった．1972 年には，Digilab 社のフーリエ変換赤外分光光度計 FTS-14 型が東京大学薬学部の坪井正道の研究室に設置された．1974 年になって，それまで赤外分光法とは無関係であった日本電子株式会社がフーリエ変換赤外分光光度計 JIR-03F 型の製作・販売を開始した．

この時期から，世界的に見て，フーリエ変換分光法は赤外分光法の主流になり始めたが，わが国では，その普及は遅れた．その理由は，赤外分光法の利用が表面構造や薄膜構造の研究，顕微測定に移り始めたことで，新しい利用者が増えるのに時間を要したことにあると考えられる．

1.8 ■ 1980 年代の赤外分光法──FT-IR 分光法による領土拡大の時代

この時期の赤外分光法の状況について概観しよう．まず，市販のフーリエ変換赤外分光光度計の性能が飛躍的に向上した．これにはパソコンの進歩が大きく寄与した．また，MCT(HgCdTe)検出器が用いられるようになった．これによる感度の向上は著しく，単分子膜の赤外吸収スペクトルすら測定可能となり，大きなタンパク質分子の 1 個のアミノ酸残基の変化をとらえることも不可能ではなくなった．

種々の測定法の開発と実用化が進んだ．全反射吸収測定法に加えて，拡散反射測定法，金属基板上薄膜の反射吸収測定法，光音響分光法，赤外発光測定法，顕微赤外測定法が進歩し，かつての赤外分光法では取り扱うことができなかったさまざまな測定対象に関して，有用な情報がもたらされるようになった．

このような状況下で，フーリエ変換分光法は赤外分光法の主流の地位を不動のものとし，Fourier-transform infrared の略称 FT-IR がフーリエ変換赤外分光法とフーリエ変換赤外分光計のどちらをも指すようになった．

FT-IR 分光法の最大の利用分野は表面分析で，赤外顕微鏡との併用も一般的となった．また，光合成関連の生体試料やロドプシンやバクテリオロドプシンなどのような膜タンパク質の光照射による分子構造の微細な構造変化を差スペクトル法でとらえる研究も盛んに行われるようになった．

パソコンの能力が高まったことにともなって，データ処理のためのさまざまなソフトが開発された．特に上記の生体試料の微細な差を確実なものにするうえで，差スペクトル，デコンボリューション(deconvolution)や 2 次微分を計算することは有効であることが確認された．これらの演算は，FT-IR 分光法の能力を最高度に

発揮させるものであることが認識された.

　水（重水も含めて）は特に強い赤外吸収バンドをもっているので，水溶液の赤外吸収測定は難しいというのが分散法での赤外測定での常識になっていたが，この常識は通用しない状況が生まれた．水溶液の吸収スペクトルから水の吸収スペクトルを引き去ることが容易になって，水溶液中の生体物質の赤外吸収スペクトルから多くの情報が得られるようになった．

　元来 FT–IR が強いとされていた遠赤外領域の測定については，波数 100 cm^{-1} より高波数側では DTGS 検出器を，それ以下の波数領域ではボロメーターを用いて，以前とは比較にならないほど良好なスペクトルを比較的短時間に得られるようになった．

　1986 年に，Peter Griffiths と J. A. de Haseth は FT–IR 分光法に関する標準的な教科書[11]を出版した．

1.9 ■ 量子化学計算に基づく振動スペクトル解析─1980 年代における大変革

　1980 年代に，振動スペクトルの解析法に大きな変化が生じた．量子化学理論に基づいて，分子振動の波数，振動形，赤外吸収強度，ラマン散乱強度を計算することが，実測スペクトルを解析するために役立つ状況が生まれたのである．コンピューターの能力が飛躍的に高まったため，非経験的量子化学計算を行うことが可能となり，そのための計算プログラムが開発された．そのような計算をするためのプログラム・パッケージが市販されて，複雑極まりない計算を比較的容易にできるようになった．

　従来の分子振動解析においては，振動の波数（$\tilde{\nu}$）の計算に必要な力の定数を類似分子から転用し，実測の波数を計算値が再現できるように力の定数を改良することが行われていた．この手法は 1960 年代に極限まで推し進められ，その限界もはっきりしていた．

　量子化学の分子軌道法計算によって分子振動数などを算出する試みは古くから行われていたが，1970 年代までは計算値は実測値と大きくかけ離れていたので，このような計算を実測スペクトルの解析に利用することはできなかった．

　1983 年に Peter Pulay（**写真 1.9.1**）らが発表した，Hartree–Fock 近似に基づいて，基本的分子の分子振動数などを計算した論文[12]は新しい時代を拓いたものであった

写真 1.9.1 Peter Pulay（1941～　）

（Pulay はハンガリー出身で，1960 年代の終わりごろから，この方面の研究を発表していた．その中には，引用回数が 2000 回を超えるものもある．文献 12 の執筆時の所属はテキサス大学オースティン校，この論文の発表時以降の所属はアーカンソー大学）．計算された分子振動の波数は全般に実測値よりも 10％から 20％高いものであったが，それまでの粗い近似に基づく計算値と比べると格段に実測値に近かった．また，Pulay らは力の定数をスケーリングして計算値を実測値に近づけるという手法を提唱した．

　上記の論文が発表されて以来，Hartree–Fock レベルでの計算だけでなく，Møller–Presset の摂動法を用いた分子軌道計算は振動スペクトルの解析に欠かせないものとなり（後述する密度汎関数理論による計算とともに），その流れは現在に至っている．

1.10 ■ 1990 年代以降現在まで

　1980 年代の終わりから，時間分解 FT–IR 分光法に関心が高まった．FT–IR 分光計で時間分解測定を行うにはいくつかの方式があるが，市販の FT–IR 分光計はステップスキャン方式を採用する方向に向かった．ステップスキャン方式のアイディア自体は新しいものではなかったが，時間分解測定への関心の高まりとともに，この方式は実用化されることになり，ミリ秒からナノ秒までの時間分解が可能となった．しかし，すべての FT–IR 分光計がステップスキャン方式になったわけではなく，FT–IR 分光計の多くは，従来どおり連続スキャン方式を採用している．

1.10　1990年代以降現在まで

　1990年代から現在まで，FT–IR分光法の最大の用途は顕微測定やイメージング（イメージ測定）になっている．これらの測定には高分解は必要でないため，小型の干渉計が用いられるようになった．顕微測定やイメージングに特化したFT–IR分光計の干渉計部分は，顕微鏡の付属品のように形になっている．イメージングには2次元赤外検出器が用いられるようになった．

　1990年代に入って，近接場顕微鏡が登場してきた．これ赤外分光法に取り入れることは，回折限界を超えた微小領域から赤外スペクトルを測定するための手法として重要である．この手法を実用化した分光計も市販されているが，2019年半ばの時点では，まだ一般的に用いられているとはいえない．

　1989年に，当時アメリカのP&G社研究所にいたI. Noda（野田勇夫）は，2次元相関赤外分光法という新しい測定法とデータ解析法を提案した．この方法は赤外吸収バンド間の相関の有無と，相関がある場合には，それがどういうものかを見分けるものである．例えば，時間軸に沿って正弦波状に変化する張力を高分子フィルムにかけ，それにともなう赤外二色性の時間応答を測定する．その結果から，若干の演算によって相関関数という量を求める．この量は，直交する2つの波数軸に沿って2次元に表示することができ，そこに現れる等高線図の形と符号から，吸収バンド間の相関に関する情報を得ることができる．その後，この手法はより一般化され，赤外吸収と他の測定法（例えばラマン散乱）のスペクトルとの相関を調べることも可能になった．この手法のさまざまな利用は，現在でも多くの研究者によって行われている．

　1990年代の後半に入って，時間分解赤外分光法に中赤外領域のピコ秒レーザー光を利用することができるようになり，時間分解FT–IR分光法では到達できない短い時間領域での測定が可能となった．しかし，このような測定は簡単にできるものではないので，研究例は多くはない．

　時間領域レーザー分光法の一つで，遠赤外領域をカバーするテラヘルツ分光法が1990年代半ばから盛んに研究されてきた．この分光法の特長はダイナミック・レンジが大きいという点にあり，分析化学での利用は徐々に進んでいる．

　表面・界面の赤外スペクトルに強い関心が寄せられているが，この問題に対する有力な測定法として，非線形分光法の一つである和周波発生分光法（SFG）がある．この手法は，1980年代の半ばにカリフォルニア大学バークレー校のY. R. Shenによって開発されたもので，表面・界面でのみ2次の非線形感受率がゼロにならないという特性を利用するものである．可視パルス光と，表面にある分子の分子振動数

と共鳴する赤外パルス光を同時に表面に入射すると，それらの振動数(周波数)の和に相当する可視光が発生するので，これを検出することにより，振動スペクトルを測定することができる．可視光を検出するため，感度が高いという利点がある．1990年代の半ばから，FT-IR分光法では測定が困難な対象について利用され始めた．

1990年代後半以降に起きた注目するべき進歩として，振動円偏光二色性(VCD)分光法の確立がある．これに関する理論的・実験的研究は1970年代から始まっていたが，長い間，信頼できる測定方法は確立されていなかった．1990年代に入って，測定に必要な分光素子の性能が向上してことにより，信頼性の高いVCDスペクトルを測定することが可能となった．専用の分光計も市販されている．VCD分光法は，ラマン光学活性分光法(ROA)とともに，生体分子の研究，特にキラルな医薬品に関する研究に重要なものとなっている[13]．

1997年ごろから，ATR法に用いられる反射用結晶にダイヤモンドを使って，測定対象との密着の度合いを高めた装置が用いられるようになった．この結果，多重反射装置を用いないでも良好なスペクトルが得られるようになり，現在では，透過法の代わりにATR法が用いられていることも多くなっている．

振動スペクトルの解析に関しても種々の進歩があった．1990年代の半ばから，密度汎関数理論(DFT)に基づいて分子振動数などの計算が行われるようになった．普通の有機化合物については，この方法による計算値は実測値をよく再現するので，現在では，非経験的分子軌道計算よりも多く用いられている．

液体状態やタンパク質分子のような複雑な分子の動的挙動と振動スペクトルを関連付けるために，分子動力学(MD)の理論的研究と計算も盛んに行われるようになった．

2000年代に入って，分子振動の非調和性を理論計算するためのプログラム開発も行われるようになった．分子力場の非調和性は分子振動に関わる基本問題であるが，ある程度以上に大きな分子について，この問題を高いレベルの量子化学計算で取り扱うには膨大な計算時間を必要とする．現段階では，市販のプログラム・パッケージに組み込まれている計算法もまだ完成したものとはいえない．

FT-IRの測定法にも，いろいろな進歩があった．近赤外から遠赤外までを測定するためには，ビームスプリッターや検出器を測定領域ごとに交換する必要がある．しかし，最近，測定者がこれらを交換しないで全領域をカバーすることができる上位機種の市販が始まっている．

カスケードレーザーを使用して，中赤外領域の多くの部分を同時にカバーする分光計も市販され始めているが，まだ一般に用いられるようにはなってはいない．

1.11 ■ 未　来

赤外分光法の測定については，FT-IR 分光法の進歩は今後も続くであろう．測定の目的に特化して小型化した機種や，広い波数領域を高感度・高速で測定する上位の機種を開発する動きは，これまでどおり継続するものと思われる．このような進歩によって，FT-IR 分光法の利用範囲は拡大するであろう．

赤外スペクトルの解析を理論計算で行うことも進歩するであろう．非調和性や分子間相互作用を考慮して分子振動数や赤外吸収強度を算出し，高い精度のスペクトル・シミュレーションを行うことについては，現段階で確固とした方法が見えているわけではないが，これからの理論的研究の中心的な課題になるべきであろう．ソフトウェアの構築を，理論化学の研究者だけに任せずに，分子分光学の研究者も参加して行うことが望まれる．計算には，高速で大容量のコンピューターを使用することが不可欠で，スーパーコンピューターを利用することは望ましいが，計算にかかる費用が莫大なものになるため，現実的ではない．実際には，高速パソコンを必要な時間だけ（長時間になっても）使用するべきである．高速・大容量のコンピューターを身近にもって，研究者が自分の好きなように使用できることが研究を進めるための必要条件である．

高度な測定と理論計算を結び付けることにより，総合的な振動分光学が生まれることを期待したい．

あとがき

赤外分光学を含む振動分光学については，多数の単行本と無数といってもよいぐらいの論文や総説が発表されてきたので，それらのすべてに言及することは不可能である．しかし，本稿を終わるにあたり，文献 14 をあげておくことは無意味ではなかろう．この本の初版は 1963 年という早い時期に出版されており，それ以来，約 10 年おきに改訂版が出版された．これほど長期間にわたって改訂版が出版し続けられた例はほかにはない．これは，いかに多くの研究者・学生がこの本を利用したかを物語っている．著者の Kazuo Nakamoto（中本一男）は，大阪大学理学部化学科の出身で，30 歳ぐらいのときに

渡米し，イリノイ工科大学を経て，ミルウォーキーのマークェット（Marquette）大学に長期間勤務した．2011年6月に89歳で死去したが，その直前まで，この本の第7版を出版する準備をしていたと伝えられている．

なお，日本分光学会が関係した振動分光学関係の単行本『赤外分光測定法』には，FT-IR分光法に関する詳しい解説とフーリエ変換自体に関する解説があることを付記する．

［引用文献］

1) N. Sheppard（J. M. Chalmers and P. G. Griffiths eds.），The Historical Development of Experimental Techniques in Vibrational Spectroscopy, in *Handbook of Vibrational Spectroscopy, Vol. 1*, John Wiley & Sons, Chichester（2002），pp. 1–32
2) G. Herzberg, *Molecular Spectra and Molecular Structure I. Diatomic Molecules*, D. van Nostrand Company, Princeton, N. J. *1st Edition*（1939），*2nd Edition*（1950）：この本の復刻版はKrieger Publishing Company, Malabar, Floridaから1989年に出版された．
3) G. Herzberg, *Molecular Spectra and Molecular Structure II. Infrared and Raman Spectra of Polyatomic Molecules*, D. van Nostrand Company, Princeton, New Jersey（1945）
4) W. W. Coblentz, *Investigations of Infrared Spectra*, Carnegie Institution of Washington, Washington, D.C.；Publications No. 35（1905）（Part I, pp. 3–285, Part II, pp. 289–330）；No. 65（1906）（Part III, pp. 7–70, Part IV, pp. 73–128）；No. 97（1908）（Part V, pp. 9–38, Part VI, pp. 41–68, Part VII, pp. 71–92）．なかでも，Part I–Infra-red Absorption Spectraは283ページにわたり，最も重要なものである．
5) J. Lecomte, *Le Spectra Infrarouge*, Les Presses Universitaires, Paris（1928）
6) 島内武彦，"赤外線吸収スペクトルによる分子構造の研究（第一報）．二三のハロゲンエタンの分子構造"，日本化学会誌，**62**, 1264–1269（1941）
7) 田隅三生，"分光学の過去・現在・未来"，東レリサーチセンター The TRC News, No. 85, 1–17（2003）
8) T. Shimanouchi, H. Turuta, and S. Mizushima, "Internal Rotation XXV. Infrared Absorption Spectra of 1,2-Dihalogenoethanes", *Sci. Pap. Inst. Phys. Chem. Res. Tokyo*, **42**, 165–170（1946）
9) E. B. Wilson, Jr., J. C. Decius, and P. C. Cross, *Molecular Vibrations: The Theory of Infrared and Raman Vibrational Spectra*, McGraw-Hill, New York（1955）：この本のペーパーバック版は，Dover Books on Chemistryの一つとしてDover Publications, New Yorkから出版されている．

10）水島三一郎，島内武彦，赤外線吸収とラマン効果，共立出版（1958）
11）P. R. Griffiths and J. A. de Haseth, *Fourier Transform Infrared Spectrometry*, John Wiley & Sons, Hoboken, N. J. *1st Edition*（1986），*2nd Edition*（2008）
12）P. Pulay, G. Fogarasi, G. Pongor, J. E. Boggs, and A. Vargha, "Combination of theoretical ab initio and experimental information to obtain reliable harmonic force constants. Scaled quantum mechanical（SQM）force fields for glyoxal, acrolein, butadiene, formaldehyde and ethylene," *J. Am. Chem. Soc.*, **105**, 7037–7047（1983）
13）L. A. Nafie, *Vibrational Optical Activity, Principles and Applications*, John Wiley & Sons, Chichester, UK（2011）
14）K. Nakamoto, *Infrared and Raman Spectra of Inorganic and Coordination Compounds : Part A*（*Theory and Applications in Inorganic Chemistry*），*Part B*（*Applications in Coordination, Organometallic, and Bioinorganic Chemistry*），*6th Edition*, John Wiley & Sons, Hoboken, New Jersey（2009）

日本分光学会関係で，2009 年以降に出版された振動分光学に関する単行本
・日本分光学会 編，古川行夫，髙柳正夫 著，赤外・ラマン分光法（分光測定入門シリーズ），講談社（2009）
・日本分光学会編集委員会 編，田隅三生 編著，赤外分光測定法，エス・ティ・ジャパン（2012）
・濵口宏夫，岩田耕一 編著，ラマン分光法（分光法シリーズ），講談社（2015）
・尾崎幸洋 編著，近赤外分光法（分光法シリーズ），講談社（2015）

第2章 赤外分光法の基礎

　赤外吸収は分子の振動と赤外光の相互作用に起因する．そのような相互作用を理解する立場として，分子振動からのアプローチと電磁気学からのアプローチがある．これら2つの考え方は，赤外吸収スペクトルを分析法として有効に利用する基礎となる．

2.1 ■ 赤外吸収スペクトル

　赤外光は**電磁波**(electromagnetic wave)の一種である．図 **2.1.1** に示したように，電磁波は電場と磁場の横波であり，**波長**(wavelength)λ と**振動数**(frequency)ν，**速度**(velocity)c に関して，以下の関係が成り立つ．

$$c = \lambda \nu \tag{2.1.1}$$

波長の単位としては cm や m などを，振動数の単位としては Hz = s^{-1} を，速度の単位としては cm s^{-1} や m s^{-1} などを使用する．国際純正・応用化学連合(IUPAC)では，物理量の記号として，ラテン文字やギリシャ文字のイタリック体を使用することを推奨している[1]．また，図中の $\boldsymbol{k}$ は，波の進行方向を向き，大きさが

$$k = |\boldsymbol{k}| = \frac{2\pi}{\lambda} \tag{2.1.2}$$

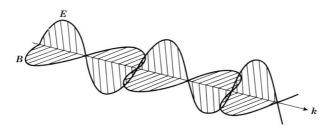

図 **2.1.1**　電磁波の伝搬の様子を表す模式図
$\boldsymbol{E}$：電場ベクトル，$\boldsymbol{B}$：磁束密度ベクトル，$\boldsymbol{k}$：波数ベクトル．

のベクトルで，**波数ベクトル**(wavenumber vector)とよばれている．

赤外分光法では，波長や振動数のほかに，

$$\tilde{\nu} = \frac{1}{\lambda} \tag{2.1.3}$$

で定義される**波数**(wavenumber)$\tilde{\nu}$が使用される．波数の単位としてはcm^{-1}を使用する．波数は 1 cm の長さに含まれる光の波の数である．

赤外光は電磁波であるが，波動性とともに粒子性も示し，量子論により矛盾なく理解されている．粒子としての性質を表す場合，**光子**(photon)とよばれている．1つの光子がもつエネルギー E は，次式で表される．

$$E = h\nu = hc\tilde{\nu} \tag{2.1.4}$$

ここで，h は**プランク定数**(Planck constant)である．赤外分光の分野においては，波数にプランク定数と光の速度とをかけるとエネルギーになることを了解して，エネルギーを表すために波数を使用する．eV と J，cm^{-1} の間には，次の関係が成り立つ．

$$1\,eV \cong 8065.545\,cm^{-1}, \quad 1\,aJ \cong 50341.17\,cm^{-1}$$

試料に赤外光を入射すると，赤外光が試料に吸収されることがある．試料に入射する赤外光の強度を $I_0(\tilde{\nu})$，透過後の強度を $I(\tilde{\nu})$ とすると，透過率(transmittance) $T(\tilde{\nu})$ は，

$$T(\tilde{\nu}) = \frac{I(\tilde{\nu})}{I_0(\tilde{\nu})} \tag{2.1.5}$$

で定義され，通常 100 をかけて％で表す．また，**吸光度**(absorbance)A は，

$$A(\tilde{\nu}) = \log \frac{I_0(\tilde{\nu})}{I(\tilde{\nu})} \tag{2.1.6}$$

で定義される．log は底が 10 の対数関数である．吸光度は光の吸収の強さを表す．一方，つぎに示す自然対数 ln を用いた場合の吸光度 A_e は

$$A_e(\tilde{\nu}) = \ln \frac{I_0(\tilde{\nu})}{I(\tilde{\nu})} \tag{2.1.7}$$

で定義される．上式から

$$A_e(\tilde{\nu}) = (\ln 10)\,A(\tilde{\nu}) \approx 2.303\,A(\tilde{\nu}) \tag{2.1.8}$$

が導かれる．

気体や希薄溶液では，試料の濃度を C，厚さを d とすると，吸光度が d に比例するという**ランベルトの法則**（Lambert's law）と吸光度が C に比例するという**ベールの法則**（Beer's law）を合わせた**ランベルト・ベールの法則**（Lambert-Beer's law）

$$A(\tilde{\nu}) = \varepsilon_{\mathrm{M}}(\tilde{\nu})Cd \tag{2.1.9}$$

が成り立つ．ここで，$\varepsilon_{\mathrm{M}}(\tilde{\nu})$ は**モル吸光係数**（molar absorption coefficient）であり，$\mathrm{L\ mol^{-1}\ cm^{-1}}$ という単位で表すことが多い．SI 単位系におけるモル吸光係数の単位は $\mathrm{m^2\ mol^{-1}}$ であり，$\mathrm{L\ mol^{-1}\ cm^{-1}}$ は $10^3\ \mathrm{cm^2\ mol^{-1}}$ に対応する．自然対数を使用した場合には，

$$A_{\mathrm{e}}(\tilde{\nu}) = \kappa_{\mathrm{M}}(\tilde{\nu})Cd \tag{2.1.10}$$

となり，次の関係が導かれる．

$$\kappa_{\mathrm{M}}(\tilde{\nu}) = (\ln 10)\varepsilon_{\mathrm{M}}(\tilde{\nu}) \approx 2.303\varepsilon_{\mathrm{M}}(\tilde{\nu}) \tag{2.1.11}$$

また，高分子などの固体試料の場合には，吸光度が膜厚に比例するので，膜厚を d とすると

$$A(\tilde{\nu}) = a(\tilde{\nu})d \tag{2.1.12}$$
$$A_{\mathrm{e}}(\tilde{\nu}) = \alpha(\tilde{\nu})d \tag{2.1.13}$$

が成り立ち，$a(\tilde{\nu})$ と $\alpha(\tilde{\nu})$ は**吸収係数**（absorption coefficient）とよばれている．通常，α の単位は $\mathrm{cm^{-1}}$ である．

ポリスチレンフィルムの**赤外**（infrared, IR）**スペクトル**を図 2.1.2 に示した．赤外光の波数に対して吸光度をプロットしたグラフである．横軸のラベルとして，波数を表す記号 $\tilde{\nu}$ を単位 $\mathrm{cm^{-1}}$ で割った $\tilde{\nu}/\mathrm{cm^{-1}}$ を使用することが推奨されているが，慣用的に $\tilde{\nu}(\mathrm{cm^{-1}})$ や Wavenumber$/\mathrm{cm^{-1}}$，Wavenumber$(\mathrm{cm^{-1}})$ なども使用されている．横軸は左が大きくなるようにプロットされているが，これは波長を使用して右が大きくなるようにプロットしていたころの名残である．最近は，波数表示で右が大きくなるようにプロットすることも多い．縦軸は吸光度を表す記号 A をラベルとして使用する．吸光度は単位がないので，記号のみである．古くは縦軸に透過率がプロットされた時代もあった．しかしながら，透過率は物質量に比例せず，分析では役に立たないので，縦軸には吸光度をプロットする．

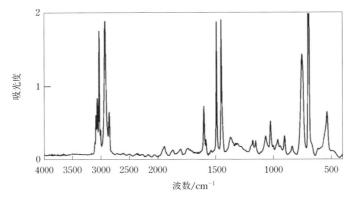

図 2.1.2 ポリスチレンフィルムの赤外スペクトル
［日本分光学会 編，赤外・ラマン分光法（分光測定入門シリーズ），講談社（2009），図 1.1］

　赤外スペクトルを用いて，物質の同定，分子・固体の構造，ダイナミクスを研究する分光法が**赤外分光法**である．赤外スペクトルには，物質の振動運動に由来する吸収が現れる．物質の**振動スペクトル**（vibrational spectrum）は，いわば物質の指紋であり，物質の同定に優れている．物質の存在状態，すなわち気体，液体，固体，溶液などの状態が異っても，異なるスペクトルを与える．また，官能基，幾何異性，コンフォメーションといった物質の分子構造，水素結合などの相互作用や化学結合の状態，周囲環境の親水性・疎水性や配向，結晶／非晶質などの物質の状態に関する知見が得られる．ある特定の原子団（官能基など）に特有な振動は分析に役立ち，特性振動やグループ振動とよばれている．**フーリエ変換赤外**（Fourier transform infrared, FT–IR）**分光計**の発展にともない高感度・高精度測定が可能となり，赤外分光法は研究開発における機器分析法の一つとして欠かせないものとなっている．

　図 2.1.3 に赤外バンドの例を示した．スペクトルの特徴を表す要素には，(1) ピーク波数，(2) 強度（高さと面積），(3) 幅，(4) 波形（実線で示した全体の形）がある．吸収バンドのピーク波数 $\tilde{\nu}$ については，物質の離散的なエネルギー準位の値を $E_n (n = 0, 1, 2, \cdots)$ とすると，以下の関係が成り立つ．

$$h\nu = hc\tilde{\nu} = E_j - E_i \tag{2.1.14}$$

ここで，i は光を吸収する前の状態を，j は吸収した後の状態を表す．これを**ボーアの振動数条件**（Bohr frequency condition）という．多くの場合，赤外スペクトル

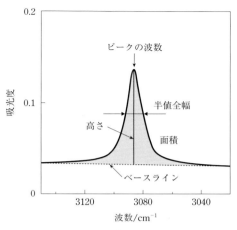

図 2.1.3 バンドのピーク波数，強度，幅

には，物質の振動運動に由来するエネルギー準位が関与している．バンドの強度は，振動の種類，すなわち振動にともなう原子の動きに依存する．バンドの波形は，振動運動の緩和過程や集合状態を反映する．例えば，孤立分子や完全結晶などのバンドはつぎに示すローレンツ関数の波形を示し，そのバンド幅は均一幅とよばれる．

$$A(\tilde{\nu}) = A(\tilde{\nu}_0) \frac{(B/2)^2}{(B/2)^2 + (\tilde{\nu} - \tilde{\nu}_0)^2} \tag{2.1.15}$$

ここで，$A(\tilde{\nu}_0)$ はピーク波数 $\tilde{\nu}_0$ における強度である．B は**半値全幅**(full width at half maximum, FWHM と略す)とよばれ，ピーク強度の半分の高さにおけるピーク幅である．分子間相互作用や結晶欠陥がある場合，またはアモルファス状態などでは遷移エネルギーにばらつきがあり，バンド幅が広くなる．これは不均一幅とよばれ，バンドの波形はフォークト関数などで表される．多くの分析では，ピーク波数と強度が利用されている．

物質は分子や原子から構成されており，分子・原子は電子と原子核から構成されている．分子の運動には電子と原子核の運動があり，原子核の運動には，**図 2.1.4**に示したように，並進，回転，振動がある．電子の運動に由来する吸収スペクトルは紫外・可視・近赤外領域に観測されるが，原子核の振動に由来する吸収スペクトルは赤外領域に観測される．赤外吸収スペクトルは，振動と赤外光の相互作用に起因し，赤外吸収を説明する理論として，(1)量子論に基づいて分子の振動と赤外光

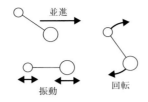

図 2.1.4 並進, 回転, 振動運動
［日本分光学会 編, 赤外・ラマン分光法（分光測定入門シリーズ）,
講談社（2009）, 図 1.2］

の相互作用を取り扱う立場と(2)古典電磁気学に基づいて振動を表す振動双極子が存在する場合の赤外光伝搬の周波数依存性を取り扱う立場がある．次の 2.2 節においては分子振動を中心とした赤外分光の基礎（いわば, 分子中心の考え方）を解説し, 2.3 節においては古典電磁気学に基づく赤外分光の基礎（いわば, 赤外光中心の考え方）を解説する．

Si 基板上の有機薄膜など, 界面と関連した有機薄膜では, 赤外光強度の局所的な分布や試料の**屈折率**（refractive index）の波長依存性（分散）などの影響が赤外スペクトルに現れ, バルク試料とは異なる赤外スペクトルを与えることがある．その場合には, バンド波形の変化が起こる．極端な場合には, ピーク強度が負の値を示すこともあり, またピーク波数が分子の振動エネルギー準位の差とはならない．したがって, 薄膜など界面が関係した赤外スペクトル解析には, それらに関する知識が必要である．

［引用文献］

1) E. R. Cohen ほか著, 日本化学会 監修, 産業技術総合研究所計量標準総合センター 訳, 物理化学で用いられる量・単位・記号 第 3 版, 講談社（2009）

2.2 ■ 分子振動からのアプローチ

分子は電子と原子核から構成されている．電子の質量は, 原子核の質量に比較して非常に小さいので, 電子の運動は原子核の運動よりも速い．したがって, 電子の速い運動と原子核の遅い運動, すなわち分子振動を分けて取り扱うことができる．これを**断熱近似**（adiabatic approximation）とよぶ．原子核は, 電子がつくる**断熱ポ**

テンシャル(adiabatic potential)のなかで安定構造をとっているが，時々刻々振動し，微小に位置を変えている．N 原子分子では，原子核の運動の自由度は 1 原子に対して 3 であるから，分子の運動の自由度は $3N$ である．そのうち，並進運動の自由度が 3 であり，回転運動の自由度に関しては，非直線分子では 3，直線分子では 2 である．振動運動の自由度は，分子全体の運動の自由度 $3N$ から並進と回転運動の自由度を引いた残りであるから，非直線分子で $3N-6$，直線分子で $3N-5$ である．例えば，ベンゼン(C_6H_6)は非直線分子で，1 分子が 12 原子から構成されているので，振動運動の自由度は $3 \times 12 - 6 = 30$ である．

2.2.1 ■ 2 原子分子の振動―古典力学に基づく取り扱い

図 2.2.1 に示した原子 1(質量 m_1)と原子 2(質量 m_2)から構成される 2 原子分子の振動を古典力学で考える．2 原子間の化学結合をバネとみなして，バネ定数すなわち**力の定数**(force constant)を f とし，フックの法則が成り立つと近似する．これを**調和振動子近似**(harmonic oscillator approximation)とよぶ．原子 1 と 2 の微小変位をそれぞれ Δx_1 と Δx_2 とすると，ニュートンの運動方程式は次式となる．

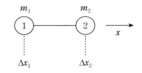

図 2.2.1 2 原子分子の振動
m_1 と m_2 はそれぞれ原子 1 と 2 の質量で，Δx_1 と Δx_2 はそれぞれ原子 1 と 2 の微小変位を表す座標である．

$$m_1 \frac{d^2 \Delta x_1}{dt^2} = f(\Delta x_2 - \Delta x_1) \tag{2.2.1}$$

$$m_2 \frac{d^2 \Delta x_2}{dt^2} = f(\Delta x_1 - \Delta x_2) \tag{2.2.2}$$

原子 1 と 2 の結合距離 r の微小変位を Δr とすると

$$\Delta r = \Delta x_2 - \Delta x_1 \tag{2.2.3}$$

である．Δr は**分子内座標**(internal coordinate)とよばれる．ここで，式(2.2.1)と(2.2.2)から

$$\mu \frac{d^2 \Delta r}{dt^2} = -f \Delta r \tag{2.2.4}$$

となる．μ は**換算質量**(reduced mass)とよばれ，

$$\mu = \frac{m_1 m_2}{m_1 + m_2} \tag{2.2.5}$$

である．

式(2.2.4)は**単振動**(harmonic oscillation)を表す運動方程式として知られており，その一般解は

$$\Delta r = A\cos(\omega t + \phi) \qquad (2.2.6)$$

$$\omega = \sqrt{\frac{f}{\mu}} \qquad (2.2.7)$$

である．ω は**角振動数**(angular frequency)であり，振動数 ν と次の関係がある．

$$\omega = 2\pi\nu \qquad (2.2.8)$$

A と ϕ は未定定数で，初期条件により決定される．この振動は2つの原子間の距離が伸びたり縮んだりする運動であるから**伸縮振動**(stretching vibration)とよばれている．角振動数を振動数と波数に変換すると，それぞれ次式となる．

$$\nu = \frac{1}{2\pi}\sqrt{\frac{f}{\mu}} \qquad (2.2.9)$$

$$\tilde{\nu} = \frac{1}{2\pi c}\sqrt{\frac{f}{\mu}} \qquad (2.2.10)$$

2.2.2 ■ 2原子分子の振動—量子力学に基づく取り扱い

ここでは，2原子分子の振動を量子論に基づいて取り扱う[1]．量子論では，分子の状態を**波動関数**(wavefunction) ψ で表す．ニュートンの運動方程式に対応する**シュレーディンガー方程式**(Schrödinger equation)を解いて，エネルギー E を求める．シュレーディンガー方程式は，エネルギーを表す演算子である**ハミルトン演算子**(Hamiltonian)を $\hat{H}$ とすると，次式で表される．

$$\hat{H}\psi = E\psi \qquad (2.2.11)$$

古典論に基づく調和振動子の全エネルギー H は，運動エネルギー T とポテンシャルエネルギー V の和であり，次式となる．

$$H = T + V = \frac{1}{2}\mu\left(\frac{d\Delta r}{dt}\right)^2 + \frac{1}{2}k(\Delta r)^2 = \frac{1}{2\mu}p^2 + \frac{1}{2}\mu\omega^2(\Delta r)^2 \qquad (2.2.12)$$

ハミルトン演算子を導くために，古典論での物理量から量子論での演算子へ，置き換えを行う．

2.2 分子振動からのアプローチ

$$p \to -i\hbar \frac{d}{d(\Delta r)}, \quad \Delta r \to \Delta r \tag{2.2.13}$$

Δr の演算子は，単に Δr をかけるという操作である．置き換えの結果，シュレーディンガー方程式は

$$\hat{H}\psi(\Delta r) = \left[-\frac{\hbar^2}{2\mu} \frac{d^2}{d(\Delta r)^2} + \frac{1}{2}\mu\omega^2(\Delta r)^2 \right]\psi(\Delta r) = E\psi(\Delta r) \tag{2.2.14}$$

となる．ここで，式を整理するために変数を Δr から

$$Q = \sqrt{\mu}\,\Delta r \tag{2.2.15}$$

で表される Q に変換すると，シュレーディンガー方程式は

$$\left(-\frac{\hbar^2}{2}\frac{d^2}{dQ^2} + \frac{1}{2}\omega^2 Q^2 \right)\psi(Q) = E\psi(Q) \tag{2.2.16}$$

となる．この方程式を解くと，エネルギーは次式のように得られる．

$$E_n = h\nu\left(n + \frac{1}{2}\right) = hc\tilde{\nu}\left(n + \frac{1}{2}\right) \quad (n = 0, 1, 2, \cdots) \tag{2.2.17}$$

n は**振動量子数**(vibrational quantum number)とよばれる．$n = 0$ の状態を**振動基底状態**(vibrational ground state)，$n = 1, 2, \cdots$ の状態を**振動励起状態**(vibrational excited state)とよぶ．量子数 n の状態を表す波動関数は

$$\psi_n(Q) = N_n \mathrm{e}^{-\frac{1}{2}\alpha Q^2} H_n(\sqrt{\alpha}\,Q) \tag{2.2.18}$$

である．ここで，

$$\alpha = \frac{2\pi c\tilde{\nu}}{\hbar} \tag{2.2.19}$$

$$N_n = \left[\left(\frac{\alpha}{\pi}\right)^{1/2} \frac{1}{2^n n!} \right]^{1/2} \tag{2.2.20}$$

$H_n(\sqrt{\alpha}\,Q)$ はエルミート関数であり，$n = 0$ と 1 では次式となる．

$$\psi_0(Q) = N_0 \mathrm{e}^{-\frac{1}{2}\alpha Q^2}, \quad \psi_1(Q) = 2N_1\sqrt{\alpha}\,Q \mathrm{e}^{-\frac{1}{2}\alpha Q^2} \tag{2.2.21}$$

いま $^1\mathrm{H}^{35}\mathrm{Cl}$ 分子の伸縮振動のエネルギーについて考える．$f = 516\,\mathrm{N\,m^{-1}}$ とする．$\mu = 1.63 \times 10^{-27}\,\mathrm{kg}$ であり，式(2.2.9)から $\nu = 8.95 \times 10^{13}\,\mathrm{Hz}$ と求めることができる．これを波数に換算すると $2990\,\mathrm{cm^{-1}}$ である．式(2.2.17)で表される振動エネルギー準位を**図 2.2.2** に示した．最も低いエネルギーは，$n = 0$ のときの $hc\tilde{\nu}/2$ であり，

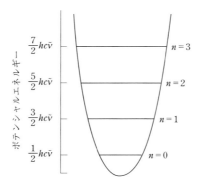

図 2.2.2 調和振動子のエネルギー準位
［日本分光学会 編, 赤外・ラマン分光法(分光測定入門シリーズ), 講談社(2009), 図1.3］

これを零点エネルギーとよぶ. $n=1$ より高いエネルギー準位は, 間隔 $hc\tilde{\nu}$ で等間隔となる.

実在する分子では, 原子間の力は完全にはフックの法則に従わない. これは**非調和性**(anharmonicity)とよばれ, エネルギー準位に変化をもたらす. 非調和振動のエネルギー準位は,

$$E_n = hc\tilde{\nu}\left(n+\frac{1}{2}\right) - hc\tilde{\nu}x_\mathrm{e}\left(n+\frac{1}{2}\right)^2 + \cdots \quad (n=0,1,2,\cdots) \quad (2.2.22)$$

と表される. ここで, x_e は**非調和定数**(anharmonicity constant)である.

絶対零度では振動運動をしていないので, すべての分子は $n=0$ の基底状態にある. 有限温度 T では, 各エネルギー状態(準位ではない)の占有率は**ボルツマン分布**(Boltzmann distribution)に従う. ボルツマン分布則では, エネルギー E_j と E_i の状態に存在する分子数の比 N_j/N_i は, 以下の式で与えられる.

$$\frac{N_j}{N_i} = \exp\left(-\frac{E_j - E_i}{k_\mathrm{B}T}\right) \quad (2.2.23)$$

ここで, k_B は**ボルツマン定数**(Boltzmann constant)である. この式を用いて計算すると, 室温では, エネルギー差が $1000\ \mathrm{cm}^{-1}$ の場合には $N_j/N_i = 0.008$ であり, $100\ \mathrm{cm}^{-1}$ の場合には 0.62 である. 波数が高い状態にはほとんど励起されていないが, 波数が低い状態にはかなり励起されることがわかる.

基底状態($n=0$)にある分子は赤外光を吸収し, $n=1$ の励起状態に変化する. これを**振動遷移**(vibrational transition)とよぶ. 吸収される赤外光の波数は, ボーアの

振動数条件（式(2.1.14)）を満たす．室温では $n=1$ の励起状態にも分子が存在しており，この分子は赤外光を吸収して $n=2$ の励起状態に遷移する．この遷移によるバンドを**ホットバンド**（hot band）とよぶ．

2.2.3 ■ 多原子分子の振動とエネルギー準位

古典力学によると，多原子分子の振動は，分子を構成する原子がすべて同じ振動数で振動する**基準振動**（normal vibration）の重ね合わせで表される．最も簡単な例として，直線形の幾何学構造をもつ 3 原子分子 CO_2 における C=O 伸縮振動を取り上げて説明する．図 **2.2.3** に示した CO_2 分子の振動の自由度は $3 \times 3 - 5 = 4$ であり，2 個の伸縮振動と 2 個の変角振動がある．伸縮振動と変角振動は別々に考えても問題はないので，ここでは 2 個の伸縮振動のみを考える．古典力学で取り扱うと，ニュートンの運動方程式は次式となる．

$$m_O \frac{d^2 \Delta x_2}{dt^2} = f(\Delta x_1 - \Delta x_2) + f'(\Delta x_3 - \Delta x_1) \tag{2.2.24}$$

$$m_O \frac{d^2 \Delta x_3}{dt^2} = -f(\Delta x_3 - \Delta x_1) - f'(\Delta x_1 - \Delta x_2) \tag{2.2.25}$$

$$m_C \frac{d^2 \Delta x_1}{dt^2} = -f(\Delta x_1 - \Delta x_2) + f(\Delta x_3 - \Delta x_1) - f'(\Delta x_3 - \Delta x_1) + f'(\Delta x_1 - \Delta x_2) \tag{2.2.26}$$

ここで，m_O は酸素原子の質量，m_C は炭素原子の質量である．f は CO 結合の力の定数で，f' は 2 つの結合の間の相互作用を表す力の定数であり，$f > f'$ である．

化学結合の長さの微小変位を表す分子内座標 Δr_1 と Δr_2 は次式で表される．

$$\Delta r_1 = \Delta x_1 - \Delta x_2, \quad \Delta r_2 = \Delta x_3 - \Delta x_1 \tag{2.2.27}$$

これらの分子内座標を用いて運動方程式を表すと，次式となる．

$$\frac{d^2 \Delta r_1}{dt^2} = -\left(\frac{f-f'}{m_C} + \frac{f}{m_O}\right)\Delta r_1 + \left(\frac{f-f'}{m_C} - \frac{f'}{m_O}\right)\Delta r_2 \tag{2.2.28}$$

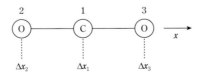

図 **2.2.3** 直線 3 原子分子の振動
$\Delta x_1, \Delta x_2, \Delta x_3$ はそれぞれ原子 1, 2, 3 の微小変位を表す座標である．

$$\frac{d^2 \Delta r_2}{dt^2} = \left(\frac{f-f'}{m_\mathrm{C}} - \frac{f'}{m_\mathrm{O}}\right)\Delta r_1 - \left(\frac{f-f'}{m_\mathrm{C}} + \frac{f}{m_\mathrm{O}}\right)\Delta r_2 \tag{2.2.29}$$

さらに，Δr_1 と Δr_2 により次式

$$q_1 = \frac{1}{\sqrt{2}}(\Delta r_1 + \Delta r_2), \quad q_2 = \frac{1}{\sqrt{2}}(\Delta r_1 - \Delta r_2) \tag{2.2.30}$$

で表される座標 q_1 と q_2 を用いて運動方程式を表すと

$$\frac{d^2 q_1}{dt^2} = -\frac{1}{m_\mathrm{O}}(f+f')q_1 \tag{2.2.31}$$

$$\frac{d^2 q_2}{dt^2} = -\frac{1}{\mu}(f-f')q_2 \tag{2.2.32}$$

となる．ただし，

$$\frac{1}{\mu} = \frac{2}{m_\mathrm{C}} + \frac{1}{m_\mathrm{O}} \tag{2.2.33}$$

である．これらの微分方程式は単振動の微分方程式であり，容易に解を得ることができる．

式(2.2.31)の解は次式である．

$$\omega_1 = \sqrt{\frac{f+f'}{m_\mathrm{O}}} \tag{2.2.34}$$

$$q_1 = A_1 \cos(\omega_1 t + \phi_1) \tag{2.2.35}$$

A_1 と ϕ_1 は未定定数であり，初期条件により決まる．CO_2 分子は式(2.2.35)で表される単振動をする．その際，3個の原子はいずれも同じ角振動数 ω_1 で振動する．また，q_1 では，O(2)C(1)結合の長さが伸びる（Δr_1 が大きくなる）際に C(1)O(3) 結合の長さが伸びる（Δr_2 が大きくなる）ので，**対称伸縮振動**(symmetric stretching vibration)とよばれている．

式(2.2.32)の解は次式である．

$$\omega_2 = \sqrt{\frac{f-f'}{\mu}} \tag{2.2.36}$$

$$q_2 = A_2 \cos(\omega_2 t + \phi_2) \tag{2.2.37}$$

A_2 と ϕ_2 は未定定数であり，初期条件により決まる．CO_2 分子は式(2.2.37)で表される単振動をする．その際，3個の原子はいずれも同じ角振動数 ω_2 で振動する．

また q_2 では，O(2)C(1)結合の長さが伸びる（Δr_1 が大きくなる）際に C(1)O(3)結合の長さが縮む（Δr_2 が小さくなる）ので，**逆対称伸縮振動**（antisymmetric stretching vibration）とよばれている．

上記の対称伸縮振動や逆対称伸縮振動では，分子を構成する原子が同じ角振動数で振動するので，これらは基準振動である．分子の振動は数多く存在しているが，一般に振動は基準振動の線形結合で表される．

古典論から量子論に移行する際に，2 原子分子の振動に関して 2.2.1 項で記述したように全エネルギーを考えて，ハミルトン演算子を作る．この分子系の全エネルギー H は，運動エネルギー T とポテンシャルエネルギー V の和であり，

$$H = T + V = \frac{1}{2}m_O\left(\frac{dq_1}{dt}\right)^2 + \frac{1}{2}\mu\left(\frac{dq_2}{dt}\right)^2 + \frac{1}{2}(f+f')q_1^2 + \frac{1}{2}(f-f')q_2^2 \quad (2.2.38)$$

と表される．ここで，質量で調整した座標

$$Q_1 = \sqrt{m_O}\,q_1, \quad Q_2 = \sqrt{\mu}\,q_2 \quad (2.2.39)$$

を用いると，式(2.2.38)は

$$H = T + V = \frac{1}{2}\left(\frac{dQ_1}{dt}\right)^2 + \frac{1}{2}\left(\frac{dQ_2}{dt}\right)^2 + \frac{1}{2}\omega_1^2(Q_1)^2 + \frac{1}{2}\omega_2^2(Q_2)^2 \quad (2.2.40)$$

となり，基準振動 1 に関するエネルギー H_1 と基準振動 2 に関するエネルギー H_2 に分かれる．すなわち，

$$H = H_1 + H_2 \quad (2.2.41)$$

$$H_1 = \frac{1}{2}\left(\frac{dQ_1}{dt}\right)^2 + \frac{1}{2}\omega_1^2(Q_1)^2 \quad (2.2.42)$$

$$H_2 = \frac{1}{2}\left(\frac{dQ_2}{dt}\right)^2 + \frac{1}{2}\omega_2^2(Q_2)^2 \quad (2.2.43)$$

と表せる．古典論での物理量から量子論での演算子へ置き換えを行うと，シュレーディンガー方程式は

$$\hat{H}_V \Psi_V = (\hat{H}_1 + \hat{H}_2)\Psi_V = E_V \Psi_V \quad (2.2.44)$$

となる．この方程式は，Q_1 のみを含む項と Q_2 のみを含む項から構成され，Q_1 と Q_2 の両方を含む項がなく，すなわち Q_1 と Q_2 の交差項がなく，解は以下の式で表される．

$$E_V(n_1, n_2) = hc\tilde{\nu}_1\left(n_1 + \frac{1}{2}\right) + hc\tilde{\nu}_2\left(n_2 + \frac{1}{2}\right) \quad (n_1, n_2 = 0, 1, 2, \cdots) \tag{2.2.45}$$

$$\begin{aligned}\Psi_V(Q_1, Q_2) &= \psi_{n_1}(Q_1)\psi_{n_2}(Q_2) \\ &= N_{n_1} e^{-\frac{1}{2}\alpha_1(Q_1)^2} H_{n_1}(\sqrt{\alpha_1} Q_1) N_{n_2} e^{-\frac{1}{2}\alpha_2(Q_2)^2} H_{n_2}(\sqrt{\alpha_2} Q_2)\end{aligned} \tag{2.2.46}$$

ここで,

$$\alpha_1 = \frac{2\pi c \tilde{\nu}_1}{\hbar}, \quad \alpha_2 = \frac{2\pi c \tilde{\nu}_2}{\hbar} \tag{2.2.47}$$

$$N_{n_1} = \left[\left(\frac{\alpha_1}{\pi}\right)^{1/2} \frac{1}{2^{n_1} n_1!}\right]^{1/2}, \quad N_{n_2} = \left[\left(\frac{\alpha_2}{\pi}\right)^{1/2} \frac{1}{2^{n_2} n_2!}\right]^{1/2} \tag{2.2.48}$$

である.エネルギーはそれぞれの単振動のエネルギーの和で,波動関数は積となっている.

さらに振動の自由度が$3N-6$の分子の場合には,シュレーディンガー方程式は次式となる.

$$\hat{H}_V \Psi_V = \left(\sum_{k=1}^{3N-6} \hat{H}_k\right)\Psi_V = E_V \Psi_V \tag{2.2.49}$$

振動エネルギー準位は,次式のように,それぞれの単振動のエネルギーの和となり,波動関数はそれぞれの単振動の波動関数の積となる.

$$E_V(n_1, n_2, \cdots, n_{3N-6}) = \sum_{k=1}^{3N-6} hc\tilde{\nu}_k\left(n_k + \frac{1}{2}\right) \quad (n_1, n_2, \cdots, n_{3N-6} = 0, 1, 2, \cdots) \tag{2.2.50}$$

$$\Psi_V(Q_1, Q_2, \cdots, Q_{3N-6}) = \prod_{k=1}^{3N-6} N_{n_k} e^{-\frac{1}{2}\alpha_k Q_k^2} H_{n_k}(\sqrt{\alpha_k} Q_k) \tag{2.2.51}$$

ここで,

$$\alpha_k = \frac{2\pi c \tilde{\nu}_k}{\hbar} \tag{2.2.52}$$

$$N_{n_k} = \left[\left(\frac{\alpha_k}{\pi}\right)^{1/2} \frac{1}{2^{n_k} n_k!}\right]^{1/2} \tag{2.2.53}$$

である.

一方,非直線形の3原子分子であるH_2O分子を考えると,基準振動の数は3であり,理論と実験による解析から,これらはO–H対称伸縮振動(ν_1),H–O–H変角振動(ν_2),O–H逆対称伸縮振動(ν_3)とよばれている.ここで,各基準振動にともなう原子の変位の様子を振動モードとよぶ.振動エネルギーは,次式のように,

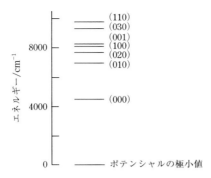

図 2.2.4 H₂O 分子の振動エネルギー準位
［日本分光学会 編，赤外・ラマン分光法（分光測定入門シリーズ），
講談社（2009），図 1.4］

それぞれの基準振動によるエネルギー準位の和

$$E(n_1, n_2, n_3) = hc\tilde{\nu}_1\left(n_1 + \frac{1}{2}\right) + hc\tilde{\nu}_2\left(n_2 + \frac{1}{2}\right) + hc\tilde{\nu}_3\left(n_3 + \frac{1}{2}\right) \quad (2.2.54)$$

と書き表され，3種類の量子数で指定される．振動エネルギー準位を**図 2.2.4** に示した．基底状態の量子数は $n_1 = n_2 = n_3 = 0$（これを(000)と表す）である．多原子分子では，ポテンシャルエネルギー曲線の極小値から(000)準位のエネルギー差，すなわち零点エネルギーは意外と大きい．基底状態と1種類の量子数が1である励起状態，例えば(100), (010), (001)との間の遷移を**基本音**(fundamental tone)とよぶ．基底状態と1種類の量子数についてのみ2以上である励起状態，例えば，(200), (300), (020)などとの間の遷移を**倍音**(overtone)とよぶ．基底状態と2種類以上の量子数が1以上の励起状態，例えば(110), (112)などとの間の遷移を**結合音**(combination tone)とよぶ．

多原子分子の基準振動を簡単な式で表すことは難しいが，基準振動の振動数は，孤立した分子の場合には，分子を構成する原子の質量，分子構造（原子間距離，結合角など），原子間の結合力に依存する．さらに分子が液体，溶液，固体などの状態にある場合には，分子間の力の影響を受ける．このことは，逆に考えると，基準振動の振動数から分子が置かれている環境に関する情報が得られることを示している．したがって，赤外スペクトルから，分子構造や分子が置かれている環境に関する知見を得るためには，それらの影響を反映する振動，すなわちバンドを見つけ出すことが重要となる．

2.2.4 ■ 吸収強度と選択律

分子が赤外光を吸収して，量子数がiである振動状態ψ_iから量子数がjである振動励起状態ψ_jに遷移(励起)する過程は，量子論により以下のように説明される．分子に赤外光が照射されると，分子の**電気双極子モーメント**(electric dipole moment)と光の電場が相互作用し，ボーアの振動数条件を満たす振動数の光に対して吸収を生じる．物質と光の相互作用を摂動として，時間に依存するシュレーディンガー方程式を解くと，各赤外バンドに対する積分吸収強度に関する次式が導かれる[2]．

$$\int \varepsilon(\tilde{\nu}) \mathrm{d}\tilde{\nu} = \frac{2\pi^2 N_\mathrm{A} \tilde{\nu}}{(\ln 10)\varepsilon_0 hc} \left| \left(\int \psi_j^* \hat{\mu} \psi_i \mathrm{d}\tau \right) \cdot \boldsymbol{e} \right|^2 \quad (2.2.55)$$

ここで，N_Aは**アボガドロ定数**(Avogadro constant)，ε_0は**真空中の誘電率**(permittivity of vacuum)である．$\hat{\mu}$は電気双極子モーメント演算子であり，ここでは電気双極子モーメント$\boldsymbol{\mu}$そのものでベクトル量である．$\boldsymbol{e}$は赤外光の電場の方向の単位ベクトル，$\mathrm{d}\tau$は体積要素である．左辺は実験から求めることができる量で，その単位は，波数をcm^{-1}単位で表すと，$10^3\,\mathrm{cm\,mol}^{-1}$である．通常は，この100倍である$\mathrm{km\,mol}^{-1}$が使用されているので，単位を換算する必要がある．上式の( )内の部分を**遷移モーメント**(transition moment)とよび，記号$\boldsymbol{M}$で表す．すなわち，

$$\boldsymbol{M} = \int \psi_j^* \hat{\mu} \psi_i \mathrm{d}\tau \quad (2.2.56)$$

であり，$\boldsymbol{M}$はベクトル量である．式(2.2.55)から，マクロな量であるモル吸光係数すなわち吸収強度は，分子振動の波動関数と関係していることがわかる．また，吸収強度は赤外光の電場の大きさには依存しないことに注意してほしい．赤外スペクトルでは多くのバンドが観測されるが，その各々のバンドに関して，上記の関係式が成り立つ．

双極子モーメントは分子の振動により変化するので，基準座標Q_kの関数である．そこで，双極子モーメントを次のように展開する．

$$\boldsymbol{\mu} = \boldsymbol{\mu}_0 + \sum_{k=1}^{3N-6} \left(\frac{\partial \boldsymbol{\mu}}{\partial Q_k} \right)_0 Q_k + \frac{1}{2} \sum_{k,j}^{3N-6} \left(\frac{\partial^2 \boldsymbol{\mu}}{\partial Q_k \partial Q_j} \right)_0 Q_k Q_j + \cdots \quad (2.2.57)$$

ただし，$\boldsymbol{\mu}_0$は平衡構造における双極子モーメントで，( )の添え字0は平衡状態での値を示す．Q_kは微小変位でその値は小さいので，右辺第2項までを考えると遷移モーメントは次式となる．

$$M = \int \psi_j^* \hat{\mu} \psi_i \mathrm{d}\tau = \mu_0 \int \psi_j^* \psi_i \mathrm{d}\tau + \sum_{k=1}^{3N-6} \left(\frac{\partial \mu}{\partial Q_k}\right)_0 \int \psi_j^* Q_k \psi_i \mathrm{d}\tau \quad (2.2.58)$$

ここで分子振動が調和振動であると仮定する．調和振動の性質から，右辺第1項の積分値はゼロとなる．また，第2項の積分値は，

$$j = i \pm 1 \quad (2.2.59)$$

の場合にのみゼロではなく，隣接準位間の遷移のみが許されることが導かれる．この関係は赤外吸収の**選択律**(selection rule)の一つである．振動基底状態にある分子では，基本音は許容であるが，結合音や倍音は禁制である．

また，調和振動では

$$\int \psi_{j+1}^* Q_k \psi_i \mathrm{d}\tau = \sqrt{\frac{h}{8\pi^2 c \tilde{\nu}}} \sqrt{i+1} \quad (2.2.60)$$

であるから，式(2.2.55)は，基底状態から k 番目の基準振動の第一励起状態への遷移(基本音)に対して，

$$\int \varepsilon_k(\tilde{\nu}) \mathrm{d}\tilde{\nu} = \frac{N_\mathrm{A}}{4(\ln 10)\varepsilon_0 c^2} \left|\left(\frac{\partial \mu}{\partial Q_k}\right)_0 \cdot \boldsymbol{e}\right|^2 \quad (2.2.61)$$

となる．

ここで，試料が気体や液体，溶液のように無配向である場合には，空間平均をとると $1/3$ の係数がかかり，

$$\int \varepsilon_k(\tilde{\nu}) \mathrm{d}\tilde{\nu} = \frac{N_\mathrm{A}}{12(\ln 10)\varepsilon_0 c^2} \left|\left(\frac{\partial \mu}{\partial Q_k}\right)_0\right|^2 \quad (2.2.62)$$

となる．したがって，赤外吸収が観測されるための条件は，

$$\left(\frac{\partial \mu}{\partial Q_k}\right)_0 \neq 0 \quad (2.2.63)$$

すなわち，平衡構造における双極子微分の値がゼロでないことであり，このような振動は**赤外活性**(infrared active)であるという．この式は，分子振動により双極子モーメントが変化することを意味している．平衡構造における双極子微分の値がゼロであるような振動は，赤外スペクトルで観測されず，**赤外不活性**(infrared inactive)であるという．遷移モーメントを双極子微分ともよぶ．

さらに式(2.2.61)は，赤外吸収強度は遷移モーメントベクトルと電場方向の単位ベクトルの内積の二乗に比例することを示している．遷移モーメントベクトルと電場が同じ方向を向いていると最大の強度が得られ，垂直であると強度はゼロであ

る．以上の考察をまとめると，選択律は以下のようになる．

【赤外スペクトルの選択律】
(1) 電気双極子モーメントが変化する振動の基本音が，赤外スペクトルに観測される．
(2) 偏光赤外吸収の強度は，赤外バンドの遷移モーメント（双極子微分）ベクトルと赤外光電場方向の単位ベクトルとの内積の二乗に比例する．

実測スペクトルには，上記の選択律では観測されないはずの振動が，弱いバンドではあるが，観測されることが多い．その原因は，調和振動子近似が成り立たない，または，式(2.2.57)で Q の1次項までしか考慮していないことである．

H_2 分子のように同じ種類の原子から構成される2原子分子は等核2原子分子とよばれ，HCl分子のように異なる種類の原子から構成される2原子分子は異核2原子分子とよばれる．振動スペクトルを測定する方法には，赤外分光法のほかに，ラマン分光法がある．異核2原子分子の振動は赤外スペクトルとラマンスペクトルで観測される．一方，等核2原子分子の振動は赤外スペクトルでは観測されないが，ラマンスペクトルでは観測される．2原子分子の振動の観測波数，非調和性について補正を行った調和波数，その値から求めた力の定数を**表2.2.1**に示した．SI単位系における伸縮振動の力の定数の単位は $N\,m^{-1}$ であるが，$mdyn\,Å^{-1}$ が使われることが多い．それらの単位の間には，次の対応が成り立つ．

$$1\,mdyn\,Å^{-1} \cong 10^2\,N\,m^{-1}$$

以下では直線3原子分子である二酸化炭素 CO_2 について遷移モーメントを考察

表2.2.1 2原子分子の伸縮振動の実測波数 $\tilde{\nu}_{obs}$，調和振動波数 $\tilde{\nu}$，力の定数 f

分子	$\tilde{\nu}_{obs}/cm^{-1}$	$\tilde{\nu}/cm^{-1}$	$f/mdyn\,Å^{-1}$
H_2	4160	4395	5.73
D_2	2994	3118	5.73
HCl	2886	2991	5.16
N_2	2331	2358	22.9
CO	2143	2170	19.0
NO	1876	1904	15.9
O_2	1555	1580	11.8
I_2	213	215	1.72

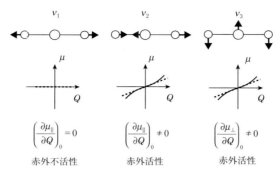

図 2.2.5 CO_2 分子の振動と遷移モーメント
[日本分光学会 編, 赤外・ラマン分光法(分光測定入門シリーズ), 講談社(2009), 図 1.5]

する. CO_2 分子について, 基準振動形と遷移モーメントの模式図を**図 2.2.5** に示した. 振動の種類は, 対称伸縮振動 v_1, 逆対称伸縮振動 v_2, O=C=O 変角振動 v_3 である. 変角振動では, O=C=O の角度が紙面の面内に変化する場合と紙面に垂直な方向に変化する場合の 2 つが考えられるが, 振動の自由度は 2 である縮重振動である. C=O 結合は, 電気陰性度が異なる C と O 原子から構成されており双極子モーメントをもつため 振動にともなう分子全体の双極子モーメントの変化を 2 つの結合に分けて考える. 対称伸縮振動 v_1 では, 2 つの C=O 結合の双極子モーメント変化が打ち消し合うので, 分子全体として双極子モーメントが変化せず, 赤外不活性である. 一方, 逆対称伸縮振動 v_2 では, 結合の双極子モーメント変化が足し合わされるので, 分子全体として双極子モーメントの分子軸方向の成分($\mu_\parallel$)が変化する. すなわち, 平衡位置における遷移モーメントの値がゼロではなく, 赤外活性である. 変角振動 v_3 では, C=O 結合の角度変化にともない電気双極子モーメントが変化する. O=C=O の変角振動では 2 つの結合の電気双極子モーメントの変化が足し合わされ, 分子全体としては, 電気双極子モーメントの分子軸に垂直な成分($\mu_\perp$)が変化し, 赤外活性である. 原子の数が多い分子では, 赤外活性な振動かどうか, 簡単にはわからない. 一般には, 群論を用いると赤外活性な振動を容易に見つけることができる. 群論では, 対称性を基にして, 遷移モーメントがゼロになるか, ならないかを判定することができる. 具体的な解析例は 5.4 節で記述する.

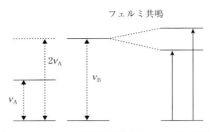

図 2.2.6　フェルミ共鳴と関連するエネルギー準位

2.2.5 ■ フェルミ共鳴

　基準振動の倍音は，2.2.4 項で述べたように禁制遷移なので，一般にその強度は非常に弱い．ところが，ある基準振動（Aとする）の倍音のエネルギー準位近傍に，**図 2.2.6** に示すような，別の基準振動（Bとする）の基本音のエネルギー準位が存在すると，ポテンシャルの非調和性の相互作用で 2 つの混合状態が生成し，Aの倍音が強く観測されることがある．この現象は**フェルミ共鳴**（Fermi resonance）とよばれている[3]．2 つのバンドのうち，強いバンドが基本音に対応し，弱いバンドが倍音に対応する．Aの倍音がBの基本音から強度を借りるという言い方をすることもある．また倍音だけでなく，結合音に関してもフェルミ共鳴が観測されることがある．フェルミ共鳴での倍音・結合音の強度は，相互作用する前の倍音・倍音準位と基本音準位のエネルギー差に鋭敏に依存する．このため，2 つの基準振動AとBの波数が分子が置かれている化学環境に依存してシフトすると，2 つのバンドの強度比が変化し，これは分子環境のマーカーとして利用されている．

[引用文献]

1) 山内 薫，分子構造の決定，岩波書店 (2001)，pp. 29-44
2) 日本化学会 編，第 5 版 実験化学講座 3：基礎編 III 物理化学（下），丸善 (2003)，pp. 63-67
3) 濱口宏夫，岩田耕一 編著，ラマン分光法（分光法シリーズ），講談社 (2015)，p. 111

2.3 ■ 電磁気学からのアプローチ

2.3.1 ■ 物質中の光の伝搬

物質中の光の伝搬は，電磁気学の基本式であるマクスウェル方程式に基づいて記述される．赤外分光計の光源は点光源だが，点光源から十分離れた位置にある狭い範囲の光の波面は，湾曲のない平面であるとみなせる．これを平面波近似という．対象とする物質は中性で，真電荷をもたず，電流がない場合を考える．このとき赤外光のふるまいは**電束密度**(electric flux density)D, **磁束密度**(magnetic flux density)B, **電場**(electric field)E, **磁場**(magnetic field)H を用いて，つぎに示す物質中のマクスウェル方程式で記述される．

$$\nabla \cdot \boldsymbol{D} = 0 \tag{2.3.1}$$

$$\nabla \cdot \boldsymbol{B} = 0 \tag{2.3.2}$$

$$\nabla \times \boldsymbol{E} + \frac{\partial \boldsymbol{B}}{\partial t} = 0 \tag{2.3.3}$$

$$\nabla \times \boldsymbol{H} - \frac{\partial \boldsymbol{D}}{\partial t} = 0 \tag{2.3.4}$$

式(2.3.1)はガウスの法則で，電気力線の数が内部の電荷(この式ではゼロ)だけで決まることを示す．式(2.3.2)は磁場に関するガウスの法則である．式(2.3.3)はファラデーの電磁誘導の式で，磁場の時間変化が電場の渦を生み出すことを示す．式(2.3.4)はアンペール・マクスウェルの式といい，電荷の動きが磁場の渦を生み出すことを示す．

物質中の単位体積あたりの電気双極子モーメントの総和を**分極**(polarization)とよび，P で表す．電場 E のもとで分極 P が存在するとき，電束密度 D は次式のように表される．

$$\boldsymbol{D} = \varepsilon_0 \boldsymbol{E} + \boldsymbol{P} \tag{2.3.5}$$

常誘電体では，P と E は比例すると近似できる．すなわち，

$$\boldsymbol{P} = \varepsilon_0 \chi \boldsymbol{E} \tag{2.3.6}$$

である．ここで，χ は**電気感受率**(electric susceptibility)とよばれる．式(2.3.5)と

(2.3.6) から，

$$\boldsymbol{D} = \varepsilon_0 \boldsymbol{E} + \boldsymbol{P} = \varepsilon_0 \boldsymbol{E} + \varepsilon_0 \chi \boldsymbol{E} = \varepsilon_0 (1+\chi) \boldsymbol{E} = \varepsilon \boldsymbol{E} \quad (2.3.7)$$

となる．ε は真空の誘電率 ε_0 を用いて

$$\varepsilon = \varepsilon_0 (1+\chi) \quad (2.3.8)$$

で定義され，**誘電率**(dielectric constant または electric permittivity)とよばれる．また，**比誘電率**(relative dielectric constant) ε_r は

$$\varepsilon_r = \frac{\varepsilon}{\varepsilon_0} = 1+\chi \quad (2.3.9)$$

で定義される．比誘電率の振動数依存性は誘電関数ともよばれる．異方性がある物質中では，ベクトル $\boldsymbol{D}$ と $\boldsymbol{E}$ の方向は一致しないことがあり，ε や ε_r は 2 階のテンソル(3×3 行列)で表される．電磁気学では，測定対象である物質の存在は，誘電率や比誘電率を通して，光の伝搬や吸収に影響を与える．

一方，磁束密度 $\boldsymbol{B}$ は磁場 $\boldsymbol{H}$ と次の関係にあるとする．

$$\boldsymbol{B} = \mu \boldsymbol{H} \quad (2.3.10)$$

ここで，μ は**透磁率**(magnetic permeability)である．光の吸収などの光学現象を扱う場合，真空の透磁率 μ_0 に対して

$$\mu = \mu_0 \quad (2.3.11)$$

と近似してよいので，式(2.3.10)は次式となる．

$$\boldsymbol{B} = \mu_0 \boldsymbol{H} \quad (2.3.12)$$

つまり，磁束密度ベクトルは磁場ベクトルと平行である．

式(2.3.4)の両辺に μ_0 をかけて式(2.3.12)を考慮すると，次式が得られる．

$$\nabla \times \boldsymbol{B} = \mu_0 \frac{\partial \boldsymbol{D}}{\partial t} \quad (2.3.13)$$

つぎに，式(2.3.3)の両辺に左から ∇ を作用させて上式を代入すると，次式が得られる．

$$\nabla \times \nabla \times \boldsymbol{E} = -\nabla \times \frac{\partial \boldsymbol{B}}{\partial t} = -\frac{\partial}{\partial t}(\nabla \times \boldsymbol{B}) = -\mu_0 \frac{\partial^2 \boldsymbol{D}}{\partial t^2} \quad (2.3.14)$$

ここで，つぎに示すベクトル解析の公式

$$\nabla \times \nabla \times \boldsymbol{A} = \nabla(\nabla \cdot \boldsymbol{A}) - \nabla^2 \boldsymbol{A} \tag{2.3.15}$$

を参照し，式(2.3.1)と(2.3.7)を考慮すると，式(2.3.14)から次式が得られる．

$$\nabla^2 \boldsymbol{E} - \mu_0 \varepsilon \frac{\partial^2 \boldsymbol{E}}{\partial t^2} = 0 \tag{2.3.16}$$

これは位置と時間に関する 2 階の微分方程式で，**波動方程式**(wave equation)とよばれる．

波数ベクトル(wavenumber vector)$\boldsymbol{k}$，**角振動数**(angular frequency)ω の光を表す式

$$\boldsymbol{E} = \boldsymbol{E}_0 \mathrm{e}^{\mathrm{i}(\boldsymbol{k} \cdot \boldsymbol{r} - \omega t)} \tag{2.3.17}$$

は，波動方程式の解の一つであることが知られており，この式を波動方程式に代入して計算すると，次式が成り立つ場合に解となることがわかる．

$$|\boldsymbol{k}| = \sqrt{\mu_0 \varepsilon}\, \omega \tag{2.3.18}$$

ω と $\boldsymbol{k}$ の関係を一般に**分散関係**(dispersion relation)とよぶ．ここで，物質中の光の速度 v は

$$v = \frac{\omega}{|\boldsymbol{k}|} = \frac{1}{\sqrt{\mu_0 \varepsilon}} \tag{2.3.19}$$

と表される．また，真空中の光の速度 c_0 については

$$c_0 = \frac{\omega}{|\boldsymbol{k}|} = \frac{1}{\sqrt{\mu_0 \varepsilon_0}} \tag{2.3.20}$$

となる．

物質の**絶対屈折率**(absolute refractive index)n は，物質中を進む光の速度を v，真空中と物質中の波長をそれぞれ λ_0 と λ とすると，

$$n = \frac{c_0}{v} = \frac{\lambda_0}{\lambda} \tag{2.3.21}$$

で表される．光の振動数は真空中でも物質中でも同じであり，物質の n は 1 より大きいので，物質中の光の速さは真空中よりも小さい．式(2.3.19)，(2.3.20)と(2.3.21)から

$$n = \frac{c_0}{v} = \sqrt{\varepsilon_\mathrm{r}} \tag{2.3.22}$$

となり，屈折率と比誘電率を結ぶ重要な関係式が得られる．また，物質中の光の波数ベクトルの大きさは，式(2.3.19)と(2.3.21)から，次式となる．

$$|\boldsymbol{k}| = \frac{n\omega}{c_0} \tag{2.3.23}$$

$\boldsymbol{E}$ と $\boldsymbol{H}$ が式(2.3.17)のような平面波で表されるとすると，マクスウェル方程式に平面波の式を代入することで次式が得られる．

$$\boldsymbol{k} \cdot \boldsymbol{D} = 0 \tag{2.3.24}$$
$$\boldsymbol{k} \cdot \boldsymbol{B} = 0 \tag{2.3.25}$$
$$\boldsymbol{k} \times \boldsymbol{E} = \omega \boldsymbol{B} \tag{2.3.26}$$
$$\boldsymbol{k} \times \boldsymbol{H} = -\omega \boldsymbol{D} \tag{2.3.27}$$

これらの式から，$\boldsymbol{D}$ と $\boldsymbol{B}$ は光の進行方向 $\boldsymbol{k}$ に対して垂直であり，光はこれらの横波であることがわかる．$\mu = \mu_0$ と近似したので，$\boldsymbol{H}$ は $\boldsymbol{B}$ と平行であり，$\boldsymbol{H}$ も $\boldsymbol{k}$ に対して垂直である．したがって，$\boldsymbol{k}$, $\boldsymbol{E}$, $\boldsymbol{D}$ は $\boldsymbol{H}$ に対して垂直である．

2.3.2 ■ 複素屈折率，複素誘電率，複素電気感受率

これまでは電流がない場合を考えてきたが，以下では電流が存在する場合を考える．その場合，**電流密度**(electric current density)を $\boldsymbol{J}$ とすると，マクスウェル方程式の式(2.3.4)は，次式で置き換えられる．

$$\nabla \times \boldsymbol{H} = \frac{\partial \boldsymbol{D}}{\partial t} + \boldsymbol{J} \tag{2.3.28}$$

また，次式で表されるオームの法則が成り立つとする．

$$\boldsymbol{J} = \sigma \boldsymbol{E} \tag{2.3.29}$$

ここで，σ は**電気伝導率**(electric conductivity)である．式(2.3.16)には，電流密度に関する項が加わり，

$$\nabla^2 \boldsymbol{E} - \mu_0 \varepsilon \frac{\partial^2 \boldsymbol{E}}{\partial t^2} - \mu_0 \sigma \frac{\partial \boldsymbol{E}}{\partial t} = 0 \tag{2.3.30}$$

となる．この式に式(2.3.17)を代入し，式(2.3.23)を用いると，屈折率 n について

$$n^2 = \varepsilon_{\mathrm{r}} + \mathrm{i}\frac{\sigma}{\varepsilon_0 \omega} \tag{2.3.31}$$

が得られる．この式は式(2.3.22)の右辺に虚部が加わっている．つまり，n^2 および屈折率は複素数となる．このときの屈折率を複素屈折率という．複素数であることを明示するため，本書では $\bar{n}$ のように，記号の上に ⁻ を付ける．

$$\bar{n} = n + \mathrm{i}\kappa \tag{2.3.32}$$

虚部 κ は**吸光指数**(absorption index)や**消衰係数**(extinction coefficient)とよぶ．

以下では複素屈折率の物理的な意味を説明する．物質中を z 軸方向に進む平面波の式に複素屈折率を代入すると，

$$\begin{aligned}\boldsymbol{E} &= \boldsymbol{E}_0 \exp[\mathrm{i}(kz - \omega t)] = \boldsymbol{E}_0 \exp\left[\mathrm{i}\left(\frac{\bar{n}\omega}{c_0}z - \omega t\right)\right] \\ &= \boldsymbol{E}_0 \exp\left(-\frac{\omega\kappa}{c_0}z\right)\exp\left[\mathrm{i}\left(\frac{\omega n}{c_0}z - \omega t\right)\right]\end{aligned} \tag{2.3.33}$$

となる．この式は n により光の速度が決まり，κ により光の振幅が決まることを示している．

つぎに，光の強度を考える．光の振動数は非常に大きいので，検出器では平均値が観測される．光のサイクル平均強度 I は，単位面積を 1 s に通過するエネルギーで定義され，単位は $\mathrm{J\,cm^{-2}\,s^{-1}}$ などが使用される．今後はサイクル平均強度を単に強度という．強度 I は次式で表される．

$$I(z) = \frac{1}{2}\varepsilon|\boldsymbol{E}|^2 v = \frac{1}{2}\varepsilon v \boldsymbol{E}^*\boldsymbol{E} \tag{2.3.34}$$

式(2.3.33)を式(2.3.34)に入れて整理すると，

$$I(z) = I_0 \exp\left(-\frac{2\omega\kappa}{c_0}z\right) \tag{2.3.35}$$

となる．ここで，I_0 は $z=0$ における光の強度である．これらを用いると，2.1 節の式(2.1.6)で定義される吸光度 A_{e} は次式で表される．

$$A_{\mathrm{e}} = \ln\left(\frac{I_0}{I}\right) = \frac{2\omega\kappa}{c_0}z = \frac{4\pi\kappa}{\lambda_0}z \tag{2.3.36}$$

この式は，光が z 方向に進むと強度が弱くなることを示しており，ランベルト・ベールの法則に対応している．2.1 節の式(2.1.13)と式(2.3.36)を比べると

$$\alpha = \frac{2\omega\kappa}{c_0} = \frac{4\pi\kappa}{\lambda_0} \tag{2.3.37}$$

となり，吸収係数を κ で表すことができた．バルク試料の吸収スペクトルは「α スペクトル」ともよばれる．これまで述べてきたことの物理的な意味は，次のように考えられる．すなわち，電流が存在する物質中では，光は伝搬にともない吸収されて強度が減衰し，オームの法則によりエネルギーがジュール熱に変換されて，エネルギーが散逸する．

上で述べたように，複素数として表した屈折率を用いると，光の伝搬と吸収を記述することができる．屈折率が複素数であるから，誘電率と比誘電率も複素数として記述される．屈折率の二乗が比誘電率であるから

$$\bar{n}^2 = (n + i\kappa)^2 = \bar{\varepsilon}_r \equiv \varepsilon_r' + i\varepsilon_r'' \tag{2.3.38}$$

となる．複素屈折率の実部と虚部は**光学定数**(optical constant)とよばれている．なお，複素比誘電率の実部と虚部も光学定数とよばれることがある．複素比誘電率の実部・虚部と複素屈折率の実部・虚部には，次式の関係が成り立つ．

$$\varepsilon_r' = n^2 - \kappa^2 \tag{2.3.39}$$

$$\varepsilon_r'' = 2n\kappa \tag{2.3.40}$$

$$n^2 = \frac{\sqrt{\varepsilon_r'^2 + \varepsilon_r''^2} + \varepsilon_r'}{2} \tag{2.3.41}$$

$$\kappa^2 = \frac{\sqrt{\varepsilon_r'^2 + \varepsilon_r''^2} - \varepsilon_r'}{2} \tag{2.3.42}$$

式(2.3.37)と(2.3.40)から，吸収係数は複素比誘電率の虚部を用いて次式

$$\alpha = \frac{2\pi}{\lambda_0 n} \mathrm{Im}(\bar{\varepsilon}_r) = \frac{2\pi \varepsilon_r''}{\lambda_0 n} \tag{2.3.43}$$

で表されることがわかる．つまり，複素比誘電率の虚部が光の吸収と関係している．

式(2.3.9)から，比誘電率が複素数であると，電気感受率 χ も複素数として表される．

$$\chi = \chi' + i\chi'' \tag{2.3.44}$$

ここで χ' と χ'' は複素電気感受率のそれぞれ実部と虚部である．また，χ と複素比誘電率の間には次の関係が成り立つ．

$$\varepsilon_r' = 1 + \chi' \qquad (2.3.45)$$

$$\varepsilon_r'' = \chi'' \qquad (2.3.46)$$

式(2.3.43)において，吸収係数は比誘電率の虚部で表されているが，式(2.3.46)から，吸収係数は複素電気感受率の虚部でも表されることがわかる．

屈折率，誘電率，電気感受率は複素数で記述され，実部と虚部をもつ．それぞれの量の実部と虚部は独立ではなく，互いにクラマース・クローニッヒ(Kramers–Kronig, KK と略す)の関係式(付録 C)で結ばれている．KK の関係式はヒルベルト変換ともよばれている．複素比誘電率に関する KK の関係式は

$$\varepsilon_r'(\omega) = 1 + \frac{2}{\pi} P \int_0^\infty \frac{\omega' \varepsilon_r''(\omega)}{\omega'^2 - \omega^2} d\omega' \qquad (2.3.47)$$

$$\varepsilon_r''(\omega) = -\frac{2\omega}{\pi} P \int_0^\infty \frac{\varepsilon_r'(\omega)}{\omega'^2 - \omega^2} d\omega' \qquad (2.3.48)$$

である．ここで，P は積分の主値であり，次式で表される．

$$P \int_0^\infty d\omega' = \lim_{\delta \to 0} \left(\int_0^{\omega - \delta} d\omega' + \int_{\omega + \delta}^\infty d\omega' \right) \qquad (2.3.49)$$

この関係式では，ε_r' と ε_r'' が互いに積分の中に入り合う形になっており，角振動数が 0 から無限大の領域で，一方の値がわかっていれば，他方を計算することができる．

2.3.3 ■ 複素誘電率の振動数依存性

誘電体(dielectric matter)では，負電荷をもつ電子と正電荷をもつ原子核が互いに束縛されており，外部電場により分極が誘起される．電子の振動にともなう分極を**電子分極**(electronic polarization)，原子核の振動にともなう分極を**変形分極**(distortion polarization)，永久電気双極子の配向にともなう分極を**配向分極**(orientation polarization)とよぶ．2.2 節で分子振動について考察したが，分子振動により発生する分極が変形分極であり，分子振動を個々の基準振動までは考えずに抽象的に考えたものが変形分極である．振動する電場をもつ光と分極とが相互作用する結果，光が吸収される．電子分極に起因する吸収は可視・近赤外領域で観測される．変形分極に起因する吸収は赤外領域で観測され，変形分極による吸収強度は電子分極の

10％以下である．ここでは原子核の分極に関して解説する．

　測定試料が分子の場合，1つの基準振動において全原子が動くが，ここでは有効質量 m と正の有効電荷 q をもった荷電粒子に置き換えて，その荷電粒子が調和振動すると考える．荷電粒子の変位を $\boldsymbol{r}$，バネ定数を f とすると，運動方程式は

$$m\frac{\mathrm{d}^2\boldsymbol{r}(t)}{\mathrm{d}t^2} = -f\boldsymbol{r}(t) - m\gamma\frac{\mathrm{d}\boldsymbol{r}(t)}{\mathrm{d}t} + q\boldsymbol{E}(t) \qquad (2.3.50)$$

となる．右辺の第1項は変位にともなう復元力を表す．右辺の第2項はバネ振動の減衰を表し，γ は**減衰因子**（damping factor）である．右辺の第3項は荷電粒子が光の電場から受ける力で，これにより強制振動が起こる．バネの固有角振動数 $\omega_0 = \sqrt{f/m}$ で係数を置き換えると，式(2.3.50)は

$$m\frac{\mathrm{d}^2\boldsymbol{r}(t)}{\mathrm{d}t^2} + m\gamma\frac{\mathrm{d}\boldsymbol{r}(t)}{\mathrm{d}t} + m\omega_0^2\boldsymbol{r}(t) = q\boldsymbol{E}_0\mathrm{e}^{-\mathrm{i}\omega t} \qquad (2.3.51)$$

となる．

　この微分方程式の解を求めるため

$$\boldsymbol{r}(t) = \boldsymbol{r}_0 \mathrm{e}^{-\mathrm{i}\omega t} \qquad (2.3.52)$$

とおいて，上の式に代入して式を整理すると，$\boldsymbol{r}_0$ は

$$\boldsymbol{r}_0 = \frac{(q/m)\boldsymbol{E}_0}{\omega_0^2 - \omega^2 - \mathrm{i}\gamma\omega} \qquad (2.3.53)$$

と得られる．単位体積あたりの振動子の個数を N とし，互いに相互作用がないとすると，分極は $\boldsymbol{P} = Nq\boldsymbol{r}$ であるから，

$$\boldsymbol{P} = \frac{(Nq^2/m)\boldsymbol{E}_0}{\omega_0^2 - \omega^2 - \mathrm{i}\gamma\omega}\mathrm{e}^{-\mathrm{i}\omega t} = \frac{(Nq^2/m)\boldsymbol{E}_0}{\sqrt{(\omega_0^2 - \omega^2)^2 + \gamma^2\omega^2}}\mathrm{e}^{\mathrm{i}\phi}\mathrm{e}^{-\mathrm{i}\omega t} \qquad (2.3.54)$$

ただし

$$\tan\phi = \frac{\gamma\omega}{\omega_0^2 - \omega^2} \qquad (2.3.55)$$

である．したがって，光の振動電場に対して，誘起される分極の位相は ϕ だけ遅れる．しかしながら，ベクトルの方向は変わらない．

　式(2.3.7)と(2.3.54)から，複素誘電率は

$$\bar{\varepsilon}(\omega) = \varepsilon_0 + \frac{Nq^2}{m}\frac{1}{\omega_0^2 - \omega^2 - \mathrm{i}\gamma\omega} \qquad (2.3.56)$$

であり，複素比誘電率は

$$\bar{\varepsilon}_r(\omega) = 1 + \frac{Nq^2}{m\varepsilon_0} \frac{1}{\omega_0^2 - \omega^2 - i\gamma\omega} \tag{2.3.57}$$

である.

式(2.3.57)で $\omega \to \infty$ とすると, ε_r は1(つまり真空)になってしまい, 実験結果に合わないので, 1の部分を実験値 $\varepsilon_{r,\infty}$ に置き換えると,

$$\bar{\varepsilon}_r(\omega) = \varepsilon_{r,\infty} + \frac{Nq^2}{m\varepsilon_0} \frac{1}{\omega_0^2 - \omega^2 - i\gamma\omega} \tag{2.3.58}$$

となる. この式の実部と虚部をそれぞれ Re と Im で表すと,

$$\mathrm{Re}[\bar{\varepsilon}_r(\omega)] = \varepsilon_{r,\infty} + \frac{Nq^2}{m\varepsilon_0} \frac{\omega_0^2 - \omega^2}{(\omega_0^2 - \omega^2)^2 + \gamma^2\omega^2} \tag{2.3.59}$$

$$\mathrm{Im}[\bar{\varepsilon}_r(\omega)] = \frac{Nq^2}{m\varepsilon_0} \frac{\gamma\omega}{(\omega_0^2 - \omega^2)^2 + \gamma^2\omega^2} \tag{2.3.60}$$

となる. 赤外スペクトルは通常, 波数に対してプロットされるので, 式(2.3.58)～(2.3.60)を波数 $\tilde{\nu}$ で表すと次式となる.

$$\bar{\varepsilon}_r(\tilde{\nu}) = \varepsilon_{r,\infty} + \frac{S^2}{\tilde{\nu}_0^2 - \tilde{\nu}^2 - i\gamma'\tilde{\nu}} \tag{2.3.61}$$

$$\mathrm{Re}[\bar{\varepsilon}_r(\tilde{\nu})] = \varepsilon_{r,\infty} + S^2 \frac{\tilde{\nu}_0^2 - \tilde{\nu}^2}{(\tilde{\nu}_0^2 - \tilde{\nu}^2)^2 + \gamma'^2\tilde{\nu}^2} \tag{2.3.62}$$

$$\mathrm{Im}[\bar{\varepsilon}_r(\tilde{\nu})] = S^2 \frac{\gamma'\tilde{\nu}}{(\tilde{\nu}_0^2 - \tilde{\nu}^2)^2 + \gamma'^2\tilde{\nu}^2} \tag{2.3.63}$$

ここで, $\tilde{\nu}_0$ は固有角振動数 ω_0 に対応する波数であり, また,

$$\gamma' = \frac{\gamma}{2\pi c} \tag{2.3.64}$$

$$S^2 = \frac{1}{(2\pi c)^2} \frac{Nq^2}{m\varepsilon_0} \tag{2.3.65}$$

である. 比誘電率の実部と虚部を計算した結果を**図 2.3.1** に示す. 実部は分散曲線を, 虚部は吸収曲線を示す.

$\tilde{\nu}$ が $\tilde{\nu}_0$ に近い値の場合には, 式(2.3.63)は

$$\mathrm{Im}[\bar{\varepsilon}_r(\tilde{\nu})] \approx \frac{1}{2\pi c} \frac{Nq^2}{4m\varepsilon_0\omega_0} \frac{\gamma'}{(\tilde{\nu}_0 - \tilde{\nu})^2 + (\gamma'/2)^2} \tag{2.3.66}$$

というローレンツ関数で近似される. このバンドは, $\tilde{\nu} = \tilde{\nu}_0$ で最大値を示し, γ' は**半値全幅**である. また, ローレンツ関数の積分値は次式で与えられる.

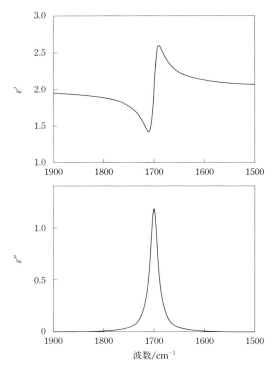

図 2.3.1 単一バンドの誘電率の実部と虚部の計算値
$\tilde{\nu}_0 = 1700 \text{ cm}^{-1}$, $\varepsilon_{r,\infty} = 2$, $S = 200 \text{ cm}^{-1}$, $\gamma' = 20 \text{ cm}^{-1}$.

$$\int_{-\infty}^{\infty} \frac{\gamma'}{(\tilde{\nu}_0 - \tilde{\nu})^2 + (\gamma'/2)^2} d\tilde{\nu} = 2\pi \quad (2.3.67)$$

これまでは 1 次元の振動子の取り扱いであったが，一般に物質の振動スペクトルは多くの振動子から構成されているので，赤外スペクトルには多くのバンドが現れる．ポリカーボネートのフィルムの光学定数が実験から求められているので[1]，実例として**図 2.3.2** に屈折率 n と消衰係数 κ を波数に対してプロットした．多くの振動子があり，それぞれの振動子の固有振動数に対応する波数に対して，n は分散型の，κ は吸収型の波形を示している．複素比誘電率の実部と虚部は，式(2.3.39)と(2.3.40)に示したように，複素屈折率の実部と虚部から求めることができる．ポリカーボネートに関して，ε' と ε'' を n と κ から求め，**図 2.3.3** にそれらを波数に対してプロットした．ε' は分散型の，ε'' は吸収型の波形を示している．

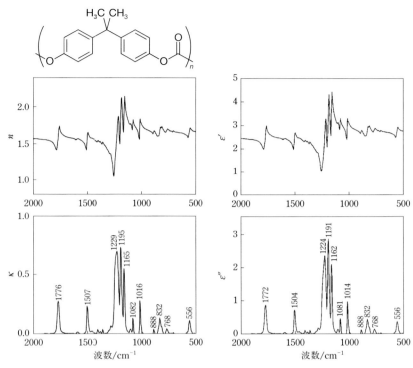

図 2.3.2 ポリカーボネートの n と κ の波数依存性

図 2.3.3 ポリカーボネートの ε' と ε'' の波数依存性

2.3.4 ■ 光学界面

赤外分光法では，通常の透過吸収スペクトル測定のほかに，ATR 測定，反射吸収測定，正反射測定など多様なスペクトル測定法がある．これらの測定に関しては「4.2 界面を利用した測定」で詳しく述べるが，「光学界面」の考慮が不可欠で，電磁気学による考察が必須である．ランベルト・ベールの法則の導出過程では光学界面を考慮しておらず，界面を無視できるバルク試料に限ってランベルト・ベールの法則が成り立つことに注意してほしい．KBr 錠剤や溶液の透過吸収スペクトル測定では，赤外光の波長に比べて光路が圧倒的に長いので，溶液/セル界面のような光学界面の存在を無視できる．

ここでは，光学界面がスペクトルに影響を及ぼす例を紹介する．図 2.3.4 に，メ

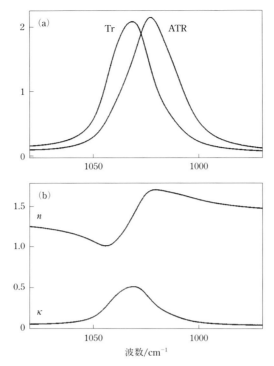

図 2.3.4 メタノールの(a) C–O 伸縮振動領域のスペクトルと(b)複素屈折率
垂直透過法(Tr)および ATR(全反射測定)法で測定したスペクトルを比較すると,バンドの位置や形状に大きな違いがある.
[J. E. Bertie and K. H. Michaelian, *J. Chem. Phys.*, **109**, 6764(1998), Fig. 1]

タノールの液体を透過法(Tr)で測定したスペクトルと ATR 法で測定したスペクトルを重ねて示す[2].バンドの位置や形状に大きな違いが観測されているが,これは複素屈折率($\bar{n}=\sqrt{\bar{\varepsilon}_r}$)あるいは複素誘電率($\bar{\varepsilon}$)に起因している.C–O 伸縮振動は吸収強度が強く,屈折率の分散が大きいため,測定法の違いによるバンドシフトが生じている.4.2 節において,このような光学界面の影響について記述する.

[引用文献]

1) G. K. Ribbegård and R. N. Jones, *Appl. Spectrosc.*, **34**, 638(1980)
2) J. E. Bertie and K. H. Michaelian, *J. Chem. Phys.*, **109**, 6764(1998)

第3章　フーリエ変換赤外分光測定 および分光計

　フーリエ変換赤外分光測定では，分光計でインターフェログラムを測定し，離散フーリエ変換してスペクトルを得るので，分光計のハードウェアと離散フーリエ変換と関連した数学が重要である．ここでは，数学的な基礎とハードウェアの実際を記述する．

3.1 ■ フーリエ変換赤外分光測定の基礎

3.1.1 ■ 光の表現法

　光は電場と磁場の横波であり，電場と磁場は観測可能な物理量である．ここでは平面波について，光の干渉を記述する．位置ベクトルを r とすると，波数ベクトルが k で角振動数が ω の光の電場は，$E_0\cos(k\cdot r - \omega t)$ や $E_0\sin(k\cdot r - \omega t)$ で表されるが，ここでは計算の便宜上，次式で表す．

$$E = E_0 e^{i(k\cdot r - \omega t)} = E_0 [\cos(k\cdot r - \omega t) + i\sin(k\cdot r - \omega t)] \quad (3.1.1)$$

この式で表される電場は複素数であるが，実数部分が観測値と対応すると考える．このような表記にすると，線形な光学現象を記述することができ，cos関数やsin関数を用いるよりも計算が容易であるという利点がある．詳しくは光学に関する専門書1, 2を参照してほしい．

　光の**強度**(intensity) I は，光が進む方向に垂直な単位面積を1 sに通過するエネルギーで定義される．単位はJ cm^{-2} s^{-1} である．強度は**放射照度**(irradiance)ともよばれる．光は非常に速く振動しているので，観測される強度はさまざまな振動数の振動が平均されたものであり，電場と磁場のエネルギーを合わせて，真空の場合は次式で表される．

$$I = \frac{1}{2}\varepsilon_0 c E_0^2 = \frac{1}{2}\sqrt{\frac{\varepsilon_0}{\mu_0}} E_0^2 \quad (3.1.2)$$

3.1.2 ■ インターフェログラムとフーリエ変換

FT–IR 分光光度計の主要な部分である**マイケルソン干渉計**(Michelson interferometer)の概念図を**図 3.1.1** に示した．光源からの赤外光は平行光とされて干渉計に入り，**ビームスプリッター**(beamsplitter, BS と略す)で 2 つに分けられる．ここでは BS 自体の光学的性質は考慮せず，BS は入射光を位相の変化なしで透過光と反射光の 2 つに分離する理想的な光学素子として扱う．BS で反射された光は可動鏡で反射されて BS に戻り，BS を透過した光は固定鏡で反射されて BS に戻る．これら 2 つの光は BS で合成され，検出器に到達し，光の強度が電圧として観測される．このような構成で光の干渉が観測される．

以下では光源の光と検出器で観測される光の強度の関係を考察する．まず光源から波長 λ で角振動数 ω の単色光が干渉計に入射される場合を考える．光は電場と磁場の横波であるが，電場について考察する．大気の屈折率を 1 とすると，光が進んだ距離が光路長となる．光源から固定鏡で反射されて検出器に至る光の光路長を l_1，光源から可動鏡で反射されて検出器に至る光路長を l_2 とすると，2 つの光による電場は次式で表される．

$$\boldsymbol{E} = rt\boldsymbol{E}_0 \mathrm{e}^{\mathrm{i}(kl_1 - \omega t)} + rt\boldsymbol{E}_0 \mathrm{e}^{\mathrm{i}(kl_2 - \omega t)} = rt\boldsymbol{E}_0 \mathrm{e}^{-\mathrm{i}\omega t}(1 + \mathrm{e}^{\mathrm{i}kx})\mathrm{e}^{\mathrm{i}kl_1} \quad (3.1.3)$$

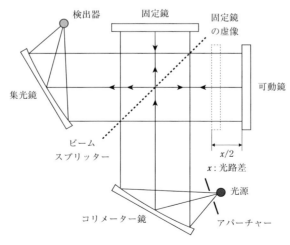

図 3.1.1 マイケルソン干渉計の模式図

ここで，r と t はそれぞれ BS の電場に対する振幅反射率と振幅透過率を表す．また，固定鏡と可動鏡の反射率は 1，$l_2 - l_1 = x$ とした．x は 2 つに分けられた光が進行する距離の差すなわち光路差であり，可動鏡の移動距離の 2 倍である．検出器で観測される光の強度 $I(x)$ は

$$I(x) = 2B(1 + \cos kx) = 2B\left[1 + \cos\left(\frac{2\pi x}{\lambda}\right)\right] = 2B[1 + \cos(2\pi \tilde{\nu} x)] \quad (3.1.4)$$

となる．ただし，$B = KRT|\boldsymbol{E}_0|^2$ で，K は比例定数，R と T はそれぞれ BS の光の強度についての反射率と透過率を表す．光路差 x が

$$x = n\lambda \quad (n = 0, \pm 1, \pm 2, \cdots) \quad (3.1.5)$$

のとき，2 つの光は強め合い，光路差 x が

$$x = \left(n + \frac{1}{2}\right)\lambda \quad (n = 0, \pm 1, \pm 2, \cdots) \quad (3.1.6)$$

のとき，弱め合うことがわかる．

光源からは，さまざまな波長すなわち波数の光が放出されているので，検出器で観測される光の強度は式(3.1.4)で表されるそれぞれの光の強度の重ね合わせとなる．すなわち，

$$I(x) = \int_0^\infty 2B(\tilde{\nu})[1 + (\cos 2\pi \tilde{\nu} x)] d\tilde{\nu} \quad (3.1.7)$$

である．この式は，強度が一定である非干渉成分(直流成分)と光路差によって変動する干渉成分(交流成分)の和である．干渉成分を $F(x)$ とすると

$$F(x) = 2\int_0^\infty B(\tilde{\nu}) \cos(2\pi \tilde{\nu} x) d\tilde{\nu} \quad (3.1.8)$$

となる．これを**インターフェログラム**(interferogram)とよぶ．

数学的な取り扱いを便利にするために，スペクトルを偶関数と考えて，波数を負領域まで拡張すると

$$F(x) = \int_{-\infty}^\infty B(\tilde{\nu}) \cos(2\pi \tilde{\nu} x) d\tilde{\nu} \quad (3.1.9)$$

となる．この式はフーリエ余弦変換対として知られている対式の一方であり，もう一方は以下のように書くことができる．

$$B(\tilde{\nu}) = \int_{-\infty}^\infty F(x) \cos(2\pi \tilde{\nu} x) dx \quad (3.1.10)$$

第 3 章 フーリエ変換赤外分光測定および分光計

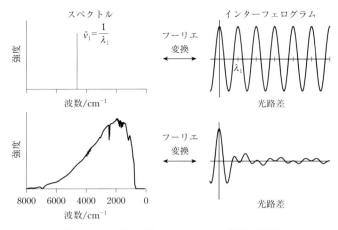

図 3.1.2 スペクトルとインターフェログラムの関係

　この式は，インターフェログラムを測定し，**フーリエ変換**（Fourier transformation）することにより光源の強度スペクトルが得られることを示している．フーリエ変換対は通常，時間と角振動数（または振動数）が変数であるが，ここでは，波数と光路差が変数となっている．フーリエ変換に関しては，参考書 3 などを参照してほしい．

　インターフェログラムとスペクトルの関係を**図 3.1.2** に示した．光源が波長 λ_1（波数は $1/\lambda_1$）の単色光である場合，インターフェログラムは図 3.1.2(a) に示したように波長 λ_1 の cos 関数となる．したがって，インターフェログラムを観測して波長を読み取れば，光源の光の波数を知ることができる．FT–IR 分光計の光源からは，さまざまな波数の光が放出されているので，実際に観測するインターフェログラムはさまざまな波数をもつ cos 関数の重ね合わせとなり，図 3.1.2(b) のように複雑な波形となる．光路差ゼロに相当する中央が大きな値を示し，**センターバースト**（centerburst）とよばれている．x が大きくなるほど，波形は波打ちながら小さくなる．このような形のインターフェログラムから光源の波数を読み取ることはできない．このような複雑な波形から，それを構成する cos 関数の波数と含まれている割合（強度）の情報を抽出する数学的手段がフーリエ変換であり，その結果を，横軸に波数，縦軸に強度をとって表示したのが強度スペクトルである．このようにフーリエ変換分光測定は，ハードウェア（干渉計を搭載した分光計とコンピューター）とソフトウェア（フーリエ変換）が一体となった方法である．

多くのFT-IR分光計では，可動鏡を連続的にスキャンしながらインターフェログラムの測定を行っており，連続スキャン方式とよばれている．この方式では，可動鏡が一定速度vでスキャンされるので，$x=2vt$となる．したがって，式(3.1.9)は次式となる．

$$F(x) = \int_{-\infty}^{\infty} B(\tilde{v})\cos(2\pi\tilde{v}\times 2vt)\mathrm{d}\tilde{v} = \int_{-\infty}^{\infty} B(\tilde{v})\cos(2\pi ft)\mathrm{d}\tilde{v} \qquad (3.1.11)$$

ただし，

$$f = 2v\tilde{v} \qquad (3.1.12)$$

である．このfを変調周波数(modulation frequency)という．例えば，$v=0.2$ cm/sの速度で可動鏡をスキャンすると，4000～400 cm^{-1}の光に対してfは1600～160 Hzとなり，$v=0.64$ cm/sの場合には，4000～700 cm^{-1}の光に対してfは5120～896 Hzとなる．インターフェログラムはオシロスコープにより電圧値の時間変化として観測できる．つまり，連続スキャン方式のFT-IR分光計では，波数$\tilde{v}$の赤外光を周波数fの電気信号に変換している．

　インターフェログラムは理論の上では左右対称であり，フーリエ変換余弦対で表される．しかし，実際には，種々の原因で非対称になることが多く，市販の装置でインターフェログラムを見ると確かに非対称である．そのような非対称性はスペクトルの歪みをもたらすので，補正する必要がある．その際，フーリエ変換を複素フーリエ変換で表すと便利であり，式(3.1.9)と(3.1.10)を複素フーリエ変換で書き表すと

$$F(x) = \int_{-\infty}^{\infty} B(\tilde{v})\mathrm{e}^{\mathrm{i}2\pi\tilde{v}x}\mathrm{d}\tilde{v} \qquad (3.1.13)$$

$$B(\tilde{v}) = \int_{-\infty}^{\infty} F(x)\mathrm{e}^{-\mathrm{i}2\pi\tilde{v}x}\mathrm{d}x \qquad (3.1.14)$$

となる．複素フーリエ変換(3.1.14)は

$$B(\tilde{v}) = \int_{-\infty}^{\infty} F(x)\cos(2\pi\tilde{v}x)\mathrm{d}x + \mathrm{i}\int_{-\infty}^{\infty} F(x)\sin(2\pi\tilde{v}x)\mathrm{d}x \qquad (3.1.15)$$

のように，フーリエ余弦変換と正弦変換で表される．一般に，$F(x)$が実数であっても$B(\tilde{v})$は複素数である．ReとImをそれぞれ実部と虚部を表す記号とすると，

$$B(\tilde{v}) = \mathrm{Re}[B(\tilde{v})] + \mathrm{i}\,\mathrm{Im}[B(\tilde{v})] = |B(\tilde{v})|\mathrm{e}^{\mathrm{i}\varphi(\tilde{v})} \qquad (3.1.16)$$

と表すことができる．ただし，

$$|B(\tilde{\nu})| = \sqrt{(\text{Re}[B(\tilde{\nu})])^2 + (\text{Im}[B(\tilde{\nu})])^2} \tag{3.1.17}$$

$$\varphi(\tilde{\nu}) = \arctan\frac{\text{Im}[B(\tilde{\nu})]}{\text{Re}[B(\tilde{\nu})]} \tag{3.1.18}$$

であり，$|B(\tilde{\nu})|$ を絶対値，$\varphi(\tilde{\nu})$ を位相角とよぶ．

このようにフーリエ変換分光測定では強度スペクトルが得られるので，発光スペクトルを測定する場合には，そのままのスペクトルを利用できるが(感度補正をする必要はある)，吸収スペクトルを測定する場合には，参照の強度スペクトルと試料の強度スペクトルを測定して，吸光度を計算する．

3.1.3 ■ コンボリューション定理

ここでは，アポダイゼーション，分解，サンプリング，スペクトルの折り返しなどを行うときに使うコンボリューション(convolution)とコンボリューション定理について説明する．関数 $f(x)$ と $g(x)$ のコンボリューション $h(x) = f(x)*g(x)$ は

$$h(x) = \int_{-\infty}^{\infty} f(t)g(x-t)dt = \int_{-\infty}^{\infty} g(t)f(x-t)dt \tag{3.1.19}$$

で定義される．重畳積分または畳み込み積分ともよばれる．

コンボリューションはバンドの幅や波形の解析の際に重要な概念である．無限小幅のバンドを測定した場合に観測される波形を**装置関数**(instrument line shape function または instrument function)とよぶ．観測されるバンド形は，真のスペクトル波形と装置関数のコンボリューションとなる．ここでは，図 3.1.3 に示す真のスペクトルと装置関数を例として，コンボリューションについて説明する．$f(x)$ を2つのバンドからなる真のスペクトル，$g(x)$ を装置関数とすると，$f(x)$ と $g(x)$ のコンボリューションが観測されるスペクトルに対応する．$x = x_1$ における観測スペクトルの値 $h(x_1)$ は，中心が x_1 にある関数 $g(x_1-t)$ と $f(t)$ の積の t に関する積分である．観測スペクトル $h(x)$ では，$f(x)$ にもともとあった2つのバンドの幅が太くなっている．これが装置関数の影響である．

ここで，関数 $f(x)$ のフーリエ変換を記号 $FT[f(x)]$ で表す．$FT[f(x)] = F(\tilde{\nu})$，$FT[g(x)] = G(\tilde{\nu})$ とすると，以下の関係が成り立つ．

$$FT[f(x)g(x)] = F(\tilde{\nu})*G(\tilde{\nu}) \tag{3.1.20}$$

$$FT[f(x)*g(x)] = F(\tilde{\nu})G(\tilde{\nu}) \tag{3.1.21}$$

3.1 フーリエ変換赤外分光測定の基礎

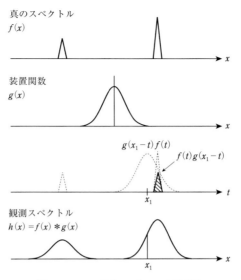

図 3.1.3 コンボリューションの概念図

これらの式は，光路差領域におけるコンボリューションと積の関係は，それぞれスペクトル領域における積とコンボリューションの関係になることを示しており，**コンボリューション定理**(convolution theorem)とよばれている．

3.1.4 ■ バンド波形と分解

上で述べたように観測されるバンドの波形は，試料に由来する波形と分光計に由来する装置関数とのコンボリューションになっている．中程度の分解(4 cm^{-1} 程度)で赤外吸収を測定しているときには実感しにくいが，スペクトル線幅が狭い発光スペクトルを測定すると，装置関数の影響が顕著に表れる．ここでは，FT–IR 分光計に由来する装置関数に関して説明する．

A. アポダイゼーション

インターフェログラムをフーリエ変換してスペクトルを得るための式(3.1.14)では x の積分範囲を無限大までとっているが，実際は，有限値である最大光路差 L まででスキャンを打ち切らなければならない．これを式で表すと

$$B'(\tilde{\nu}) = \int_{-L}^{L} F(x) e^{-i2\pi \tilde{\nu} x} dx = \int_{-\infty}^{\infty} U_{2L}(x) F(x) e^{-i2\pi \tilde{\nu} x} dx \tag{3.1.22}$$

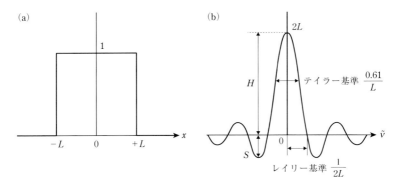

図 3.1.4　長方形関数とそのフーリエ変換

となる．ここで，$U_{2L}(x)$ は**長方形関数**（rectangular function または boxcar function）とよばれており，

$$U_{2L}(x) = \begin{cases} 1 & (x \leq |L|) \\ 0 & (x > |L|) \end{cases} \tag{3.1.23}$$

で定義される．そのグラフを図 3.1.4(a)に示した．式(3.1.22)では，観測されるスペクトルは，長方形関数とインターフェログラムとの積のフーリエ変換になっている．式(3.1.22)はコンボリューション定理を利用すると，

$$B'(\tilde{v}) = FT[U_{2L}(x)] * FT[F(x)] = FT[U_{2L}(x)] * B(\tilde{v}) \tag{3.1.24}$$

となる．長方形関数のフーリエ変換は

$$FT[U_{2L}(x)] = \frac{2L \sin(2\pi \tilde{v} L)}{2\pi \tilde{v} L} = \mathrm{sinc}(2\pi \tilde{v} L) \tag{3.1.25}$$

である．ただし，sinc 関数は，$\mathrm{sinc}\, x = (\sin x)/x$ で定義され，分光学でよく用いられる関数である．sinc 関数のグラフを図 3.1.4(b)に示した．式(3.1.24)は，実際に観測されるスペクトルが，真のスペクトルと sinc 関数とのコンボリューションになっていることを示している．真のスペクトルが幅の狭いスペクトル線の場合には，sinc 関数がコンボリューションされている影響が顕著に現れ，観測されるバンドは sinc 関数となる．sinc 関数は，中央ピークの左右にリップルとよばれる大きな波打ちを示す．主ピークの高さ(H)に対して負の第一ピークの高さ(S)は約 22 %にも及ぶので，スペクトルの解釈に間違いが生じることがある．このようなスペクトル線形となる原因は，長方形関数が $x = \pm L$ の点で 1 から急に 0 になる不連続点

3.1 フーリエ変換赤外分光測定の基礎

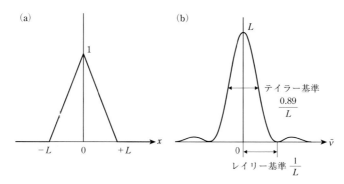

図 3.1.5　三角形関数とそのフーリエ変換

をもつからである．バンド波形を自然な形とするために，なだらかに0になる関数 $A(x)$ をインターフェログラムにかけてフーリエ変換を行う方法もある．このようにリップルを小さくする操作を**アポダイゼーション**(apodization)といい，関数 $A(x)$ を**アポダイゼーション関数**(apodization function)という．アポダイゼーション関数として，次の三角形関数(**図 3.1.5**(a))

$$A(x) = \begin{cases} 1 - \dfrac{|x|}{L} & (|x| \leq L) \\ 0 & (|x| > L) \end{cases} \tag{3.1.26}$$

を使用した場合には，

$$FT[A(x)] = L\,\mathrm{sinc}^2(\pi\tilde{\nu}L) \tag{3.1.27}$$

となり，そのグラフは図3.1.5(b)のようになる．回折格子を用いた分光器の装置関数は sinc^2 関数である．アポダイゼーション関数としては，三角形関数のほかにもさまざまな関数が使用されており，3.2.2項Cで記述する．

B. 分解と分解能

スペクトル測定において近接する2本のバンドを分離して観測できる性能が高いことは重要である．2本の線スペクトルを分離して観測できる波数幅 $\Delta\tilde{\nu}$ を**分解**(resolution)という．分解のことを分解能とよぶことも多い．近接する高さが同じ2本の sinc^2 関数形(三角形関数をアポダイゼーション関数とした場合の波形)のバンドの合成スペクトルを**図 3.1.6**に示した．バンドのピークの位置間隔が $0.4/L$ の場合には2本のバンドが分離されていないが，ピークの間隔が $0.89/L$ の場合(バン

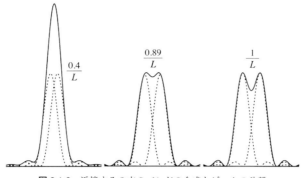

図 3.1.6　近接する 2 本のバンドの合成とピークの分離

ド幅に相当，後述）には分離されている．また，ピークの間隔が $1/L$ の場合（バンドの中心から最初にゼロになるまでの幅に相当，後述）にも分離されている．

2 本のバンドを分離できるかどうかを，1 本のバンドの波形を表す量で表現することができる．バンド波形の最大値の半分の値における幅すなわち半値全幅を採用する基準をテイラー基準とよび，バンド波形の中心から最初に 0 となるまでの幅を採用する基準をレイリー基準とよぶ．三角形関数をアポダイゼーション関数とした場合の sinc^2 関数波形では，テイラー基準で $0.89/L$ であり，レイリー基準で $1/L$ である．例えば，最大光路差が 1 cm の場合の分解は，テイラー基準で $0.89\ \mathrm{cm}^{-1}$，レイリー基準で $1\ \mathrm{cm}^{-1}$ となる．

アポダイゼーションを行わない場合（sinc 関数波形）の分解は，図 3.1.4（b）に示したように，テイラー基準で $0.61/L$ であり，レイリー基準で $1/(2L)$ である．分解は一般に，アポダイゼーションを施すことにより，最大光路差 L に反比例して悪くなる．FT-IR 分光計の性能を比較する場合，分解の定義にはいろいろあるが，最大光路差で比較することが多い．高分解能測定を行う場合には最大光路差を大きくする必要があるので，可動鏡の移動距離が長い分光計を用いることになる．

分解能（resolving power）R は $\tilde{\nu}/\Delta\tilde{\nu}$ で定義され，分解が $1/L$ の場合には，

$$R = \frac{\tilde{\nu}}{\Delta\tilde{\nu}} = L\tilde{\nu} \tag{3.1.28}$$

である．

3.1.5 ■ サンプリングとスペクトルの折り返し

　インターフェログラムは，一般に決まった種類の関数で表されないので，実際の分光計では，連続量であるインターフェログラムを AD 変換器により離散データの集合として取り込む．これを**サンプリング**(sampling)とよぶ．さらに，離散データであるインターフェログラムを離散フーリエ変換して，強度スペクトルを求める．このとき，サンプリングされた離散データから元の強度スペクトルが再現される必要がある．サンプリングの数(サンプリング周波数という)は多いほどよいと想像されるが，どの程度であればサンプリングの数を少なくしても元のスペクトルが再現できるであろうか．

　一般に，アナログ信号に含まれる最高周波数を $f_{\max}$ とすると，サンプリング周波数 f_s が $f_{\max}$ の 2 倍以上，すなわち

$$f_s \geq 2f_{\max} \tag{3.1.29}$$

であれば，サンプリングされた信号から元の信号が再現される．この定理を**サンプリング定理**(sampling theorem)とよんでいる．サンプリング定理を別の表現で述べると，サンプリング後に元のスペクトルを復元するためには，光の 1 つの波長について 2 点以上サンプリングする必要がある．

　このサンプリング定理をインターフェログラムのサンプリングに適用しよう．赤外光に含まれる最高波数を $\tilde{\nu}_{\max}(\mathrm{cm}^{-1})$，サンプリング間隔を $h(\mathrm{cm})$ とし，$1/h$ をサンプリング波数 $\tilde{\nu}_s$ と定義すると，次の式

$$\frac{1}{h} = \tilde{\nu}_s \geq 2\tilde{\nu}_{\max} \tag{3.1.30}$$

を満たす場合，サンプリングされた信号から元の信号が再現される．簡単な例として，最高波数が $4000\ \mathrm{cm}^{-1}$(波長 2.5 μm)の単色光を考える．3.1 節で説明したように，インターフェログラムは cos 波である．サンプリング定理によると，サンプリングした後に，元のスペクトルを再現するためには，サンプリング波数は $8000\ \mathrm{cm}^{-1}$ 以上である必要がある．言い換えると，サンプリング間隔は $1/8000\ \mathrm{cm}^{-1} = 1.25$ μm よりも小さくする必要がある．

　サンプリングしたインターフェログラムをフーリエ変換してスペクトルを再現すると，元の信号のほかに余計な信号が出現する．その余計な信号は，スペクトル領域において，サンプリング波数を $\tilde{\nu}_s$，サンプリング前のアナログ信号における波数

第 3 章　フーリエ変換赤外分光測定および分光計

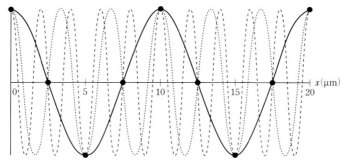

図 3.1.7　離散データを通る cos 波

を $\tilde{\nu}$ とすると

$$m\tilde{\nu}_s \pm \tilde{\nu} \quad (m \text{ は整数}) \tag{3.1.31}$$

の位置に現れる．サンプリング波数の前後に折り返して出現するので，**折り返し**（folding または aliasing）とよばれている．

　折り返しにあたる余計な信号がサンプリングにより出現することを，**図 3.1.7** に示した例で説明する．波数 1000 cm^{-1}（波長 10 μm）の単色光を実線で示し，1 波長について 4 回サンプリングした離散データ（図中の黒丸）を考える．$h = 2.5$ μm で，$\tilde{\nu}_s = 4000$ cm^{-1} である．サンプリング前のアナログ信号における波長が 10 μm の波は，このサンプリング後の離散データを通るが，そのほかに，点線で示した波長が 10 μm×1/3 = 10/3 μm の波（波数 3000 cm^{-1}）も離散データを通る．同様に，破線で示した波長が 10 μm×1/5 = 2 μm の波（波数 5000 cm^{-1}）も離散データを通る．3000 と 5000 cm^{-1} は 4000±1000 cm^{-1} であり，式(3.1.31)で $m = 1$ の場合に相当している．FT–IR 分光計におけるサンプリングに関して 3.2 節で詳しく述べる．

[引用文献]

1) 石黒浩三，光学 第 2 版（共立全書），共立出版（1977）
2) 大津元一，田所利康，光学入門，朝倉書店（2008）
3) 松尾 博，ディジタル・アナログ信号処理のためのやさしいフーリエ変換，森北出版（1986）

3.2 ■ フーリエ変換赤外分光計

　フーリエ変換赤外(FT–IR)分光計が広く普及した背景には，Windowsの普及によるユーザーインターフェイスの充実に加え，全反射吸収(attenuated total refraction, ATR)装置やマルチチャンネル赤外顕微鏡などの各種付属品の登場により，目的に合わせた測定ならびに解析技術が拡充された点にある．その結果，純粋な化学分野のみならず，医薬・食品分野，法科学分野，半導体分野，無機材料分野などにおいて基礎研究から製品評価まで幅広い範囲で利用されるようになった．

　このようにFT–IR分光計は性能・機能面で著しい進化を遂げたが，装置の性能・機能を十分に生かして目的に応じた高品位な赤外スペクトル(ここでは分析目的を達成するために十分なスペクトルを高品位なスペクトルとする)を得るためには，FT–IR分光計を理解することが大切である．分光計は，本体とコンピューター(PCと略す)部から構成され，本体は光学系部と電気系部に大別できる．本節ではまず3.2.1項でFT–IR分光計によるスペクトル測定の概略を説明した後，光学系部と電気系部について説明する．3.2.2項では，フーリエ変換などの演算処理を行うPC部について説明する．また，分光計でスペクトル測定をする際には，いくつかのパラメーターを設定し使用するが，それらの操作について，ハードウェアと関連させて記述する．3.2.3項では分光計の性能を確認する方法について紹介する．

3.2.1 ■ FT–IR分光計の本体

A.　FT–IR分光計の概略および測定の流れ

　図3.2.1にFT–IR分光計本体の概略およびスペクトル測定の流れを示す．FT–IR分光計本体は，光学系部(光源，干渉計，試料室，検出器)と電気系部(増幅回路とAD変換器)より構成される．光源から出射される赤外光は，入射孔を通過し，コリメーター鏡で平行光にされて，干渉計に導入される．なお，入射孔については，搭載されていない装置または搭載されている場所が異なる装置もある．干渉計は，可動鏡，固定鏡，ビームスプリッター(BS)の3つの光学素子で構成される．BSとは半分の光量を透過し半分の光量を反射する光学素子である．3.1節で述べたように，BSを透過した光は可動鏡側に，反射された光は固定鏡側にそれぞれ進む．ここで可動鏡は，図3.2.1の黒い点線矢印の方向へスキャンされる．可動鏡または固定鏡で反射した光は再びBSに戻るが，これら2つの光の光路差が時間によって変

第3章　フーリエ変換赤外分光測定および分光計

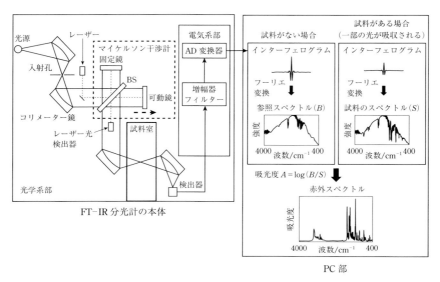

図 3.2.1　FT-IR 分光計および赤外スペクトル測定の概略図

化する．その結果，検出器から電圧信号としてインターフェログラムが得られる．この信号は増幅された後，AD 変換器でサンプリングされて離散インターフェログラムとなる．離散インターフェログラムは，フーリエ変換によりスペクトルに変換される．試料がない場合のスペクトル（参照スペクトル）と試料がある場合のスペクトル（試料スペクトル）から吸光度（A）が計算され，横軸に波数，縦軸に吸光度をプロットした赤外スペクトルとして表示される．干渉計内の可動鏡を 1 回スキャンすると（参照または試料）スペクトルが 1 本測定される．

B.　干渉計

　干渉計とは，BS などの光学素子で光を分割し，別の光路を通ったそれぞれの光路長の異なる光を再び重ね合わせることで干渉波を生成させるものである．干渉計には素子の配置や手法により多くの種類があるが，図 3.2.1 に示したように，ほとんどの FT-IR 分光計では可動鏡，固定鏡，BS の 3 つの光学素子で構成されるマイケルソン干渉計が用いられている．マイケルソン干渉計のなかでも，可動鏡の駆動方式，光学配置，BS に光が入射する角度（入射角）などに違いがあるが，ここでは入射角 45° の基本的なマイケルソン干渉計について解説する．

（ⅰ）BS

　BS は，入射光を 2 光束に分けるために利用される．式（3.1.4）からインターフェ

3.2 フーリエ変換赤外分光計

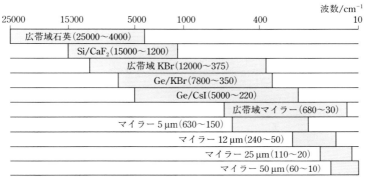

図 3.2.2 BS の種類と測定可能な波数領域の関係

ログラムの強度は，BS の透過率を T，反射率を R とすると，それらの積 RT に比例するので，干渉の効率 η を次式で定義する．

$$\eta = RT \tag{3.2.1}$$

BS に吸収や散乱などがないと仮定すると，T と R の和は 1 になる．

$$R + T = 1 \tag{3.2.2}$$

この式を式(3.2.1)に代入すると

$$\eta = RT = R(1-R) = \frac{1}{4} - \left(R - \frac{1}{2}\right)^2 \tag{3.2.3}$$

式(3.2.3)より，$R=0.5$ すなわち $T=0.5$ のときに干渉の効率は最大となり $\eta=25\%$ となる．$R=0.5$ に近い反射率を得るためには屈折率が 3 を超えるような物質を選ぶ必要がある．

近赤外から遠赤外領域までの広い波数領域で使用可能な BS がないことから，測定領域によって BS の種類を選択する．**図 3.2.2** に，測定波数領域と BS の材質の関係を示した．4000～400 cm^{-1} の波数領域で使用可能な BS として，KBr 基板に Ge（赤外光を透過し，屈折率は 4）を蒸着した蒸着膜型 BS が利用されている．BS の特性は FT-IR 分光計の基本性能と密接に関係することから，その特性を制御するために，Ge 膜厚の最適化や Ge 以外の物質も利用して多層構造にするなどの工夫がなされている．15000～4000 cm^{-1} の近赤外領域を測定する場合には，CaF$_2$ 基板に Si などを蒸着した蒸着膜型 BS が，遠赤外領域を測定する場合にはマイラー

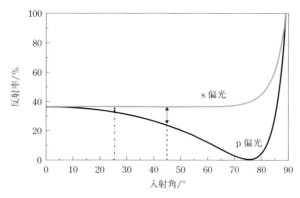

図 3.2.3 マイケルソン干渉計における p 偏光と s 偏光の反射率の入射角依存性($n=4.0$)

(ポリエステルフィルム)を用いた高分子膜型 BS が用いられる．また，赤外領域から一部の遠赤外領域を測定するために Ge を蒸着した CsI 基板を利用することもある．FT–IR 分光計によっては，BS の交換により近赤外から遠赤外領域まで一台の装置で測定できるものもある．KBr や CsI など潮解性の高い材質が利用されている BS は，分光計から外した場合には，デシケーターに保管することが望ましい．また，BS を電動で交換し，交換した BS は干渉計内に保管できる BS 自動交換機能を有する FT–IR 分光計も市販されている．

(ii) 干渉計の入射角

入射角 45° のマイケルソン干渉計は干渉計が占める面積を小さくできるという点で優れており，多くの FT–IR 分光計で利用されている．45° よりも小さな入射角の干渉計は，偏光特性に優れている．入射角と偏光特性の関係を正しく計算するためには，BS における蒸着膜および基板の厚みや光学定数などを考慮し多層膜として解析する必要があるが，これは Ge の屈折率を利用したフレネルの式による計算で理解できる[1]．図 3.2.3 に p 偏光と s 偏光の反射率の入射角依存性を示した．p 偏光と s 偏光の反射率は，入射角 45° では大きく異なっているが，入射角を小さくするにともない近づく．赤外二色性や振動円偏光二色性(vibrational circular dichroism, VCD)の測定など，偏光を利用した測定を行う場合には，入射角を小さく設定したマイケルソン干渉計を搭載する FT–IR 分光計を利用することが望まれる．

(iii) 可動鏡のスキャン方式

高品位なスペクトルを測定するために，マイケルソン干渉計の可動鏡は，等速か

つ直線的に動くことが重要である．直進性は BS で 2 つの光路に分けた光を BS で再び重ね合わせて良好なインターフェログラムを生成する際に重要となる．等速で可動鏡を駆動するためにはメカニカルベアリング，ガスベアリング，エアーベアリングなどの高性能ベアリングが用いられるとともに，駆動にはボイスコイルやピエゾ素子などが用いられる．直進駆動については，可動鏡の移動にともなう光軸のずれをリアルタイムで補正する機能（ダイナミックアライメント）をもつ分光計もある．また，ルーフトップミラー（2 枚の鏡を 90°で貼り合わせた鏡）またはコーナーキューブミラー（3 枚の鏡をそれぞれ 90°で貼り合わせた鏡）を利用し光学的にずれを補正する工夫がなされている分光計もある．

可動鏡のスキャン方法については，**連続スキャン**（continuous scan）方式と**ステップスキャン**（step scan）方式に大別される．連続スキャン方式では可動鏡を連続的に移動させながら，インターフェログラムを測定する．通常の TGS 検出器を利用する場合には，その移動速度は 0.2 cm/s 程度であり，分解を 4 cm^{-1} とした場合，1 分間に約 50 本のスペクトルが得られる．連続スキャン方式には，可動鏡を高速で移動させることで　試料の構造などの時間変化を測定する手法（時間分解測定）があり，これを特に**高速スキャン**または**ラピッドスキャン**（rapid scan）とよぶ．高速スキャンが可能な FT–IR 分光計では，分解などの測定条件に依存するが，1 秒間に数 10〜100 本のスペクトルを測定できる．つまり，数 10 ms オーダーの時間分解測定が可能である．ステップスキャン方式では，概念上，可動鏡の移動と静止を繰り返して，インターフェログラムを測定する．その場合に，静止した可動鏡を振幅させて測定する位相変調測定や，光チョッパーなどを利用する振幅変調測定が行われる．振幅変調測定はロックインアンプと組み合わせて行うことが多く，微弱光を測定するときに有用である．ステップスキャンでは，インターフェログラム測定の時間と現象が変化する時間が別個に切り離されるので，μs や ns オーダーの時間分解測定や，光音響測定と組み合わせることで，試料の深さ方向の分析に利用されている[2]．

(iv) 分　解

スペクトルの分解を最大光路差 L の逆数で定義すると，分解 $1/L$ は**表 3.2.1** のようになる．スペクトルの分解を高くする場合には，可動鏡の移動距離を長くする必要がある．

固体・液体試料の定性分析を行う場合，分解は 4 ないし 2 cm^{-1} で十分である．これに対して気体の分子回転運動を測定する場合には，これよりも分解を高くする

表 3.2.1 最大光路差 L とスペクトル分解 $1/L$ の関係

最大光路差(cm)	0.07	0.125	0.25	0.5	1	2	4	8	16
分解(cm^{-1})	16	8	4	2	1	0.5	0.25	0.125	0.07

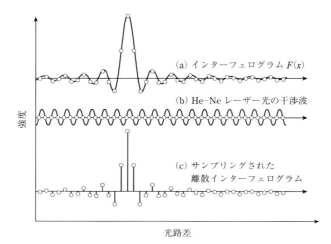

図 3.2.4 インターフェログラムのサンプリング

(例えば,0.07 cm^{-1})必要がある.幅広いバンドが観測される近赤外スペクトルの測定には,分解を低くして(例えば 16 cm^{-1})測定することがある.また測定時間を短縮し高速測定を行う場合にも,低分解で測定する.

(v) インターフェログラムのサンプリング

　光源からの赤外光のインターフェログラムを図 3.2.4(a)に示した.この図で横軸は可動鏡の移動距離,縦軸は光の強度を示している.センターバースト(光の強度が高い点)からの光路差が大きくなるに従い,振動しながら減衰している.また,赤外光と同時に He–Ne レーザーの波長 632.8 nm の単色光をマイケルソン干渉計に導入して得られる cos 波(図 3.2.4(b))を,インターフェログラムのサンプリングに使用する.これは,赤外光の光路差に関する「ものさし」として用いる.He–Ne レーザーからの cos 波が 0 とクロスする点で,アナログ量を AD 変換器でデジタル化する.この場合,横軸(光路差)のデータ点間隔は,レーザー光波長の 1/2 である.図 3.2.4(c)には,サンプリングした離散インターフェログラムを示す.本来は連続量であるインターフェログラムが,飛び飛びの値をとることがわかる.これは PC でインターフェログラムに対するフーリエ変換などの演算処理を行うため

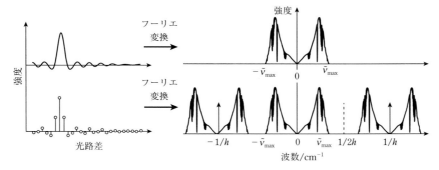

図 3.2.5 折り返しの模式図

に必要な数値化処理である．

離散インターフェログラムを得るにはインターフェログラムのサンプリングを櫛関数で記述して，サンプリング定理（3.1.4 項参照）を適用する．櫛関数は次式で表される．

$$\text{III}_h(x) = \sum_{n=-\infty}^{\infty} \delta(x - nh) \qquad (3.2.4)$$

この関数はデルタ関数が間隔 h で並んだ関数であり，h はサンプリング間隔である．また，櫛関数のフーリエ変換は次式で表される．

$$FT[\text{III}_h(x)] = \frac{1}{h}\text{III}_{\frac{1}{h}}(\tilde{\nu}) \qquad (3.2.5)$$

離散インターフェログラムは，連続インターフェログラム $F(x)$ と櫛関数 $\text{III}_h(x)$ をかけ合わせた形で表される．すなわち，

$$F(x)\text{III}_h(x) \qquad (3.2.6)$$

これをフーリエ変換することでスペクトル $B'(\tilde{\nu})$ は，以下のように得られる．

$$B'(\tilde{\nu}) = FT[F(x)\text{III}_h(x)] = FT[F(x)] * FT[\text{III}_h(x)] = B(\tilde{\nu}) * \left[\frac{1}{h}\text{III}_{\frac{1}{h}}(\tilde{\nu})\right] \qquad (3.2.7)$$

上式の右辺の計算では，光路差領域での 2 つの関数の積のフーリエ変換は，スペクトル領域でのそれぞれの関数のフーリエ変換のコンボリューションになるというコンボリューション定理（3.1.3 項参照）を使用した．

式(3.2.7)は，図 3.2.5 に示したように，離散インターフェログラムをフーリエ変換して得られるスペクトルは，連続インターフェログラムをフーリエ変換して得ら

図 3.2.6 光源の種類と測定可能な波数領域

れるスペクトル $B(\tilde{\nu})$ が $1/h$ の間隔で繰り返されたものであることを示している．つまり，検出器に入力したスペクトルの最大波数 $\tilde{\nu}_{\max}$ が $1/(2h)$ よりも大きな値をとると，波数の異なるスペクトルが重なり本来のスペクトルを変形させることになる．この折り返しによるスペクトルの重なりが起こらない条件は，式(3.1.30)で与えられる．例えば，波長 632.8 nm の He-Ne レーザー光の 1/2 波長でサンプリングした場合，$h=316.4$ nm である．$1/h=31606$ cm^{-1} であり，その 1/2 以下は折り返しの重なりがないので $\tilde{\nu}_{\max}$ は 15803 cm^{-1} と算出される．FT-IR 分光計では電気フィルターなどを用いて折り返し成分を除去している．また，最近は PC や電気系の演算速度の向上にともない，大量のデータを迅速に計算できるようになったので，サンプリング間隔を小さくすることで測定領域に折り返し成分が入らないようにする手法，すなわちオーバーサンプリングが利用されることもある．また，半導体レーザーの性能が向上し，価格も低下していることから，He-Ne レーザーの代わりに小型の半導体レーザーを搭載した FT-IR 分光計も市販されている．

C. 光源

熱線ともよばれる赤外光を利用する FT-IR 分光計では，一般的に無機材料を 1000℃ 以上に加熱したものを光源として使用する．光源と測定可能な波数領域の関係を **図 3.2.6** に示す．以前は，4000～400 cm^{-1} の領域ではニクロムなどを加熱したものを光源として利用していたが，材料の進歩にともない，最近では，高輝度で寿命の長い SiC や SiN などのセラミックスを利用した光源が広く利用されている．セラミックス光源は，赤外領域を中心に近赤外領域の一部から遠赤外領域までの幅広い領域に使用可能で，FT-IR 分光計の標準的な光源として利用されている．また，25000～2200 cm^{-1} の近赤外領域用としてハロゲン光源が，700～10 cm^{-1} の遠赤外領域用として高圧水銀光源が用いられる．15000～10 cm^{-1} の領域でスペクトルを測定する際には上記の 3 種類の光源を用いる．それぞれの光源のカバーする領域がオーバーラップしているので，光源を切り替える波数は，利用する FT-IR 分光計や選択する BS の特性，利用する付属品などから判断する．具体的には，

各々の光源で参照スペクトルと100％ライン（参照スペクトルと試料を設置しない状態で測定した試料スペクトルから求めた透過率スペクトル）を測定し，その強度の形や SN 比などから切り替え波数を判断する．

D. 検出器

（ⅰ）検出器の性能

検出器は，広い波数範囲にわたって高い感度をもち，応答周波数範囲が広く，入射光強度に対して線形の応答を示すことが望ましい．検出器の感度は，次式で定義される**比検出度**（specific detectivity：D^*）で表される．

$$D^*(\lambda, f) = \frac{\sqrt{A}}{\eta} \tag{3.2.8}$$

ここで，A は検出器の受光面積，η は**雑音等価パワー**（noise equivalent power）で雑音と等価な出力を与えるような入力パワーのことである．η の単位は $W\,Hz^{-1/2}$，D^* の単位は $cm\,Hz^{-1/2}\,W^{-1}$ である．D^* の値が大きいほど感度は高い．

3.1 節において，波数 $\tilde{\nu}$ の赤外光は，連続スキャン型の FT–IR 分光計により，可動鏡の移動速度を v とすると周波数 $f = 2v\tilde{\nu}$ の cos 波形の電気信号に変換されることを述べた．電気信号の強度すなわち感度は，周波数または可動鏡の移動速度に依存するので，感度の周波数依存性を知ることが必要である．周波数応答において感度が最もよい周波数で検出器を使用すると，測定するスペクトルの信号雑音（SN）比が最も高くなる．

検出器の線形応答性が悪いと，インターフェログラムの強度が大きい部分，すなわちセンターバースト付近の信号が歪む．そうすると，フーリエ変換して得られるスペクトル全体に正の信号が重畳し，定量性が悪くなり，また，差スペクトルなどが正確でなくなる．線形応答性は，本来赤外光が存在しない波数領域，例えば 400 cm^{-1} 以下の領域での信号の値がゼロかどうかで判定できる．

図 3.2.7（a）に D^* の赤外光波数依存性，すなわち分光感度特性を示す．また，図 3.2.7（b）に D^* の周波数依存性を示す．これらの図は，検出器の性能を表している．多くの FT–IR 分光計では，赤外光を受光することで生ずる温度変化を電気信号に変換する焦電型検出器と，赤外光の光導電効果を利用する光伝導型検出器が使用されている．

（ⅱ）焦電型検出器

焦電型検出器で最も一般的に利用されているものは，硫酸三グリシン（trigliycine sulfate, TGS）検出器である．TGS 検出器には，通常の TGS に加え L-アラニンを

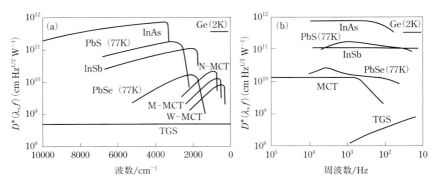

図 3.2.7 各種検出器の比検出度の(a)波数依存性と(b)周波数依存性

ドープした LATGS，水素を重水素に置換した DTGS，その両方の DLATGS などがあるが，ここではまとめて TGS 検出器とする．TGS 検出器は常温で作動し，広い波数範囲で一定の感度を示し，線形応答性がよいので，FT–IR 分光計にとって非常に使いやすい検出器である．図 3.2.7(b)が示すように，周波数を低くするほど，応答がよくなる．一方，可動鏡の移動速度が遅くなると低周波雑音の影響が大きくなるため，多くの分光計では，移動速度は 0.2 cm/s で使用されている．この場合，4000～400 cm^{-1} の光に対応する電気信号の周波数 f は 1600～160 Hz となる．TGS 検出器の欠点は，光伝導型検出器と比較して，感度が低いことである．また，高い周波数で感度が低下するなどの欠点もある．このため，微小領域を測定するために感度が必要な赤外顕微鏡や高い周波数での感度が必要な高速スキャン測定などには不向きである．最近では素子サイズを小さくすることで微小領域測定に特化した TGS 検出器を搭載した赤外顕微鏡も市販されている．

(iii) 光伝導型検出器

Hg，Cd，Te の三元半導体からなる検出器は mercury cadmium tellurium の頭文字をとって，MCT 検出器とよばれている．MCT 検出器は，最も低波数まで感度を有する光伝導型検出器である．MCT 検出器は，熱雑音を抑えるために，液体窒素デュワーに取り付けて，液体窒素で 77 K に冷却して使用する．ペルチェ素子を用いて冷却するものもある．MCT 検出器には，光伝導(photoconductive, PC)型と光起電力(photovoltaic, PV)型がある．バイアス電圧を必要としない PV 型 MCT 検出器は，光の強度が弱い領域から強い領域まで高い線形応答を示す．一方，PC 型 MCT 検出器は，PV 型よりも線形応答性はよくないが，低波数まで測定できるとい

う特長を有する．MCT 検出器の特性は半導体の組成に依存し，測定可能な波数領域や感度特性が変わる．感度は低いものの低波数まで測定が可能なワイドバンド MCT(W–MCT)，感度は高いものの測定領域の狭いナローバンド MCT(N–MCT)，W–MCT と N–MCT の中間的性質を示すミッドバンド MCT(M–MCT)の 3 種類が一般的に利用されている(MCT–A, MCT–B, MCT–C とよぶメーカーもある)．図 3.2.7 に示したように，MCT 検出器は，TGS 検出器に比べて 1 桁以上感度が高い．測定可能波数領域は，典型的なもので 4000～650 cm^{-1} であり，周波数が高くなると感度が上がり，1 kHz 以上ではほぼ一定となる．周波数が高い領域で使用するほうが適切であるが，AD 変換器のサンプリング周波数の限界などによる上限があり，多くの分光計では可動鏡の移動速度は 0.4 cm/s 程度に設定されている．この場合，4000～650 cm^{-1} の光に対応する電気信号の周波数 f は 3200～520 Hz となる．

　顕微鏡での微小領域の測定や特殊な付属品を用いた光量が少ない測定では，感度の高い MCT 検出器が使用されている．また，可動鏡を高速でスキャンし 1 秒間に数 10 本のスペクトルを測定する高速スキャンモードでも，周波数応答特性の高い MCT 検出器が使用されている．

　MCT 検出器に通常の分光計の光源からの光を入射すると，インターフェログラムがまったく観測されないことがある．これは光が強すぎるためであり，メッシュなどで減光するとインターフェログラムが観測される．また，MCT 検出器を光が強い条件で使用すると，検出器が飽和しスペクトルに歪みが生じる．このような場合，メッシュやアイリスアパーチャーなどで光量全体を制限するか，特定の波数だけを透過する光学フィルターを用いることで全体の光を減光して検出器の飽和を防ぐ必要がある．検出器が飽和しているかどうかの目安に検出器の感度がない波数領域において信号の値が 0 になっていることで確認する手法がある．検出器の飽和については米国試験材料協会(American Society for Testing and Materials, ASTM)でガイドラインが示されている．詳細については「3.2.3 分光器の性能確認」で示す．

　近赤外領域では InGaAs や InAs などの検出器が利用される．遠赤外領域の高感度測定が必要な場合，液体ヘリウムで冷却する Si ボロメーター検出器などが利用される．Golay セルは遠赤外(長波長)領域を冷却することなく測定するなどの特殊な用途で使用されている．測定に必要な感度や周波数特性に応じて最適な検出器を選ぶ必要があるとともに，測定したい波数領域により，上記で示した光源，BS と合わせて検出器を選択する必要がある．

表 3.2.2 測定領域の最高波数と分解および用いられる入射孔の直径の関係(単位:mm)

最高波数 (cm^{-1})	分 解 (cm^{-1})							
	16	8	4	2	1	0.5	0.25	0.125	0.07
4000	15.2	10.7	7.6	5.4	3.8	2.7	1.9	1.3	0.9
3000	17.5	12.4	8.8	6.2	4.4	3.1	2.2	1.5	1.1
2000	21.5	15.2	10.7	7.6	5.4	3.8	2.7	1.9	1.3
1000	30.4	21.5	15.2	10.7	7.6	5.4	3.8	2.7	1.9
400	48.0	33.9	24.0	17.0	12.0	8.5	6.0	4.2	3.0

$f = 120$ mm とした.

E. 入射孔

3.1 節におけるマイケルソン干渉計の説明では,入射光が平行な光が入射する場合に関して記述した.実際には,光源は点ではなく,ある大きさをもっていて,光源のさまざまな部分から出た光は干渉計に斜めに入射する.斜めに入射することにより光の単色性が悪くなる.すなわち,スペクトルの分解を低下させる.そこで,光源の近くに円形の入射孔を入れて光源の大きさを制限し,分解の低下を防ぐ.このため入射孔の直径は,高い分解ほど小さくする必要がある.入射孔の直径 a(mm) は次式で表される.

$$a = \frac{2f}{\sqrt{\tilde{\nu}_{max} L}} = 2f\sqrt{\frac{\Delta\tilde{\nu}}{\tilde{\nu}_{max}}} \quad (3.2.9)$$

ここで,f はコリメーター鏡の焦点距離(mm),$\tilde{\nu}_{max}$ はスペクトルの最高波数(cm^{-1}),L は最大光路差(cm),$\Delta\tilde{\nu}$ は $1/L$ で定義した分解である.例えば,$f = 120$ mm,$\tilde{\nu}_{max}$ を 4000 cm^{-1},分解を 4 cm^{-1}($L = 0.25$ cm)とした場合,$a \approx 7.6$ mm となる.測定領域の最高波数と分解に対する入射孔の関係を**表 3.2.2**に示す.

表 3.2.2 より,分解を高くするほど,また測定する最高波数を高くするほど,入射孔の直径を小さくする必要がある.入射孔の直径が小さくなると,検出器に到達する赤外光の強度が低下し,SN 比が低下する.このため,必要以上に分解を上げないこと,必要以上に測定領域を広げないことが,高 SN 比のスペクトルを得るために必要である.また FT–IR 分光計の中には分解や最高波数を設定すると,最適な大きさの入射孔を自動的に設定する機能を有しているものもある.

F. 試料室

スペクトル測定の方法には,試料を透過した光を測定する透過法と反射した光を測定する反射法がある.これらのほかに光音響法や発光測定などもあるが,ここでは透過法と反射法のみを扱う.透過法においては,試料をセルやホルダーにセット

し試料室内（光路）に設置する．反射法では各種付属品を試料室に設置するが，付属品と試料室が一体構造をしており試料室ごと着脱をする付属品もある．FT-IR 分光計では，可視紫外分光計と異なり，変調した赤外光を利用するため，遮光のために試料室のふたをする必要はない．ただし，シングルビーム光学系である FT-IR 分光計では参照スペクトルと試料スペクトルを別々に測定するため，その間に生じる大気中の水蒸気や二酸化炭素などの濃度変化の影響で，スペクトルに水蒸気や二酸化炭素などの吸収バンドが現れることがある（以下，大気ノイズとよぶ）．大気ノイズの影響を軽減するためには試料室にふたをし，また試料室を含む光路に窒素ガスや乾燥空気を充満させる場合も多い．分光計内を真空にする装置もある．

　試料室内での赤外光の集光の方法や光路の高さなどは，製造会社や型式により異なる．集光の方法は試料室の中心に集光するセンターフォーカス型と試料室壁面に集光するサイドフォーカス型に大別できる．1 つの付属品を複数の異なるメーカーや異なる機種の分光計で利用する際には，十分に注意する必要がある．付属品の中には，電力を必要とするものがある．例えば，モーターで角度を変えて測定する付属品，カメラや照明を利用して試料画像を観察する付属品，試料と参照スペクトルを交互に測定できるサンプルシャトルなどがあげられる．これらの付属品に電力を供給できる分光計もある．また付属品の着脱にともない付属品を認識し，各付属品それぞれの測定条件を自動で設定する付属品自動認識機構を有する分光計もある．これは付属品に設置された認識チップを試料室に設置された読み取りセンサーで識別し，付属品を認識するものである．これにより，付属品を変更したときに測定条件が自動的に変更できるのみならず，どのような付属品でスペクトルが測定されたかが自動的に記録できるものもある．これはアメリカ食品医薬品局（Food and Drug Administration, FDA）で提唱している CFR-11 に対応するために必要な機能である．

G. 信号処理

　検出器で検出され電気信号に変換されたインターフェログラムは，電気系を通ってコンピューター部に取り込まれる．電気系は信号を増幅する増幅器部，必要な周波数成分を抽出する電気フィルター部，アナログ信号をデジタル信号に変換する AD 変換部に大別される．AD 変換部でデジタル化された信号は PC 内部で演算処理が行われる．そこで演算処理については次項で示すとして，本項では，電気系で行われる信号処理の概略について示す．

　図 3.2.8 に一連の信号処理の過程を示す．検出器で電気信号に変換されたインターフェログラムは，検出器の直後にあるプリアンプで増幅され，さらにメインア

第 3 章　フーリエ変換赤外分光測定および分光計

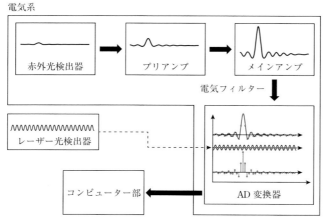

図 3.2.8　信号処理の流れ

ンプで増幅された後，折り返し成分となる不必要な周波数成分が電気フィルターで取り除かれる．その後，インターフェログラムと同時に測定される He–Ne レーザー光の干渉波(cos 波)を利用して AD 変換器でサンプリングされ，離散インターフェログラムとして PC に取り込まれる．

　AD 変換器の性能を示す指標の一つにビット数がある．ビット数は，アナログ信号をデジタル化する際に縦軸を何分割できるかを示す値であり，n ビットの AD 変換器を利用する場合，アナログ信号の縦軸は $2^{(n-1)}$ に分割される(通常 1 ビット分は値の正負を判別するために利用されるので，ここでは $n-1$ としている)．擬似的に作成した sin 波(これをアナログ信号の値で真値と考える)を利用して，4, 6, 24 ビットの AD 変換器によりデジタル化した場合の概念図を**図 3.2.9**(左)に示す．4 や 6 ビットでデジタル化した sin 波はでこぼこに見えるのに対して，24 ビットの AD 変換器を利用した場合には滑らかに見える．真値と AD 変換器でデジタル化した信号の差を量子化ノイズとよぶ．図 3.2.9(右)に，4, 6, 24 ビットでサンプリングした場合の量子化ノイズを示す．ビット数が増えるに従い量子化ノイズが減少していることがわかる．量子化ノイズはスペクトルのノイズ成分の一部であることから，量子化ノイズが小さいほど最終的なスペクトルの SN 比は高くなる．

　FT–IR 分光計で利用する AD 変換器は逐次比較型と ΔΣ 型に大別できる．逐次比較型は入力信号と基準電圧を比較することでアナログ信号をデジタル化するので，干渉計内の可動鏡の移動精度が多少悪くとも的確にデジタル化できる点が優れてい

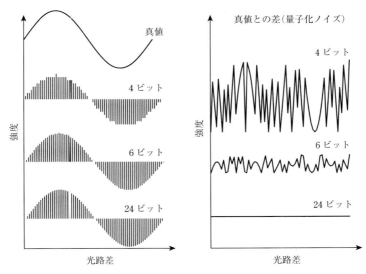

図 3.2.9 AD 変換器でサンプリングした場合の量子化ノイズの模式図

る．このため測定環境が悪い屋外での測定や高速スキャン測定，ステップスキャン測定などに利用される．しかしながら現状利用できる逐次比較型の AD 変換器の最大ビット数は 18 ビットである．一方，ΔΣ 型は，可動鏡を高精度で移動する必要があるが，逐次比較型と比べてビット数が大きい．最近では 24 ビットの ΔΣ 型 AD 変換器も利用できるようになったことから，実験室内用の最新の FT–IR 分光計では ΔΣ 型 AD 変換器が広く利用されている．

H. 光学フィルター

光学フィルターは必要な波数域の光のみを透過する光学素子で，バンドパスフィルター，ローパスフィルター，ハイパスフィルターなどの種類がある．以前の分光計ではフーリエ変換の折り返しの影響を取り除くために光学フィルターが利用されていたが，最近の分光計では電気フィルターを利用して不要な周波数成分を取り除いている．そのため一般的な測定では光学フィルターを用いることは稀であるが，さまざまな測定で高品位なスペクトルを得るためには欠かせない技術である．

MCT 検出器を使用する場合，光学フィルターを用いて，限られた波数領域で高感度測定を行うことができる．例えば，1680 cm^{-1} 付近に観測される C=O 伸縮振動バンドに注目して，このバンドを高感度で測定したい場合を想定する．光学フィルターを入れない場合，メッシュなどの減光器を入れることで光の強度を弱くし，

インターフェログラムの強度が規定の値をとるようにして,スペクトル測定を行う.そのために,1900〜1500 cm^{-1} のバンドパスフィルターを光路に入れて,インターフェログラムの強度を,フィルターを入れる前と同じ程度に調整する.その場合,インターフェログラムの強度が同じでも,1800〜1400 cm^{-1} 領域の光の強度が強くなるので,この波数領域のスペクトルの SN 比が高くなる.この方法は,高感度反射測定や VCD 測定などで利用される.

3.2.2 ■ スペクトルの算出

スペクトルを算出するには,信号処理部でデジタル化されたインターフェログラムに対してコンピューターでフーリエ変換をはじめとする各種演算処理を行う.ここでは,スペクトルが得られるまでの計算過程の概略を示した後,フーリエ変換の際に行われる処理について記述する.

A. スペクトルが得られるまでの計算過程

図 3.2.10 に示したように,PC に取り込まれた離散インターフェログラムは,①位相補正,②ゼロフィリング,③アポダイゼーション,④フーリエ変換,⑤吸光度スペクトルの描出の順で演算処理される.①,②,③の条件は,測定者が任意に変更できるとともに,条件が変更されれば,算出されるスペクトルの形状が変わる.このため,厳密にスペクトルを比較して解析を行う場合や,複数のスペクトルを用いて検量線を作成して定量を行う場合には,①,②,③の条件をそろえる必要がある.

B. 高速フーリエ変換

離散インターフェログラムは,**高速フーリエ変換**(fast Fourier transform, FFT)[3]とよばれるアルゴリズムで計算され,スペクトルに変換される.ここでは次式のように,時間 t の関数 $f(t)$(離散インターフェログラム)から周波数 f の関数 $F(f)$(スペクトル)にフーリエ変換する場合の FFT について説明する.

$$F(f) = \int_{-\infty}^{\infty} f(t) e^{-i2\pi ft} dt \tag{3.2.10}$$

FFT では,離散インターフェログラム $f(t)$ を N 個の離散的なデータ点からなる値の集合 $f(hk)$($k=0, 1, 2, 3, \cdots, N-1$)とする.$h$ はサンプリング間隔である.与えられる波の周期は hN となり,周波数は $f=n/hN$($n=0, 1, 2, \cdots$)となる.サンプリング間隔 $h=1$ とすると,離散フーリエ変換は次式のように表される.

$$F(n/N) = \frac{1}{N} \sum_{k=0}^{N-1} f(k) e^{-i2\pi k \left(\frac{n}{N}\right)} \tag{3.2.11}$$

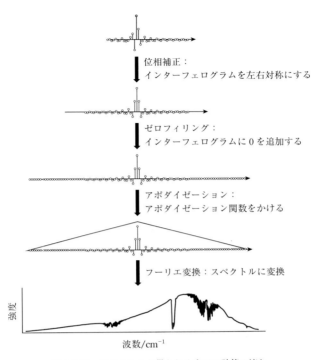

図 3.2.10　スペクトルが得られるまでの計算の流れ

この式は，離散フーリエ変換は乗算と加算で計算できることを示している．ここで，回転因子 W_N を次式で定義する．

$$W_N = e^{-i2\pi/N} = \cos\left(\frac{2\pi}{N}\right) - i\sin\left(\frac{2\pi}{N}\right) \tag{3.2.12}$$

すると

$$W_N^m = e^{-i2\pi m/N} = \cos\left(\frac{2\pi m}{N}\right) - i\sin\left(\frac{2\pi m}{N}\right) \tag{3.2.13}$$

となる．また，回転因子に関して，以下の関係式が成り立つ．

$$W_N^m = W_N^n W_N^{m-n} \quad (n<m \text{ である整数}) \tag{3.2.14}$$

$$W_N^m = W_N^{m \pm nN} \quad (m, n \text{ は整数}) \tag{3.2.15}$$

$$W_N^m = -W_N^{m-\frac{N}{2}} \quad (m \text{ は整数}) \tag{3.2.16}$$

式(3.2.13)を式(3.2.11)に代入すると

$$F(n/N) = \frac{1}{N}\sum_{k=0}^{N-1} f(k) W_N^{kn} \qquad (3.2.17)$$

となる．例として，$N=8$ の場合を行列で表現すると，

$$8\begin{bmatrix} F(0/8) \\ F(1/8) \\ F(2/8) \\ F(3/8) \\ F(4/8) \\ F(5/8) \\ F(6/8) \\ F(7/8) \end{bmatrix} = \begin{bmatrix} W^0 & W^0 & W^0 & W^0 & W^0 & W^0 & W^0 & W^0 \\ W^0 & W^1 & W^2 & W^3 & W^4 & W^5 & W^6 & W^7 \\ W^0 & W^2 & W^4 & W^6 & W^8 & W^{10} & W^{12} & W^{14} \\ W^0 & W^3 & W^6 & W^9 & W^{12} & W^{15} & W^{18} & W^{21} \\ W^0 & W^4 & W^8 & W^{12} & W^{16} & W^{20} & W^{24} & W^{28} \\ W^0 & W^5 & W^{10} & W^{15} & W^{20} & W^{25} & W^{30} & W^{35} \\ W^0 & W^6 & W^{12} & W^{18} & W^{24} & W^{30} & W^{36} & W^{42} \\ W^0 & W^7 & W^{14} & W^{21} & W^{28} & W^{35} & W^{42} & W^{49} \end{bmatrix} \begin{bmatrix} f(0) \\ f(1) \\ f(2) \\ f(3) \\ f(4) \\ f(5) \\ f(6) \\ f(7) \end{bmatrix} \qquad (3.2.18)$$

となる．この行列を計算する際に，大まかに 64 回の乗算を行うことになる．

　FFT は，回転因子の性質を利用し，さらに計算順序を工夫して，計算時間を短縮する方法であり，いくつかの計算アルゴリズムがある．$N=2^3=8$ の場合を例として，計算方法を説明する．回転因子の性質である式(3.2.14)と(3.2.15)，(3.2.16)を使って，行列(3.2.18)を書き換えると，

$$8\begin{bmatrix} F(0/8) \\ F(1/8) \\ F(2/8) \\ F(3/8) \\ F(4/8) \\ F(5/8) \\ F(6/8) \\ F(7/8) \end{bmatrix} = \begin{bmatrix} W^0 & W^0 & W^0 & W^0 & W^0 & W^0 & W^0 & W^0 \\ W^0 & W^1 & W^2 & W^3 & -W^0 & -W^1 & -W^2 & -W^3 \\ W^0 & W^2 & -W^0 & -W^2 & W^0 & W^2 & -W^0 & -W^2 \\ W^0 & W^3 & -W^2 & W^1 & -W^0 & -W^3 & W^2 & -W^1 \\ W^0 & -W^0 & W^0 & -W^0 & W^0 & -W^0 & W^0 & -W^0 \\ W^0 & -W^1 & W^2 & -W^3 & -W^0 & W^1 & -W^2 & W^3 \\ W^0 & -W^2 & -W^0 & W^2 & W^0 & -W^2 & -W^0 & W^2 \\ W^0 & -W^3 & -W^2 & -W^1 & -W^0 & W^3 & W^2 & W^1 \end{bmatrix} \begin{bmatrix} f(0) \\ f(1) \\ f(2) \\ f(3) \\ f(4) \\ f(5) \\ f(6) \\ f(7) \end{bmatrix}$$

$$(3.2.19)$$

となる．ここで，$F(n/N)$ の順序を入れ替えると，

3.2 フーリエ変換赤外分光計

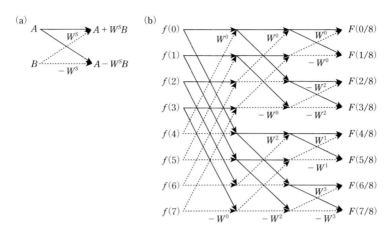

図 3.2.11 FFT の計算アルゴリズムの模式図
(a)バタフライ，(b)計算の流れ．

$$8\begin{bmatrix} F(0/8) \\ F(4/8) \\ F(2/8) \\ F(6/8) \\ F(1/8) \\ F(5/8) \\ F(3/8) \\ F(7/8) \end{bmatrix} = \begin{bmatrix} W^0 & W^0 & W^0 & W^0 & W^0 & W^0 & W^0 & W^0 \\ W^0 & -W^0 & W^0 & -W^0 & W^0 & -W^0 & W^0 & -W^0 \\ W^0 & W^2 & -W^0 & -W^2 & W^0 & W^2 & -W^0 & -W^2 \\ W^0 & -W^2 & -W^0 & W^2 & W^0 & -W^2 & -W^0 & W^2 \\ W^0 & W^1 & W^2 & W^3 & -W^0 & -W^1 & -W^2 & -W^3 \\ W^0 & -W^1 & W^2 & -W^3 & -W^0 & W^1 & -W^2 & W^3 \\ W^0 & W^3 & -W^2 & W^1 & -W^0 & -W^3 & W^2 & -W^1 \\ W^0 & -W^3 & -W^2 & -W^1 & -W^0 & W^3 & W^2 & W^1 \end{bmatrix} \begin{bmatrix} f(0) \\ f(1) \\ f(2) \\ f(3) \\ f(4) \\ f(5) \\ f(6) \\ f(7) \end{bmatrix}$$

(3.2.20)

となる．図 3.2.11(a)に示したように，2つのデータを組とした計算単位をバタフライとよぶ．このバタフライ演算を利用して，$N=8$ のデータ計算を2分割して $N=4$ の計算に分割することができる．これはいわゆる分割統治法である．計算の段階の数はこの場合3であり，$8=2^3$ のべき指数の3に相当する．図 3.2.11(b)に，計算の手順を示した．計算の例として，段階1におけるバタフライ演算の入力を $f(0)$ と $f(4)$ とする．出力は $f(0)+W^0 f(4)$ と $f(0)-W^0 f(4)$ である．バタフライ演算では，乗算を1回と加減算を2回行う．このような計算を3段階行うと，フーリエ変換の計算が終了する．

　$N=2^K$ の場合には，離散フーリエ変換を式(3.2.18)で直接計算すると，乗算の回

表 3.2.3　アポダイゼーション関数と特性

関数名	$A(x)\,[-L \leq x \leq L]$	H	S/H	半値全幅
長方形関数	1	$2L$	-0.215	$0.61/L$
cos 関数	$\left(\cos 2\pi \dfrac{x}{L}\right)$	$1.27L$	-0.067	$0.82/L$
三角形関数	$\left(1 - \dfrac{\lvert 2x - L \rvert}{L}\right)$	$1L$	0.045	$0.89/L$
Happ–Genzel 関数 （Hamming 関数）	$0.54 + 0.46\left(\cos 2\pi \dfrac{x}{L}\right)$	$1.08L$	-0.006	$0.91/L$
Hanning 関数	$0.5\left(1 + \cos 2\pi \dfrac{x}{L}\right)$	$1L$	0.008	$1.00/L$
Blackman 関数	$0.42 - 0.50\cos\left(2\pi \dfrac{x}{L}\right) + 0.08\cos\left(4\pi \dfrac{x}{L}\right)$	$0.84L$	0.001	$1.15/L$
台形関数	$D(x) = \begin{cases} 1 & (\lvert x \rvert \leq L) \\ 0 & (\lvert x \rvert > L) \end{cases}$ $2D(x)\left[1 - \dfrac{\lvert x \rvert}{L}\right] - D(2x)\left[1 - \dfrac{2\lvert x \rvert}{L}\right]$	$1.5L$	-0.15	$0.77/L$

H：装置関数のピーク高さ，S：サイドローブの極大値

数は $N^2 = 2^{2K}$ であるのに対して，FFT 計算では乗算の回数は $(N/2)\log_2 N$ となる．例えば，$N = 2^{10} = 1024$ 点の場合，離散フーリエ変換の乗算回数は 1048576 で，FFT の乗算回数は 5120 となり，FFT の方が約 1/200 演算数が少なくなる．FT–IR 分光計では，FFT を利用するために，データ点の数は 2 のべき乗にしている．このため，スペクトルのデータ点数と関係する分解は 16, 8, 4, 2, 1, 0.5 cm^{-1} などと設定されている．

C．アポダイゼーション

アポダイゼーション関数は，関数の違いによりスペクトルの SN 比や分解に影響を及ぼすために，測定の目的に応じて選択する必要がある．言い換えれば，異なるスペクトルを比較する場合や，複数のスペクトルを用いて検量モデルを作成する定量分析を行う場合には，アポダイゼーション関数をそろえておく必要がある．3.1.4 項で，アポダイゼーション関数としての三角形関数とそれから求まる装置関数に関して記述した．そのほかに用いられるさまざまなアポダイゼーション関数を表 3.2.3 に示す．一般的に，高い分解で測定を行う場合には，フーリエ変換を行った際に半値幅が最も狭い長方形関数を利用するが，スペクトルのリンギング（振動成分）成分が含まれ SN 比が低くなる．これに対してリンギングの影響を小さくすることで SN 比が高くなる三角形関数では，フーリエ変換を行った際の半値幅が広

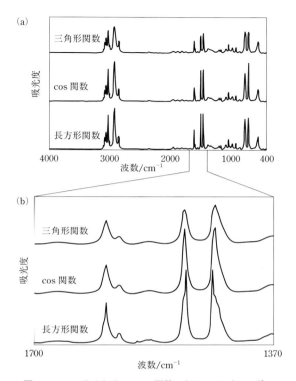

図 3.2.12　アポダイゼーション関数によるスペクトルの違い

いためスペクトルの波数分解が低くなる．このため通常の液体や固体試料のスペクトルを測定する際には，cos 関数や Happ–Genzel 関数（Hamming 関数ともよぶ）を用いることが多い．図 3.2.12 に長方形関数，cos 関数，三角形関数をアポダイゼーション関数として測定したポリスチレンフィルムの赤外スペクトルを示す．図 3.2.12(a) に示す赤外領域全体のスペクトルからは，三角形関数では全体的に吸収バンドの高さが他の 2 つと比較して低いことがわかる．1700〜1370 cm^{-1} の領域を拡大した図 3.2.12(b) では，長方形関数で測定したスペクトルの方が cos 関数で測定したスペクトルよりもバンドの半値全幅が狭いことが確認できる．一方，ベースライン付近のノイズは長方形関数が最も大きい．

D. スペクトルデータ点の補間—ゼロフィリング

ゼロフィリング（zero filling）は FT–IR 分光計で得られるスペクトルを滑らかに表現する手法として一般的に利用される．2^n 個のデータ数で得られたインターフェ

第3章　フーリエ変換赤外分光測定および分光計

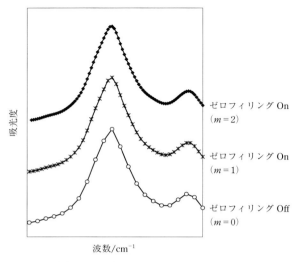

図 3.2.13　ゼロフィリング

ログラムに 0 を追加し，トータルで 2^{n+m} 個としたのちにフーリエ変換を行うと，補間前のスペクトルのデータ点間の中央に 1 点が補間される操作を m 回繰り返したスペクトルとなる．図 3.2.13 に，1 点補間 ($m=1$) と 3 点補間 ($m=2$) の結果を示した．データ点補間の結果，スペクトルが滑らかになっている．ゼロフィリングで補間された点は，実際に測定したものではなく，あくまで 0 を追加したものであるため，スペクトルの分解は向上しない．通常のスペクトル測定においてはゼロフィリングを利用することが多いが，1 本あたりのスペクトルのファイルサイズが大きくなるため，スペクトルを多数測定し 1 つのファイルとして保存するマッピング測定や時間変化測定などではゼロフィリングをしないこともある．

　バンドのピーク波数の違いを高い確度・精度で求めたい場合には，データ点間隔に気をつける必要がある．データ点間隔が $2\,\mathrm{cm}^{-1}$ であるとすると，真のピーク波数と読み取ったピーク波数との間には，最大で $1\,\mathrm{cm}^{-1}$ の読み取り誤差がある．読み取り誤差を小さくしたい場合にはゼロフィリングによりデータ点間隔を小さくするとよい．また，定量分析をする際には，作製する検量線と分析するデータのデータ点間隔を同じにする必要がある．

E.　位相補正

　理想的な FT–IR 分光計におけるインターフェログラムは偶関数であることから，

y 軸に対して軸対称(干渉計における光路差ゼロのセンターバーストを中心に左右対称)となる．しかしながら，観測されるインターフェログラムは対称でない．その原因として，光路差ゼロの位置でのサンプリング誤差，BS の波長に対する屈折率の分散特性など光学素子の特性，検出器および電気系の周波数応答特性などの影響による位相ずれがある．位相ずれを含む非対称なインターフェログラムをフーリエ変換した場合，得られるスペクトルが歪む，バンドの先端の透過率が負の値になるなどの問題が生じる．このためほとんどすべての FT-IR 分光計では，フーリエ変換を行う前に位相ずれの成分を補正している．この補正を**位相補正**(phase correction)とよぶ．フーリエ変換では偶関数である cos 成分が実部，奇関数である sin 成分が虚部として表されるが，位相ずれを起こしたインターフェログラムは，虚部である sin 成分(位相ずれ)を含む複素関数と考えられる．このため絶対値をとることで虚部である位相ずれの部分を除く，つまり位相補正を行うことができる．このような手法を絶対値法または power 法とよぶ．また，インターフェログラム中の信号成分全体に対して位相ずれ成分が一定であるという前提に基づき，センターバースト近傍から位相ずれ成分を算出し補正を行う手法も用いられている．この手法は，提案者の名前から Mertz 法とよばれる．

F. 測定条件のまとめ

3.2.2 項では FT-IR 分光計において，測定からスペクトルが得られるまでの一連の流れを示した．高品位なスペクトルを得るためには，測定条件(積算回数，分解，可動鏡の速度など)の設定が重要である．ここでは，一般的な固体の有機物の定性分析を目的とした場合の測定条件例を**表 3.2.4** に示す．各装置によって入射孔の大きさなどは異なるため，これはあくまでも一つの例である．

積算回数は，スペクトルを測定する際に何回か可動鏡を動かして平均スペクトルを得るための設定項目である．積算回数の平方根が SN 比と比例関係にある．これは積算を行うことでノイズ成分が減少するため，結果として SN 比が向上するためである．例えば，積算回数 1 回と比較して積算回数を 100 回にすれば SN 比は 10 倍向上することになる．このため，積算回数は 2^n 回に設定することが多い．

G. FT-IR 分光計と分散型分光計の特徴

赤外分光計には，ここで説明した FT-IR 分光計のほかに，回折格子などの分光素子を利用する分散型赤外分光計がある．分散型分光計では，任意の波数の光に対する吸光度を測定した後，回折格子を回転させて別の波数で測定することを繰り返す．このため通常の 4000〜400 cm^{-1} 領域のスペクトルを測定するためには数分程

表 3.2.4　固体有機物の定性分析を目的とした場合の測定条件例

項　目	条　件	備　考
積算回数	16 回，50 回（1 分），64 回など	積算回数の平方根が SN 比に比例する
分　解	4 cm^{-1}	必要に応じて 2 cm^{-1} とする
検出器	TGS	
可動鏡の移動速度	0.2 cm/s	
入射孔	7.6 mm（装置によっては自動で設定される）	コリメーター鏡の焦点距離により異なる
アポダイゼーション関数	cos 関数，Happ–Genzel 関数などが利用される	
ゼロフィリング	On	メーカーにより 1, 2, 4 などと表現されることもある
位相補正	On	例えば Mertz 法

度の時間がかかる．また，各測定点の波数を選択するためにスリットを用いる．これらの点が FT–IR 分光計とは異なる．FT–IR 分光計と分散型分光計には，一長一短がある．

FT–IR 分光計の利点および欠点を以下に示す．

[利点]
(1) スリットを使っていないので入射光が明るく，結果として SN 比の高いスペクトルが得られる．これを Jacquinot の利得（Jacquinot's advantage）という．
(2) 可動鏡を 1 回スキャンすれば多波長の同時測定ができるため，短時間でスペクトルが測定できる．これを Fellgett の利得（Fellgett's advantage）という．例えば，高速スキャンモードを搭載した FT–IR 分光計では可動鏡を高速でスキャンすることで 1 秒間に数 10 本のスペクトルを測定することも可能となる．
(3) He–Ne レーザーなどのレーザー光を利用して可動鏡の位置を精度よく制御するため，波数精度が高い．これを Connes の利得（Connes advantage）という．
(4) 光源，BS，検出器を交換することで，容易に測定波長域を変更することができる．

[欠点]
(1) 波数を固定して測定することができない．
(2) 多くの分散型赤外分光計では，参照試料と測定試料のスペクトルを同時に測定できるダブルビーム光学系が採用されている．これに対して FT–IR 分光計は通常シングルビーム光学系であるため，参照と試料のスペクトル測定をそれぞれ行う必要があり，両者の測定の間に時間的なずれが生じる．この時間的なず

れにより，大気中の二酸化炭素や水蒸気の濃度が変動した場合には，スペクトルに二酸化炭素や水蒸気のバンドが現れて，解析の障害となる．

欠点(2)を解決するために，光学系を窒素ガスや乾燥空気などでパージして測定をする，あるいは参照と試料のスペクトル測定の時間的なずれを最小限にする目的でそれぞれの測定を交互に行う付属品（サンプルシャトル）を用いることもある．また，データ処理により大気ノイズを取り除くことなども行われている．さらに光学系全体を真空にすることで，完全に大気ノイズを取り除くことができる機種もある．なお，波数を固定してナノ秒レベルの超高速反応を測定する時間分解測定には，分散型の分光計が利用されることも多い．

3.2.3 ■ 分光計の性能確認

分光計で利用される光源，BS，検出器などの光学部品やレーザー，ベアリングなどの部品は，耐久年数こそそれぞれ異なるものの，すべてが経年劣化をする．また高品位なスペクトルを測定するためには，試料調製，測定方法や測定条件の選択が重要となるが，これと同様に分光計の性能に問題がないことが重要となる．そこで経年劣化にともなう分光計の性能低下については，常に確認しておく必要がある．

性能確認試験をバリデーション（validation）とよぶ．分光計の性能を日常的に簡便に評価する手法として，インターフェログラムの強度や参照スペクトルの形状を確認する方法がある．これは分光計の納品時ないしは前回測定時と比較し，著しいインターフェログラム強度の低下がないか，またスペクトルの形状が著しく変化していないかなどを確認する方法である．このため常にインターフェログラムの強度とスペクトルを記録しておくことが望ましい．またバリデーションの試験項目や合否判定基準は測定目的により異なるため，通常これらの項目は各測定者や測定機関が定める．ただしFT-IR分光計についてのバリデーションの試験項目や合格基準については，各種規格により定められているものもあり，これらを参考にすることができる．ここでは各種規格で定められているバリデーションの一部を**表3.2.5**にまとめるとともに，A項以降に判定基準が記載されている日本薬局方（Japan Pharmacopeia, JP）[4]，欧州薬局方（European Pharmacopeia, EP）[5]，米国薬局方（United State Pharmacopeia, USP）[6]について，それぞれの試験項目と合格基準を示す．また長期安定性や検出器の評価に有効な米国試験材料協会（ASTM）の試験項目[7]について概略を示す．なお測定で用いられるポリスチレンフィルムの厚みは規格によっ

表 3.2.5　各種規格により定められているバリデーションの試験項目

試験項目	測定対象	JP	EP	USP	ASTM
波数正確さ	ポリスチレンフィルム	○	○	○	
波数繰り返し性	ポリスチレンフィルム	○			
透過率繰り返し性	ポリスチレンフィルム	○			
分　解	ポリスチレンフィルム	○	○		
Energy Spectrum Test	―				○
One Hundred Percent Line Test	―				○
Polystyrene Test	ポリスチレンフィルム				○

て若干異なるものの概ね 40 μm である．

A.　波数の正確さ

スペクトルのピーク波数と基準波数のずれが判定基準を満たしているかどうかを試験する．JP, EP USP ではポリスチレンフィルムのスペクトルを用いるが，以下に JP でのその基準波数と判定基準を示す．

3060.0 ± 1.5 cm^{-1}, 2849.5 ± 1.5 cm^{-1}, 1942.9 ± 1.5 cm^{-1}, 1601.2 ± 1.0 cm^{-1},
1583.0 ± 1.0 cm^{-1}, 1154.5 ± 1.0 cm^{-1}, 1028.3 ± 1.0 cm^{-1}

B.　波数繰り返し性

スペクトルを繰り返し測定し，ピーク波数のばらつきを試験する．JP ではポリスチレンフィルムのスペクトルを 2 回続けて測定し，A 項の波数正確さに示したピーク波数の中から，3000 cm^{-1} 付近や 1000 cm^{-1} 付近のいくつかのピークを指定して，判定基準を満たしているかどうかを試験する．JP で定める判定基準は波数の差が 3000 cm^{-1} 付近で 5 cm^{-1} 以内，1000 cm^{-1} 付近で 1 cm^{-1} 以内である．

C.　透過率繰り返し性

繰り返し測定を実施して透過率または強度のばらつきを試験する．JP ではポリスチレンフィルムを 2 回続けて測定し，A 項で示したピーク波数の中からいくつかのピークを指定する．その透過率の 2 回の値の差が ±0.5% 以内に収まっているかどうかを試験する．

D.　分　解

JP と EP では，ポリスチレンフィルムのスペクトルの 2 つのピークの谷と山の差が判定基準を満たしているかどうかを試験する．以下にそれぞれの判定基準を示す．
　［JP の場合］
　・2870 cm^{-1} 付近の極小と 2850 cm^{-1} 付近の極大における透過率の差が 18% 以上
　・1589 cm^{-1} 付近の極小と 1583 cm^{-1} 付近の極大における透過率の差が 12% 以上

［EP の場合］
- 2870 cm^{-1} の吸収極小と 2849.5 cm^{-1} の吸収極大における吸光度の差が 0.33 以上
- 1589 cm^{-1} の吸収極小と 1583 cm^{-1} の吸収極大における吸光度の差が 0.08 以上

E. ASTM の試験項目の概略

ASTM での試験はその内容により，Level Zero Test と Level Zero One Test に分類される．比較的簡易的な Level Zero Test 内には JP, EP, USP と異なり (1) Energy Spectrum Test, (2) One Hundred Percent Line Test, (3) Polystyrene Test の 3 つの試験がある．(1) Energy Spectrum Test では，試料室に試料を入れずに測定する参照スペクトルの長期安定性の評価方法が記載されており，上記で推奨した参照スペクトルの強度と形状を記録する具体的な手法が記載されている．ASTM では，参照スペクトルをエネルギースペクトルと記載している．このほかに，シングルビームスペクトルやパワースペクトルというよび方もある．加えて，赤外領域を測定する装置構成では試料のない 150 cm^{-1} の値についても評価対象になっており，これについては参照スペクトルの 150 cm^{-1} の強度とピークトップの強度の比で評価すると記載されている．この評価結果は，3.2.1 項 D で示した MCT 検出器が飽和しているか否かの参考になる．(2) One Hundred Percent Line Test では 100％ラインを測定し短期安定性を評価する．(3) Polystyrene Test では，ポリスチレンフィルムのスペクトルを 2 回測定し，その差スペクトルからを評価する．

［引用文献］

1) 工藤恵栄，分光の基礎と方法，オーム社 (1985)
2) 尾崎幸洋 編著，赤外分光法，アイピーシー出版 (1998)
3) 南 茂夫 編著，科学計測のための波形データ処理，CQ 出版 (1986)
4) 厚生労働省ホームページ 日本薬局方：http://www.mhlw.go.jp/file/06-Seisakujo-uhou-11120000-Iyakushokuhinkyoku/JP17.pdf
5) European Pharmacopoeia 9th Edition (2017)
6) USP39-NF34 (2016)
7) ASTM E1421-99 (2009)

第4章　赤外スペクトルの測定

　赤外分光測定の長い歴史において，分析の主な対象は，気体，液体，溶液，KBr錠剤，高分子フィルムなどであろう．近年測定対象となっている有機薄膜については，「単に試料の量が減った」という扱いでは不十分で，バルク測定では無視していた異なる誘電率をもつ層が接する光学界面の影響が現れる．薄膜スペクトルの解析においては，古典電磁気学に基づく屈折率や消衰係数，誘電率の解析が必要となる．また，μm 程度の微小な領域における状態分析の重要性が増しており，顕微鏡を用いた測定が盛んに行われている．本章では，まず4.1節でバルク試料の分析例について記述した後，4.2節で薄膜のスペクトル解析について記述し，光学界面の影響がいかに現れるかを説明する．4.3節では顕微・イメージ測定による微小領域のスペクトル測定を解説する．

4.1 ■ バルク試料の透過吸収測定

　気体，液体，固体，溶液のバルク試料の透過吸収スペクトルを測定する場合，試料の物理・化学的性質，測定波数領域などに応じて，適切な赤外光透過材料からなる基板を使用する必要がある．表 4.1.1 に赤外光透過材料の特性[1]を示す．こうした材料からなるさまざまな形，大きさ，厚みの基板が市販されている．また，水溶液のスペクトルを測定する場合には，水に対する溶解性に注意する必要がある．さらに，市販の基板にわずかながら不純物が付いていることがあるので，微弱なスペクトルを測定する際には注意する必要がある．

4.1.1 ■ 透過吸収測定の方法および解析

A.　液体，溶液の測定

　日本の化学者，水島三一郎により回転異性（rotational isomerism）が存在することが示された分子である 1,2-ジクロロエタン（CH_2ClCH_2Cl）のスペクトルを紹介する．1,2-ジクロロエタン分子において，C–C 単結合まわりの回転が自由であると CH_2Cl 同士の相対位置が決まらず，1種類の化学種とみなされるが，回転に障壁が

表 4.1.1　赤外光透過材料の特性[1]

物　質	透過範囲/cm^{-1}	屈折率(測定波数)	備　考
臭化カリウム(KBr)	40000〜250	1.52 (1000 cm^{-1})	吸湿性
ヨウ化セシウム(CsI)	40000〜130	1.73 (1000 cm^{-1})	吸湿性, やや柔軟
フッ化バリウム(BaF$_2$)	40000〜670	1.42 (1000 cm^{-1})	水に使用可
フッ化カルシウム(CaF$_2$)	77000〜830	1.39 (1000 cm^{-1})	水に使用可
セレン化亜鉛(ZnSe)	20000〜500	2.40 (1000 cm^{-1})	水に使用可, 黄色
KRS-5	16600〜220	2.37 (1000 cm^{-1})	橙色
ケイ素(Si)	8300〜100	3.41 (1000 cm^{-1})	水に使用可, 不透明
ゲルマニウム(Ge)	5000〜590	4.00 (1000 cm^{-1})	水に使用可, 不透明
ダイヤモンド	40000〜15	2.38 (1000 cm^{-1})	水に使用可
石英(SiO$_2$)	40000〜2500	1.42 (3000 cm^{-1})	水に使用可

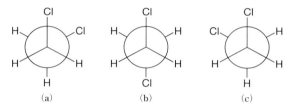

図 4.1.1　1,2-ジクロロエタンの回転異性体
(a) ゴーシュ$^+$(g$^+$), (b) トランス(t), (c) ゴーシュ$^-$(g$^-$).

あり内部回転が束縛されていると CH$_2$Cl 同士の相対位置には，**図 4.1.1** に示したように，**トランス形**(trans form, t と書く)と**ゴーシュ形**(gauche form, g と書く)が存在する．これらを回転異性体とよぶ．ゴーシュ形には鏡像関係にある 2 つの異性体が存在し，g$^+$ および g$^-$ と書かれる．赤外スペクトルでは，g$^+$ と g$^-$ を区別できないので，総称して g とする．トランス形とゴーシュ形は，赤外スペクトルで区別して認識することができる．

図 4.1.2 に，1,2-ジクロロエタンの液体の透過吸収スペクトルを示した．液体試料を，スペーサーを使用せず 2 枚の KBr 板で挟んで液膜として測定したものである．気体や固体のスペクトル，水素を重水素に置換した化合物，基準振動計算，ラマンスペクトルなどのデータなどを参考にして，観測されたバンドは t と g に帰属された[2]．基準振動計算の結果から，各バンドの振動モードがわかる．各基準振動における原子の変位を**図 4.1.3** に示した．3005 と 2957 cm^{-1} のバンドはそれぞれ g の CH$_2$ 逆対称伸縮振動(ν_a(CH$_2$)) と CH$_2$ 対称伸縮振動(ν_s(CH$_2$)) である．各振動における原子の変位を図 4.1.3(a) と (b) に示した．1450 と 1430 cm^{-1} はそれぞれ t と g の CH$_2$ はさみ振動(δ(CH$_2$)) である．図 4.1.3(c) に示したように，HCH の角

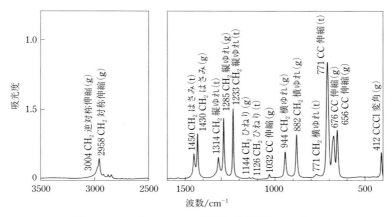

図 4.1.2 1,2-ジクロロエタン（液体）の透過吸収スペクトル

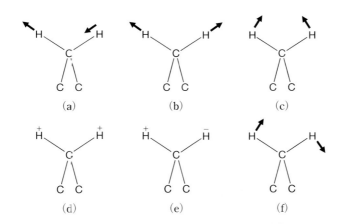

図 4.1.3 CH_2 基の基準振動における原子の変位
(a) 逆対称伸縮振動 $\nu_a(CH_2)$, (b) 対称伸縮振動 $\nu_s(CH_2)$, (c) はさみ振動 $\delta(CH_2)$,
(d) 縦ゆれ振動 $w(CH_2)$, (e) ひねり振動 $t(CH_2)$, (f) 横ゆれ振動 $r(CH_2)$.

度が大きくなったり，小さくなったりする振動である．1314 と 1233 cm^{-1} は t の CH_2 縦ゆれ振動（$w(CH_2)$）であり，1285 cm^{-1} は g の $w(CH_2)$ である．原子変位を図 4.1.3(d) に示した．1144 と 1126 cm^{-1} はそれぞれ g と t の CH_2 ひねり振動（$t(CH_2)$）である．原子変位を図 4.1.3(e) に示した．944 と 882 cm^{-1} は g の CH_2 横ゆれ振動（$r(CH_2)$）であり，771 cm^{-1} は t の $r(CH_2)$ である．原子変位を図 4.1.3(f) に示した．711 cm^{-1} は t の CCl 伸縮振動であり，676 と 656 cm^{-1} は g の CCl 伸縮振動である．

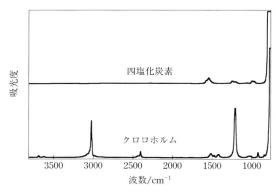

図 4.1.4 四塩化炭素とクロロホルム（液体）の赤外スペクトル

このように赤外スペクトルにより，回転異性体 t と g を明確に区別して検出できることがわかる．

メチレン基 CH_2 に特有な振動として，$\nu_a(CH_2)$，$\nu_s(CH_2)$，$\delta(CH_2)$，$w(CH_2)$，$t(CH_2)$，$r(CH_2)$ がある．分子がもっている官能基や局所的な分子構造は，それらに特徴的な赤外バンド・ピーク波数を示すことがわかっており，**特性吸収帯**（characteristic band）や**グループ振動**（group band）とよばれ，定性分析に利用される．5.5 節で詳しく記述する．

溶媒として使用可能な四塩化炭素とクロロホルムのスペクトルを**図 4.1.4** に示す．四塩化炭素は，普通赤外領域に吸収バンドが少なく，試料と溶媒のバンドが重ならない領域（窓領域）が広いことから，溶媒として適切である．クロロホルムは多くの有機化合物にとって良溶媒で，比較的窓領域も広いことから，これも便利に使われる．またこれらの重水素置換体は，試料の溶解度は同じであるが窓領域が異なるので，溶媒としてしばしば使用される．溶液では結晶場の影響がなく，無配向な分子の赤外スペクトルを測定することができる．

四塩化炭素の液体のスペクトルを**図 4.1.5** に示した．785 と 762 cm^{-1} に 2 つのピークが観測されているが，これらは 2.2.5 項で記述した**フェルミ共鳴**によるものである．フェルミ共鳴がないとすると，この領域には，基本音（赤外・ラマン活性）に帰属される 776 cm^{-1} のバンドのみが観測されると期待されるが，459 cm^{-1}（ラマン活性）と 314 cm^{-1}（赤外・ラマン活性）の結合音の波数が近いので，フェルミ共鳴により，2 つのピークが現れている．このフェルミ共鳴は，ラマンスペクトルにおいても観測される．

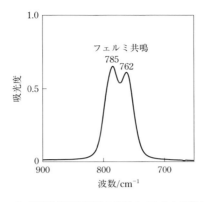

図 4.1.5 四塩化炭素(液体)の赤外スペクトルの拡大図

B. 臭化カリウム(KBr)錠剤法

　KBr 錠剤(KBr ペレット)法は固体のバルク試料，主に粉末試料の測定に用いられる方法である．KBr 錠剤法では，結晶は崩れるが微結晶となって残りやすいので，多くの場合，結晶場の分裂などの結晶に特有な性質が保持される．また，微結晶の集まりでも，微結晶が無配向に存在する．分子配向や光学界面に依存しない物質固有のスペクトルが得られるので，赤外データベースは，KBr 錠剤法によるスペクトルを基本に構築されている．

　実際の測定では，錠剤作製用の KBr 結晶小片が市販されているので，適当な大きさに割って粉末とし，KBr と試料との重量比は約 100 : 1 を目安にして，よく混ぜる．通常，メノウ乳鉢で乳棒を用いて力強くつぶしながら均一に混ぜ，表面にうろこ状の模様が現れるまで擦り続ける．このとき，KBr は吸湿性が高いので，可能な限り水分が吸収されないよう，呼気や手からの水蒸気に注意する．KBr が水分を吸収すると，測定したスペクトルに水のバンドが現れる．つぶした粉末は，KBr 錠剤形成器にスパチュラを使って移し，約 10 ton の圧力をかけて透明な錠剤に成形し，得られた錠剤を専用の錠剤ホルダーに移してスペクトルを測定する．参照スペクトルには，試料の入っていない，KBr のみで作った錠剤を測定したスペクトルを用いる．大気のスペクトルを参照スペクトルとして用いてもよい．

　ステアリン酸カドミウム($CH_3(CH_2)_{16}COO)_2Cd$ は，16 個のメチレン基をもつアルキル鎖の末端にカルボキシ基が COO^- として存在し，カドミウムカチオン Cd^{2+} と塩を形成している．図 4.1.6 に KBr 錠剤法で測定したステアリン酸カドミウムの

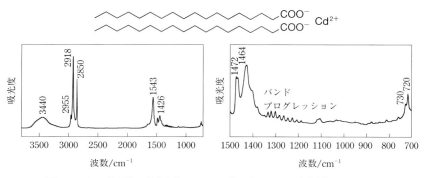

図 4.1.6 KBr 錠剤法で測定したステアリン酸カドミウムの透過吸収スペクトル

スペクトルを示す．アルキル鎖は$(CH_2)_2$の単位が 8 個連なった**全トランス**(all-trans)のジグザグ構造をもつので，全トランスのジグザグ構造をもつポリエチレンの結晶に関する赤外スペクトルの解析結果[3~5]を基にして，アルキル鎖のスペクトルを説明する．

2918 および 2850 cm^{-1} の強いバンドは，それぞれ $\nu_a(CH_2)$ と $\nu_s(CH_2)$ に帰属される．この 2 つのバンドのピーク波数位置はアルキル鎖のコンフォメーションに敏感で，この図に現れている波数 2918 と 2850 cm^{-1} はいずれも全トランス構造の値である．ゴーシュ構造が多く，分子鎖が折れ曲がった構造をとっているときには，それぞれ 2924 と 2856 cm^{-1} 付近まで高波数シフトする．つまり，この 2 つのピーク波数から，スペクトル測定に用いた錠剤中のステアリン酸カドミウムのアルキル鎖はコンフォメーションが全トランスであることがわかる．また，KBr 錠剤法で測定したスペクトルは無配向でその形と相対強度は，4.2 節で詳述する薄膜のスペクトルを理解するうえでも参考となる．

1472 および 1465 cm^{-1} の 2 本のバンドは，いずれも $\delta(CH_2)$ に帰属される．近接する 2 本のメチレン鎖の $\delta(CH_2)$ バンドは本来，同じ波数を示すが，結晶中の相互作用により波数の分裂が起こり，1472 と 1465 cm^{-1} に新たな 2 本のバンドとして観測されたと解釈できる．このような分裂は，結晶場による分裂とよばれている．結晶場による分裂が観測されたので，試料が結晶であると結論することができる．同様のことが $r(CH_2)$ にも当てはまり，730 と 720 cm^{-1} に結晶場により分裂したバンドとなって現れる．

図 4.1.6(右) の拡大図においては，1350～1200 cm^{-1} の領域に多くのバンドが観測

されている．これらのバンドはバンドプログレッションとよばれ，w(CH$_2$)に帰属される．ステアリン酸カドミウムでは，16個のCH$_2$基が存在するので，16個のw(CH$_2$)の連成振動と考えられる．このような16個の振動は，隣り合ったw(CH$_2$)の振動位相の差で近似的に区別でき，その中で赤外活性な振動がバンドプログレッションとして観測される．ν_a(CH$_2$)やν_s(CH$_2$)，δ(CH$_2$)では，バンドプログレッションが観測されなかった．その理由は，例えばδ(CH$_2$)に関しては，16個のモードが存在するが，高分子鎖間の相互作用が小さく，それらのピーク波数に大きな違いがない．また，各モードの強度が異なるなどの理由も考えられ，いずれにせよ分子振動がもっている特性が異なることに起因している．w(CH$_2$)モードのバンドプログレッションは，遷移モーメントの向きが分子鎖軸に平行であり，薄膜の配向の議論にも使える．

このように全トランス構造のメチレン鎖には，いくつかの赤外バンドが付随する．これらのバンドから状態分析を行う際には，各バンドについての解析が互いを裏付け合うため，高い確度での分子構造解析が可能となる．これが赤外分光法の長所の1つである．

図4.1.6で観測された1543と1426 cm^{-1}のバンドは，それぞれCOO$^-$逆対称伸縮振動ν_a(COO$^-$)と対称伸縮振動ν_s(COO$^-$)に帰属される．また，COOH基のC=O伸縮振動(1700 cm^{-1}付近)は観測されていない．これらの結果は，カルボキシ基はすべてH$^+$を解離してCOO$^-$となり，Cd^{2+}と塩をつくっていることを示している．このようにカルボキシ基のグループ振動を利用すると，分子構造に関する知見を得ることができる．

KBrは吸湿性なので，ドライボックス内ですべての作業をしない限り，ある程度の吸湿は避けられず，そのために得られた赤外スペクトルには，水のOH伸縮振動(3400 cm^{-1}付近)や変角振動(1650 cm^{-1}付近)のバンドが現れる．また，試料とKBrが反応してイオン交換が起こる場合もあるが，スペクトルからこうした異常は判断できる．

C. 高分子フィルムの測定

高分子の固体からは熱プレス法により，あるいは溶媒に溶かした溶液からはスピンキャスト法やドロップキャスト法により，フィルムを作製することができる．赤外光を透過する基板の上にフィルムを作製して，そのままスペクトル測定を行ったり，自立するフィルムのスペクトル測定を行う．

代表的な合成繊維であるナイロンは合成ポリアミドであり，ナイロン66は絹の

第 4 章 赤外スペクトルの測定

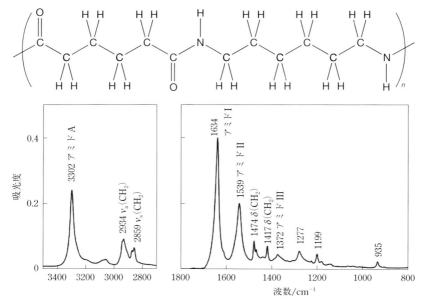

図 4.1.7 ナイロン 66 フィルムの透過吸収スペクトル

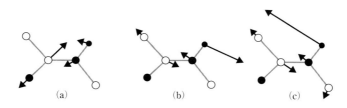

図 4.1.8 (a)アミド I, (b)アミド II, (c)アミド III の振動における原子の変位

ような肌触りで，ストッキングなどの衣料品の材料として使われている．アミド結合(−CO−NH−)とメチレン鎖の部分から構成されている．図 4.1.7 に，ナイロン 66 フィルムの透過吸収スペクトルを示した．アミド結合のグループ振動には，アミド A(NH 伸縮振動)，アミド I(C=O 伸縮振動)，アミド II(NH 変角振動と CN 伸縮の混合)，アミド III(CN 伸縮と NH 変角振動の混合)などがある．図 4.1.8 に，アミド I, II, III の振動にともなう原子の変位を模式的に示した．図 4.1.7 で，3302 cm^{-1} はアミド A に，1634 cm^{-1} はアミド I に，1539 cm^{-1} はアミド II に，1372 cm^{-1} はアミド III に帰属される．アミド I と II，III バンドのピーク波数は，高分子の二次

102

構造(ヘリックスやシート構造など)に依存するので，二次構造の解析に利用されている．詳しくは，5.5 節の表 5.5.10 に示す．アミド I の波数 1634 cm^{-1} は β シート構造であることを示している．また，2934 と 2859 cm^{-1} はそれぞれメチレン鎖の $\nu_\mathrm{a}(\mathrm{CH}_2)$ と $\nu_\mathrm{s}(\mathrm{CH}_2)$ に帰属される．1474〜1417 cm^{-1} に観測されている 4 本のバンドは $\delta(\mathrm{CH}_2)$ に帰属される．

4.1.2 ■ 偏光測定

光は電場と磁場の横波である(第 2 章参照)．光の進行方向を z 軸にとると，電場ベクトル $\boldsymbol{E}$ は垂直な面内に成分をもつので，$\boldsymbol{E}$ の x, y 成分 E_x と E_y を用いて

$$\boldsymbol{E} = E_x \boldsymbol{e}_x + E_y \boldsymbol{e}_y \tag{4.1.1}$$

$$E_x = E_{0x} \cos(kz - \omega t + \phi_x) \tag{4.1.2}$$

$$E_y = E_{0y} \cos(kz - \omega t + \phi_y) \tag{4.1.3}$$

と表される．ここで，$\boldsymbol{e}_x$ と $\boldsymbol{e}_y$ はそれぞれ x と y 軸方向の単位ベクトルである．E_x と E_y の位相差を $\delta = \phi_y - \phi_x$ とすると，電場ベクトルの先端が描く軌跡は次式で表される．

$$\left(\frac{E_x}{E_{0x}}\right)^2 + \left(\frac{E_y}{E_{0y}}\right)^2 - 2\left(\frac{E_x}{E_{0x}}\right)\left(\frac{E_y}{E_{0y}}\right)\cos\delta = \sin^2\delta \tag{4.1.4}$$

$\delta = m\pi$ (m は整数)の場合，電場は 1 つの面の中で振動し，こうした光は**直線偏光**(linearly polarized light)または**平面偏光**(plane polarized light)とよばれている．$E_{0x} = E_{0y}$，$\delta = (2m \pm 1/2)\pi$ の場合，電場ベクトルの先端は円を描きながら伝搬する．こうした光は**円偏光**(circularly polarized light)とよばれ，右回りと左回り円偏光がある．δ がその他の値のときの光は，**楕円偏光**(elliptically polarized light)とよばれている．また，成分にまったく偏りのない光を自然光とよぶ．直線偏光は赤外二色性の測定に，円偏光は VCD 測定に使用される．

直線偏光を利用して測定したスペクトルを**偏光スペクトル**(polarized spectrum)とよぶ．偏光スペクトルは高分子の分子配向解析に役立つ．FT–IR 分光計の光源からの赤外光は偏光していないので，**偏光子**(polarizer)を用いて直線偏光を得る．赤外領域では，偏光子としてワイヤーグリッド型の偏光子が使用されている．高分子試料を延伸すると，多くの場合，分子やクリスタリットの軸が延伸方向にそろうが，延伸軸に垂直な方向には無秩序となる．このような配向様式を**一軸配向**(uni-

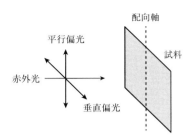

図 4.1.9 偏光測定における配置

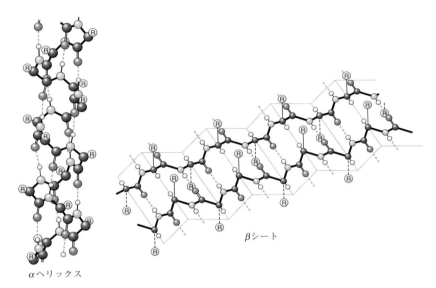

図 4.1.10 タンパク質の二次構造

axial orientation）とよぶ．**図 4.1.9** に示すように，配向軸に平行な電場の直線偏光（平行偏光）を用いて測定した吸光度を $A_{/\!/}$，垂直な直線偏光（垂直偏向）を用いて測定した吸光度を $A_\perp$ としたとき

$$R = \frac{A_{/\!/}}{A_\perp} \tag{4.1.5}$$

で表される R を**二色比**（dichroic ratio）という．

タンパク質は α-アミノ酸がペプチド結合（アミド結合：−CO−NH−）を形成して連なった高分子である．タンパク質は α ヘリックスや β シート（**図 4.1.10**）とよばれる部分構造，すなわち**二次構造**（secondary structure）をもち，これらが組み合わ

4.1 バルク試料の透過吸収測定

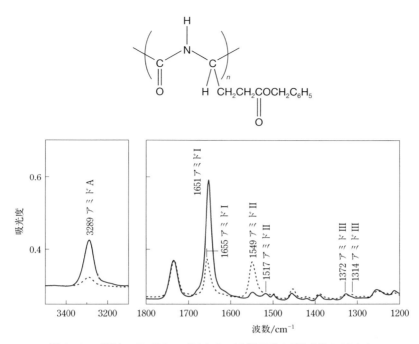

図 4.1.11 ポリ(γ-ベンジル-L-グルタメート)(PBLG)の偏光赤外スペクトル
実線：$A_{\parallel}$, 破線：$A_{\perp}$

さって全体として複雑な分子構造をつくる．αヘリックス構造では，分子内でC=OとH–Nが水素結合を形成しているが，βシート構造では分子間で水素結合を形成している．

ポリ(γ-ベンジル-L-グルタメート)(PBLG)は，**図 4.1.11** に示したように，側鎖に–CH$_2$CH$_2$CO–O–CH$_2$(C$_6$H$_5$)をもつ合成ポリペプチドで，αヘリックス構造をとる．市販もされており，タンパク質のモデルとして，多くの分光学的研究が行われてきた．また，ジオキサンや塩化メチレンなどの溶媒に溶解させたPBLG溶液をKBr基板の端に少量たらして，もう1枚の板やミクロスパーテルで液をこすって全面に広げながら溶媒を蒸発させると高分子鎖がこすった方向にそろい，一軸配向したフィルムが得られることが知られている．こすった方向が配向軸となる．こうした高分子鎖を一定方向にそろえた配向試料の偏光スペクトルから，官能基の配向，ポリペプチドの二次構造に関する知見を得ることができる．

図 4.1.11 に PBLG の一軸配向フィルムの偏光スペクトルを示した．実線は平行

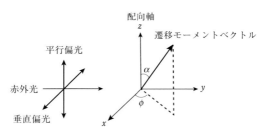

図 4.1.12　赤外光の電場と遷移モーメントベクトルの関係

偏光で，破線は垂直偏光で測定したスペクトルである．二色比 R の値を求めるには，ベースラインを引いてピークの高さやバンドの面積強度を読み取る．面積強度の比は，2 つの偏光スペクトルでバンド波形が同じであれば，ピークの高さの比と同じになる．

　つぎに，一軸配向フィルムの測定結果に関して，二色比と赤外バンドの遷移モーメント(ベクトル量である)，分子構造の関係を理論的に考察して，実測値を解析する．ここで，観測された各々のバンドすなわち振動に，それぞれの遷移モーメントが付随していることに注意してほしい．また，各振動の遷移モーメントは独立であると仮定する(配向気体分子モデル)．さらに，ある赤外バンドの吸収強度は，遷移モーメントベクトルと赤外光の電場ベクトル方向の単位ベクトルとの内積の二乗に比例するという偏光赤外吸収の原理を適用する．遷移モーメントベクトルと電場ベクトル方向の単位ベクトルとの内積をとり，空間平均を計算すると，二色比は

$$R = \frac{A_{/\!/}}{A_\perp} = \frac{\dfrac{1}{2\pi}\int_0^{2\pi}\left(\dfrac{\partial\mu}{\partial Q}\right)^2 \cos^2\alpha\,\mathrm{d}\phi}{\dfrac{1}{2\pi}\int_0^{2\pi}\left(\dfrac{\partial\mu}{\partial Q}\right)^2 \sin^2\alpha\cos^2\phi\,\mathrm{d}\phi} = 2\cot^2\alpha \tag{4.1.6}$$

となる[6]．ここで図 4.1.12 に示したように，ペプチド結合に由来する振動の遷移モーメントベクトルは配向軸(z 軸)と角度 α をなして一軸配向しているとする．平行偏光での強度が垂直偏光での強度よりも強い場合(平行二色性)，すなわち $R>1$ の場合には，$\alpha<54.7°$ である．一方，垂直偏光での強度が平行偏光での強度よりも強い場合(垂直二色性)，すなわち $R<1$ の場合には，$\alpha>54.7°$ である．

　つぎに，配向が不完全な場合を考える．配向試料は，完全に一軸配向している部分(割合 f)とランダムな部分(割合 $1-f$)から構成されていると考えると，R は次式で表される[6]．

表 4.1.2 PBLG のバンドの二色比

実測ピーク波数/cm^{-1}		R	$\theta/°$	帰 属
//	⊥			
3292	3294	7.3	27	アミド A
1734	1733	1.1	53	エステル C=O 伸縮
1652	1655	2.9	39	アミド I
1518	1549	0.18	74	アミド II

$$R = \frac{2\cos^2\alpha + g}{\sin^2\alpha + g} \tag{4.1.7}$$

ここで,g は配向の度合いを表すパラメーターで

$$g = \frac{2(1-f)}{3f} \tag{4.1.8}$$

で定義される.完全に配向している場合には $g=0$ で,完全にランダムな場合には $g=\infty$ である.理論的な考察から,1549 cm^{-1} のアミド II バンドは,配向が完全であれば平行偏光は吸収しないことがわかっており[7],1549 cm^{-1} のバンドの二色比から g を求めることができる.実測スペクトルから $g=0.144$ であった.主なバンドの二色比と式(4.1.7)から求めた配向角を**表 4.1.2** に示した.アミド I バンドの波数はポリペプチドの二次構造を反映するが,観測された波数 1652 cm^{-1} は α ヘリックス構造に特徴的な波数である.なお,β シート構造では,1685 と 1632 cm^{-1} である.また,アミド A(N–H 伸縮),アミド I バンドに関して,観測値から求めた α はそれぞれ 27, 39° であった.ここで,遷移モーメントベクトルとペプチド結合の原子配置の関係については,N,N'–ジアセチルヘキサメチレンジアミン結晶において,N–H 伸縮,アミド I,アミド II バンドの遷移モーメントベクトルが C=O 結合となす角度はそれぞれ 8, 17, 77° であり(**図 4.1.13**),これらの値は,ペプチド結合の振動全般に転用できる.図 4.1.10 からもわかるように,第一近似として,N–H 結合と C=O 結合は,α ヘリックスでは配向方向に平行に近いが,β シートでは垂直に近い.よって,N–H 伸縮とアミド I(C=O 伸縮)の α の値 27 と 39° から,α ヘリックス構造であると説明できる.

二色比による配向解析においては,遷移モーメントベクトルが配向軸に対してなす角度が 0 ないし 90° に近い赤外バンドを選んで利用することが重要である.赤外スペクトルの各バンドには,それぞれ遷移モーメントベクトルが付随している.遷移モーメントと原子の位置関係は,対称性によって決まる場合もあるが,一般的に

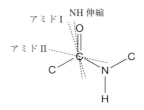

図 4.1.13 ペプチド結合と遷移モーメントベクトルの関係
N–H 伸縮,アミド I,アミド II の振動の遷移モーメントはペプチド面内にあり,C=O 結合とそれぞれ 8,17, 77° の角度をなす.

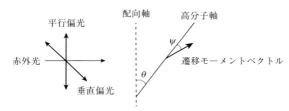

図 4.1.14 一軸配向フィルムにおける配向軸と高分子軸,遷移モーメントベクトルの関係

は,結晶の偏光スペクトル測定から決めるか,量子化学計算法を用いた基準振動計算から決める.

　配向解析において,試料のうちどの程度の割合が配向しているかを知りたいことは多いが,R の値からはわからない.そこで,試料が完全に配向している部分とランダムな部分から構成されていると考え,完全に配向している部分の割合を**配向度**（degree of orientation）またはオーダーパラメーターとする.上記の f である.f は R から求めることができる.**図 4.1.14** に示したように,高分子軸と配向軸のなす角度を θ とし,遷移モーメントベクトルと高分子軸のなす角度を ψ とする.一軸配向の場合には,式 (4.1.7) と (4.1.8) から,配向度 f は次式で表される[8].

$$f = \frac{R-1}{R+2} \cdot \frac{R_0+2}{R_0-1} \tag{4.1.9}$$

ここで，

$$R_0 = 2\cot^2\psi \tag{4.1.10}$$

である．オーダーパラメーターを得るためには，ψ が既知である必要がある．

遷移モーメントベクトルが配向軸と平行な赤外バンド（$\psi=0$）を解析に使用する場合には，式(4.1.6)は，

$$f = \frac{R-1}{R+2} \tag{4.1.11}$$

となる．また，遷移モーメントベクトルと配向軸が垂直な赤外バンドの場合には，

$$f = -2\frac{R-1}{R+2} \tag{4.1.12}$$

となる．

式(4.1.9)や(4.1.11)，(4.1.12)を使うと，ψ が既知であれば，実測の R の値から配向度 f を求めることができる．ψ が 54.7° の場合には，$(R_0+2)/(R_0-1)$ が無限大となり，f を求めることができない．配向度を評価する場合には，遷移モーメントベクトルが配向軸に対してなす角度が 0 ないし 90° に近い赤外バンドを使う必要がある．

分子配向の程度は，配向分布関数に基づいて議論することもできる．配向分布関数は，ルジャンドルの多項式 $P_l(\cos\theta)$ で展開される．2 次の項 $P_2(\cos\theta)$ の統計平均を $\langle P_2(\cos\theta)\rangle$ で表すと，

$$\langle P_2(\cos\theta)\rangle = \left\langle \frac{3\cos^2\theta - 1}{2} \right\rangle = \frac{3\langle\cos^2\theta\rangle - 1}{2} = f \tag{4.1.13}$$

となる[9]．

高分子フィルムの分子配向は，高分子の力学・光学物性に影響を及ぼすので，分子配向の評価は重要である．ポリプロピレンフィルムの高分子鎖間にはファンデルワールス力が働いており，この力は共有結合に比べて弱い．延伸されたポリプロピレンフィルムは延伸方向に高分子軸が配向するので，延伸軸と平行な方向に力を加えると，弱い分子鎖間のファンデルワールス力をその力が上まわり，高分子鎖が分離する，すなわちフィルムが切れる．このような性質を利用すると，切れやすい方向がある高分子の袋を作ることが可能となる．ここでは，ポリプロピレン（$-CH_2-CHCH_3-$）$_n$ の分子配向に関する研究を紹介する．

ポリプロピレンには，図 **4.1.15** に示したように，立体規則性のあるイソタクチック（isotactic，*it* と略す）とシンジオタクチック（syndiotactic，*st* と略す），立体規則性

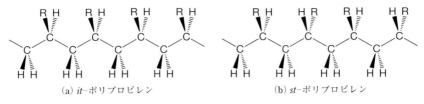

(a) it-ポリプロピレン　　　(b) st-ポリプロピレン

図 4.1.15　ポリプロピレンの分子構造

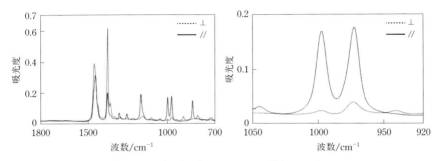

図 4.1.16　ポリプロピレンフィルムの偏光スペクトル

のないアタクチック（atactic）とよばれる構造がある．ポリプロピレンから製作された荷造り用のひもの偏光スペクトルを**図 4.1.16** に示した．スペクトルから it-ポリプロピレンであることがわかる．∥は赤外光の電場をひもの長い方向に平行にして測定したスペクトルで，⊥は垂直にしたスペクトルである．998 と 974 cm^{-1} のバンドの R と f を**表 4.1.3** に示した．998 cm^{-1} のバンドは結晶に，974 cm^{-1} のバンドは結晶とアモルファス状態の両方に帰属されている．また，両バンドともに $\psi = 18°$ である[10]．結晶では f は 99% であり，ほぼ完全に配向していることがわかる．また，結晶とアモルファス状態を合わせた平均的な f は 72% で，アモルファス領域の配向度は結晶領域よりも低いことがわかる．このように，赤外分光では，結晶領域とアモルファス領域における分子の配向度に関する知見を得ることができる．

表 4.1.3　ポリプロピレン延伸フィルムの配向度

波数/cm^{-1}	R	f
998	18.33	0.99
974	5.76	0.72

4.1.3 ■ スペクトル処理

　赤外スペクトルの解析結果は対象試料の定性・定量分析に利用される．解析の際には，得られたスペクトルをそのまま利用することもあるが，スペクトルを演算処理することで，解析が容易となり，解析精度が向上する場合がある．本項では，スペクトルを演算処理する手法について記述する．

　スペクトル処理は，スペクトルの波形を処理する「波形処理」と波形を解析する「波形解析」に大別される．「波形処理」には，四則演算，差スペクトル計算，微分計算，ベースライン補正，スムージング，FFTフィルター，デコンボリューション，データ補間などがあげられるが，これらは得られたスペクトルに演算処理を施すことで，スペクトルの形状を変えて解析をしやすくするものである．一方，「波形解析」にはピーク波数の検出，ピーク高さの計算，バンド面積の計算，バンド幅の計算，カーブフィッティング，スペクトルの比較などがあり，これらはスペクトルがもっている情報を抽出することで，目的の解析を行うものである．ここでは，有効なスペクトル処理行うための代表的な「波形処理」と「波形解析」に関して概略および具体例を示す．なお，スペクトル比較については，「5.1 ライブラリーサーチ」で説明する．

A. 四則演算と差スペクトル

　スペクトルの四則演算は，スペクトル同士，またはスペクトルと定数の加算，減算，乗算，除算を行うことで解析をしやすくする手法である．特に，2本のスペクトル間で減算処理を行うことで，複数成分が混ざり合ったスペクトルから目的成分のみのスペクトルを抽出する方法を差スペクトル法という．差スペクトル法では，スペクトルの縦軸は加成性の成り立つ吸光度にしてから計算をする必要がある．また，スペクトルの分解，データ点，アポダイゼーション関数を共通にすることが重要である．

　図 4.1.17 に紙上の微小異物を ATR 法で測定したスペクトルについて差スペクト

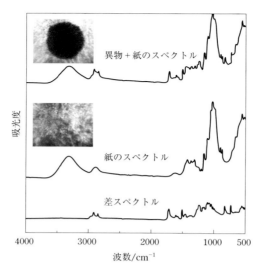

図 4.1.17 四則演算による差スペクトルの算出

ル法を利用して解析した例を示す．微小異物を測定したところ，異物に加えて $1100 \mathrm{~cm}^{-1}$ 近傍に，紙の主成分であるセルロースの–COC–による伸縮振動と帰属される強いバンドが検出された．そこで紙のみのスペクトルを測定し，差スペクトルを算出することで異物のみのスペクトルを抽出した．$1100 \mathrm{~cm}^{-1}$ 近傍のピークが消失するように適切な係数を乗算した後，差スペクトルを算出したところ，異物はポリエステル系の物質であることが確認できた．このように差スペクトル法を用いることで，複数の成分が混在したスペクトルから目的のスペクトルを抽出できる．

差スペクトル法以外に用いられるスペクトルの四則演算を以下に3つ示す．

(1) 複数のスペクトルの形状を比較する際に，縦軸の強度が大きく異なる場合には規格化をするために，一方のスペクトルに係数を乗算して強度を合わせる．
(2) すでに測定したスペクトルのSN比を向上させるために，複数スペクトルを用いて平均スペクトルを算出する．
(3) シングルビーム光学系であるFT–IR分光計において，参照スペクトルと試料スペクトル測定の時間的なずれを軽減させるために，参照スペクトル $I_0(\tilde{\nu})$ を m 回測定した直後に試料スペクトル $I(\tilde{\nu})$ を $(m+n)$ 回測定し，さらに参照スペクトルを n 回測定する．そして，式(4.1.14)に従って，試料スペクトルとの除算によりスペクトルを算出する．

$$A = \log\left[\frac{I_0(\tilde{\nu}) \times \dfrac{m}{m+n} + I_0(\tilde{\nu}) \times \dfrac{n}{m+n}}{I(\tilde{\nu})}\right] \qquad (4.1.14)$$

なお，この場合，縦軸はすべて強度スペクトル（シングルビームモード）で測定する．また通常 m と n の回数は同じにする．このような操作を行うことで，大気ノイズを低減できる可能性があり，大気ノイズと試料の吸収バンドが重なるような場合に有効である．

B. 微 分

スペクトルの1次微分や2次微分を用いることで，スペクトルのピークや変曲点の波数位置を精度よく求めることができる．例えば，1次微分は関数が極値を示す変数の位置でゼロとなるので，1次微分スペクトルでは，微分スペクトルの縦軸がゼロとなる波数が元スペクトルのピーク波数である．2次微分スペクトルでは，極小値を示す波数が元スペクトルのピーク波数位置を示す．微分処理は，スペクトルのわずかな違いを見出したい場合，多変量解析を行う場合の前処理手法として利用されることもある．特に，バンド形状が幅広いタンパク質の赤外および近赤外領域のスペクトルの波数位置を精度よく求めることができる．微分することにより，スペクトルのSN比が著しく低くなるので，元スペクトルのSN比を高く測定することが重要である．微分スペクトルの算出方法には，点の集合であるスペクトルデータで隣接する2点の差から算出する差分法や，多項式近似を利用するSavitzky-Golay法[11]などがある．図4.1.18(a)にはポリスチレンフィルムのスペクトル，(b)には1次微分スペクトル，(c)には2次微分スペクトルを示す．ただし，縦軸に係数をかけて規格化をしている．元スペクトルのピーク波数位置は，1次微分スペクトルの0の位置，2次微分スペクトルの極小値に対応していることがわかる．

C. ベースライン補正

測定で得られたスペクトルのベースラインが曲がってしまうことがある．例えば，粒径の大きな試料を透過法で測定した場合，高波数（短波長）側ほど光が散乱されて透過率が低下し，結果として縦軸を吸光度としたスペクトルのベースラインは高波数側が上がる，いわゆる左上がりの形状となる．またATR法で，高屈折率試料を測定する場合は，試料の屈折率の影響を受け，透過法の場合とは逆にベースラインが右上がりの形状となる．こうしたベースラインの曲がりはライブラリーなどを用いて定性分析を行う場合に望ましくない情報である．ベースラインの曲がりを平坦にする処理が，ベースライン補正である．

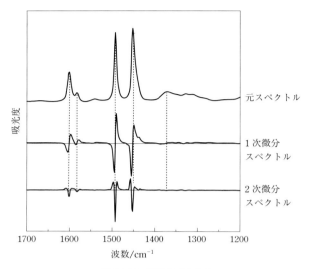

図 4.1.18 微分スペクトル
(a)はポリスチレンフィルムのスペクトル，(b)は1次微分スペクトル，
(c)には2次微分スペクトル．

補正の方法には，手動でベースライン（以下手動ベースライン補正）を設定する方法と，ベースラインの曲がりを PC で計算する（自動ベースライン補正という言い方もされる）方法に大別される．手動ベースライン補正では，オペレーターの主観が入ることに加え，操作方法によっては，スペクトルのピーク形状を変えてしまう可能性がある．自動ベースライン補正は各プログラムによりアルゴリズムが異なるが，基本的にはスペクトルのベース部分を検知し多項式ないしはスプライン関数などでフィッティングを実施し補正を行う．ただしこれらのアルゴリズムはすべてのケースに対して万能ではないことに留意する必要がある．**図 4.1.19** にベースライン補正を実施した例を示す．測定で得られたベースラインが左上がりのスペクトルに対して，手動ベースライン補正を実施したことで，解析のしやすいスペクトルが得られていることがわかる．

D. スムージング[11~13)]

スムージング（平滑化）は，スペクトルのノイズ成分を除去して SN 比を改善する手法の一つである．移動平均法によるスムージングの例を**図 4.1.20** に示す．移動平均法では，スペクトル上のあるデータ点の強度を，その点およびそれに隣接した複数の点に適当な重みをかけて平均化した強度で置き換える．この演算をすべての

4.1 バルク試料の透過吸収測定

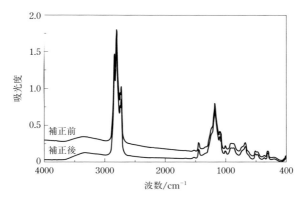

図 4.1.19 ベースライン補正

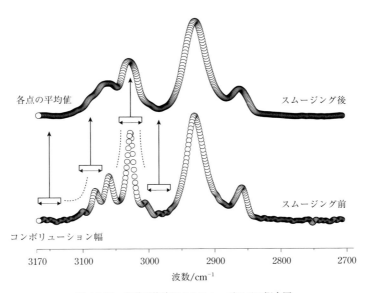

図 4.1.20 移動平均法によるスムージングの概念図

データ点に関して行うことで,スムージングされたスペクトルが算出される.移動平均法において,平均化する複数の点の範囲をコンボリューション幅とよび,重みのことを重み付け関数とよぶ.コンボリューション幅や重み付け関数によりスムージング後のスペクトル形状が異なる.一般的にスムージングを行うと信号成分が歪められるため,解析目的に応じた最良な方法を選択する必要がある.

115

スムージングのアルゴリズムには，単純移動平均法，Savitzky–Golay 法，適応化平滑法，Binomial 法などがあるが，それぞれの方法では，重み付け関数や演算手法が異なる．単純移動平均法は，重み関数として矩形関数を用いた最も単純な平滑法である．演算が単純であるという利点をもつが，コンボリューション幅によってはスムージングにより得られるスペクトルが大きく歪むことがある．図 4.1.21 に単純移動平均法を利用してコンボリューション幅を変えた場合のスムージングの結果を示す．コンボリューション幅を広くする（値を大きくする）ほど，ノイズは低減されるものの，スペクトルの歪みが大きくなることがわかる．図 4.1.22 に，コンボリューション幅を 25 としたときの単純移動平均法と Savitzky–Golay 法によるスムージングの結果を示す．Savitzky–Golay 法では，測定波形が各データ点の近傍では多項式曲線で表現できると仮定し，重み関数を考慮している．重み関数として矩形関数を用いた単純移動平均法では，ノイズ成分は大きく低減しているものの，スペクトルのピーク形状が大きく歪んでいることがわかる．一方，Savitzky–Golay 法では，ノイズは単純移動平均法ほど低減していないものの，スペクトル形状がある程度保たれていることがわかる．このようにアルゴリズムやコンボリューション幅の条件により，スペクトル形状が変わる．例えば図 4.1.21 でコンボリューション幅を 19 以上にした場合には，スペクトルがなまることにより 3100 cm^{-1} 近傍のピーク情報が消失している．ノイズ成分の低減を行いつつピーク情報の消失を防ぐ条件を検討することが望ましい．

E. FFT フィルター[13]

FFT（高速フーリエ変換）フィルターでは，まず得られた赤外スペクトルをフーリエ変換することで波数空間から周波数空間にする．周波数空間で不要な周波数成分を取り除き，再び逆フーリエ変換して赤外スペクトルに戻すことで特定の周波数をもつノイズ成分を取り除く波形処理手法である．例えば，表面が平滑で厚みが均一な比較的薄い高分子フィルムやシリコン基板上の試料では，干渉縞が観測されることがあり，こうした干渉縞がスペクトル解析の妨害となっている場合，FFT フィルターで干渉縞を除去することができる．FFT フィルターを利用したスペクトルの例を図 4.1.23 に示す．FFT フィルターを利用することで高周波ノイズが除去され，解析のしやすいスペクトルが得られていることがわかる．

F. デコンボリューション[13~16]

デコンボリューションは，ピントがぼけた写真から真の画像を抽出する技法として，画像処理の分野では広く利用されている．赤外スペクトルにおいては，デコン

4.1 バルク試料の透過吸収測定

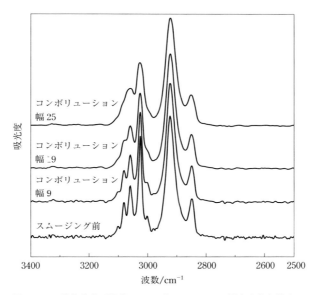

図 4.1.21 単純移動平均法でコンボリューション幅を変えた場合の
スムージングの結果

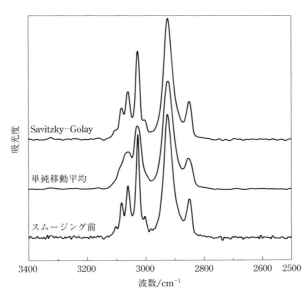

図 4.1.22 単純移動平均法と Savitzky–Golay 法によるスムージング
の結果の比較

117

第4章 赤外スペクトルの測定

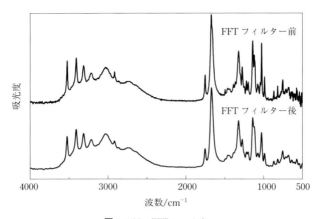

図 4.1.23 FFT フィルター

ボリューションは重なり合った複数のバンドに対して，見かけ上の分解を高くして各々のピーク波数位置を高精度で抽出するために利用される．液体や固体試料のスペクトルでは，分光計の分解を高くしたとしても分離することができないバンドがある．このような場合に，スペクトルのピーク波数位置を高精度に抽出するためにデコンボリューションが利用される．デコンボリューションのアルゴリズムにはいくつかあるが，ここではフーリエセルフデコンボリューション法について概念と留意点を述べる[16]．

実測スペクトル $M(\tilde{\nu})$ は，装置関数 $G(\tilde{\nu})$ と真のスペクトル $E(\tilde{\nu})$ とのコンボリューションで表される．

$$M(\tilde{\nu}) = G(\tilde{\nu}) * E(\tilde{\nu}) \tag{4.1.15}$$

ここで，記号 * はコンボリューション積分（3.1.3 項を参照）を表す．測定スペクトルは，装置関数によって「なまった波形」になっている．いま，$M(\tilde{\nu})$ と $E(\tilde{\nu})$ の逆フーリエ変換をそれぞれ $I_M(x)$ および $I_E(x)$ とすると式(4.1.15)は次式のように書ける．

$$I_E(x) = \frac{I_M(x)}{FT^{-1}[G(\tilde{\nu})]} \tag{4.1.16}$$

ここで，$FT^{-1}[G(\tilde{\nu})]$ は，装置関数の逆フーリエ変換であるので，式(4.1.16)はインターフェログラム上での理想的なインバース（逆）フィルターを表す．このフィルターは雑音に対して非常に敏感なので，フーリエセルフデコンボリューション法で

は高周波雑音を遮断する目的で，遮断周波数を Lp として，アポダイゼーション関数 $D(x, Lp)$ を式(4.1.16)に導入する．

$$I_E(x) = \frac{D(x, Lp) I_M(x)}{FT^{-1}[G(\tilde{\nu})]} \tag{4.1.17}$$

ここで，装置関数 $G(\tilde{\nu})$ が半値半幅 σ のローレンツ波形であるとすると，

$$I_E(x) = \frac{D(x, Lp) I_M(x)}{\exp(\pi\sigma|x|)} \tag{4.1.18}$$

となる．この式をフーリエ変換することにより，デコンボリューションされた真のスペクトル $E(\tilde{\nu})$ は

$$E(\tilde{\nu}) = FT[I_E(x)] = FT\left[\frac{D(x, Lp) I_M(x)}{\exp(\pi\sigma|x|)}\right] \tag{4.1.19}$$

で表される．これがフーリエセルフデコンボリューション法の概略である．

フーリエセルフデコンボリューション法では以下の点に留意する必要がある．
(1) 処理後の波形で物理的な意味があるのは各バンドのピーク位置のみとなる．つまりデコンボリューションでは，スペクトルの縦軸情報を犠牲にして横軸情報を抽出する．
(2) 幅の異なるバンドからなる測定スペクトルには適用できない．
(3) デコンボリューションは，微分操作と同様，高周波強調フィルターとなるため，測定波形のSN比が低い場合，処理結果のSN比は著しく劣化する．デコンボリューションの適用例は，I項のカーブフィッティングの項で示す．

G. データ補間

スペクトルは離散点から構成される．スペクトルの隣り合う点の間に新たに点を追加することをデータ補間といい，点を除くことをデータの間引きという．データ補間は，スペクトルを滑らかに表示する目的のほかに，ピーク波数の読み取り誤算を小さくするため，およびI項で示すカーブフィッティングのフィッティング精度を向上させるためにも利用される．データの間引きは，データ点の異なる複数のスペクトルを比較するような場合に利用されることがある．データ補間をする場合，ゼロフィリング(3.2.2項D参照)を使用することが多い．また，データ補間や間引きでは単純に2つのデータ間の中点にデータを追加，または取り除く方法も考えられるが，ラグランジュ補間やスプライン補間を利用することもある．

H. ピーク波数，強度，幅の計算

スペクトルは多くのバンドから構成されており，各バンドのピーク波数，強度

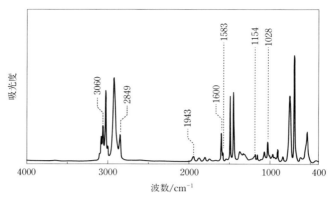

図 4.1.24　ピーク検出

（ピーク高さと面積強度），バンド幅，バンド波形（図 2.1.3 参照）を読み取って解析に使用する．ピーク波数は，縦軸が吸光度の場合には山の最高値である．ただし，干渉波や正反射スペクトルのように，上下にバンドが観測される場合には，山と谷双方をピーク波数とすることもある．PC 内部でのピーク波数検出では，通常スペクトルを 1 次微分し縦軸の値が 0 と交差する部分をピーク波数とする方法が用いられる．一般的にピーク波数検出は定性分析や複数のスペクトルの一致具合を比較するために利用される（**図 4.1.24**）．

また，多くの FT–IR のプログラムでは，ピーク波数における高さやバンドの面積，バンドの半値全幅も計算される．縦軸を吸光度とした場合，ピーク波数での高さやバンドの面積の値は試料の濃度や厚みに比例する（ランベルト・ベールの法則）ことから，これらの値を利用して定量分析を行う．ピーク波数での高さやバンドの面積を読み取る際には，ベースをどのように設定するかが重要である．実際のベースの設定方法を**図 4.1.25** に示す．ここでは成分 X と Y の混合物から成分 X を定量する場合を考える．X に帰属されるバンドを黒矢印で，Y に帰属されるバンドをグレーの矢印で示してある．ここで X のバンドは Y のバンドのすそ野部分と重なっているとする．このような場合，ベースの設定方法が，検量線の精度すなわち定量分析の精度に影響を及ぼす．図 4.1.25(a) と (d)，(b) と (e)，(c) と (f) のように，ベースの設定位置を変えて検量線を作成し，濃度とバンド強度の線形性が高いベース位置を模索することで精度の高い検量線を作成する必要がある．

4.1 バルク試料の透過吸収測定

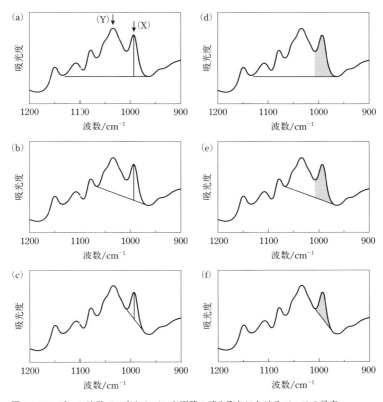

図 4.1.25　ピーク波数での高さやバンド面積の読み取りにおけるベースの設定

I.　波形分離（カーブフィッティング）

　複数の吸収バンドが重なり合っているスペクトルから，それぞれを分離することを波形分離という．波形分離は，バンド分解やカーブフィッティングとよばれることもある．分離する波形を表す関数として，ローレンツ関数，ガウス関数，ローレンツ関数とガウス関数の線形結合，フォークト関数が使用される．バンドの数や波形を表す関数を仮定し，仮定した波形と実測のスペクトルの誤差が最小になるように，最小二乗法により分離する波形の形状を決める．最小二乗法の際に，波形を表すパラメーターのうちいくつかの値を固定することもある．

　実際に波形分離を行った例を図 4.1.26 に示す．図はタンパク質であるウシ血清アルブミン（bovine serum albumin，BSA と略す）の2%重水溶液の透過スペクトルを波形分離した結果である．1640 cm^{-1} 近傍に見られるバンドは，アミド結合のア

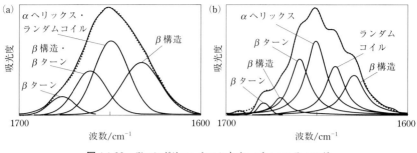

図 4.1.26　デコンボリューションとカーブフィッティング

ミド I(C=O 伸縮振動)に帰属される．アミド I の波数はタンパク質の二次構造（αヘリックス，βシート，ターン，ランダムコイルなど）に依存する．BSA のアミド I バンドは幅広く，さまざまな二次構造に由来するバンドが重なったものである．図 4.1.26(a) では，アミド I の吸収バンドを 4 つのバンドに分離し，それぞれの面積比より二次構造の含量を推定した．結果として，良好なフィッティング結果が得られたものの，αヘリックスとランダムコイル構造，βシートとβターン構造の分離ができていないことがわかる．そこで観測されたスペクトルをデコンボリューションし，その後で波形分離を行った結果を図 4.1.26(b) に示す．デコンボリューションを行うことで見かけ上の分解が上がっており，波形分離により αヘリックスとランダムコイル構造，βシートとβターン構造を分離することができた．このように波形分離により重なり合ったバンドを分離することで，隠れた情報を引き出すことが可能となる．さらに，デコンボリューションと組み合わせることで，分離精度が向上する．

なお，F 項でデコンボリューション処理では縦軸の情報を犠牲に横軸の情報を抽出していると述べた．図 4.1.26 では縦軸の情報は大きく損なわれていないと考え，デコンボリューション処理を行ったスペクトルでタンパク質の二次構造を推定した．もし縦軸の情報が大きく損なわれている場合には，デコンボリューション処理により抽出したピーク波数を利用して，デコンボリューション処理前のスペクトルで波形分離を行うこともある．

[引用文献]

1) 坂本 章，田隅三生，赤外分光測定法—基礎と最新手法，エス・ティ・ジャパン（2012），p. 7
2) S. Mizushima, T. Shimanouchi, I. Harada, Y. Abe, and H. Takeuchi, *Can. J. Phys.*, **53**, 2085（1975）
3) 田所宏行，高分子の構造，化学同人（1976），pp. 266-276
4) 田代孝二（西岡利勝 編），高分子赤外・ラマン分光法，講談社（2015），pp. 297-330
5) 島内武彦，赤外線吸収スペクトル 増補版，南江堂（1976），pp. 183-193
6) M. Tsuboi, *J. Polym. Sci.*, **59**, 139（1962）
7) T. Miyazawa and E. R. Blout, *J. Am. Chem. Soc.*, **83**, 712（1961）
8) T. A. Huy, R. Adhikari, T. Lüpke, S. Henning, and G. H. Michler, *J. Polym. Sci. B, Polym. Phys.*, **42**, 4478（2004）
9) T. Beffeteau and M. Pézolet（N. J. Everall, J. M. Chalmers, and P. R. Griffiths eds.），*Vibrational Spectroscopy of Polymers : Principles and Practice*, John Wiley & Sons, Chichester（2007），pp. 255-281
10) M. Houska and M. Brummell, *Polym. Eng. Sci.*, **27**, 917（1987）
11) A. Savitzky and M. Golay, *Anal. Chem.*, **36**, 1627（1964）
12) P. Marchand and L. Marmet, *Rev. Sci. Instrum.*, **54**, 1034（1983）
13) 南 茂夫 編，科学計測のための波形データ処理，CQ 出版（1986）
14) 田隅三生 編，FT-IR の基礎と実際 第 2 版，東京化学同人（1994）
15) J. K. Kauppinen, D. J. Moffatt, H. H. Mantscn, and D. G Cameron, *Appl. Spectrosc.*, **35**, 271（1981）
16) 小勝負純，岩田哲郎，分光研究，**42**, 4（1993）

4.2 ■ 界面を利用した測定法

ランベルト・ベールの式(式(2.1.9))は,物質量と吸光度を直線関係で結ぶ(ベールの式).一方,分子密度が一定で試料の厚みを変えたとき,厚み d が非常に小さく薄膜になると直線関係を大きく失う.すなわち,ランベルトの式が成立しなくなる.これは,ランベルトの式には薄膜を載せる基板の情報がまったく含まれていないためであり,ランベルトの式からは,測定方法を変えるだけでスペクトルの形や強度が変わってしまうことはまったく予測できない.

このように試料の厚みを減らして薄膜にしただけで,測定の本質が変わってしまう理由を,図 4.2.1 を使って概念を簡単に説明しよう.図 4.2.1(a)は波長より十分に厚い試料に,(b)は波長より十分に薄い試料に,赤外光を試料界面に垂直に透過させて測定する場合の測定概念図である.話を簡単にするため,試料セルや基板を除外し,試料に光が直接入る場合を描いているが,以下の議論はセルや基板を含めても成立する.

試料が厚い場合,入射光の電場 E_i は空気/試料界面を横切り,試料内部に入って E_s となる.このとき,界面近傍(界面の両側)には直観的には理解しがたい「空間分布をもった電場」E_b が生じている[1].同様に,光が試料を抜け出る際も空間分布をもつ電場 $E_{b'}$ が生じ,その界面を経て E_t となる.試料が十分に厚く,試料内部の屈折率に分布がなければ E_s は試料内部で一定で,試料による光吸収は E_s のみが

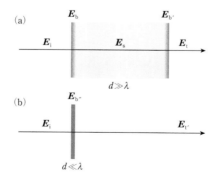

図 4.2.1 (a)波長 λ より十分長い光路長 d をもつセル内の試料(バルク試料)の測定と,(b)光路長が波長程度以下の「薄膜」試料の測定

関係すると近似できる．分光器の検出器で測定する光量(強度)は $|E_\mathrm{t}|^2$ に比例する量だが，$|E_\mathrm{t}|^2$ は入射光の強度 $|E_\mathrm{i}|^2$ にも比例するので，結局，試料層の分子密度と厚みだけを考えたランベルト則で簡単に記述できることがわかる．

一方，(b)のように試料の厚みを非常に小さくすると，試料がすべて界面近傍にあるため，電場分布 $E_\mathrm{b''}$ が試料の光吸収に直接関わり，電場の空間分布を無視した(a)の近似が使えない．さらに，この電場分布 $E_\mathrm{b''}$ は，膜面に平行な方向と垂直な方向では異なり(電場の異方性)，界面特有の複雑な吸収スペクトルを与える．

実際，(b)のような薄膜試料を測定すると，ランベルト則で厚みだけを考えて予想したものとは異なる形状や強度のスペクトルが得られる．4.2.2 項では基板を変えるだけで，同じ薄膜の吸光度が大きく変わってしまう例を示すが，これはランベルト則には基板に関する変数が含まれていないため，薄膜分光特有の現象といえる．

反射測定でもランベルト則から予想されるスペクトルから大きな変化が見られる．特に 4.2.4 項で述べる外部反射法では，吸収スペクトルの吸光度が負になる場合がある．これも正の変数のみからなるランベルト則ではまったく理解できない．

また，バルク試料の測定法として急速に普及した全反射測定(ATR)法(4.2.5 項)も界面を利用した測定法であるため，バルク試料を測定しているものの「界面に支配された」スペクトルが得られる．このため，ATR スペクトルはバルク試料の標準的な測定方法である KBr 錠剤法を用いたスペクトルとは一致しない．

ただし，4.2.2〜4.2.5 項に示すように，どの方法で測定した薄膜のスペクトルも，吸光度はすべて膜厚 d に比例する．また，過度に大きな吸収でない限り，分子密度変化に対する屈折率の変化が無視でき，その範囲では吸光度は複素屈折率の虚部 κ に比例する．すなわち，吸光度は濃度にも比例する．つまり，スペクトルの形や吸光度の絶対値は測定法に依存するものの，吸光度は試料の量に比例し，ランベルト・ベール則に則った検量線法と同様のやり方で，定量分析をすることができる(5.2 節)．また，測定法ごとに光学界面を考慮して得た吸光度スペクトルの式を理解することで，分子配向に関する定量的な情報も正しく読み取れるようになる．

4.2.1 ■ 弱吸収近似

これ以降，波長 λ より十分に厚みの小さい($\lambda/100$ 程度以下)薄膜を扱うので，吸収の程度が非常に小さいという弱吸収近似が共通して便利に使える．弱吸収であることをつぎのように表現する．

$$I = I_0 - \Delta I, \quad \frac{\Delta I}{I_0} \ll 1 \tag{4.2.1}$$

ここで，I と I_0 は，それぞれ薄膜試料がある場合と基板だけの場合の検出器に届く光強度(シングルビームスペクトル)を表す．また，ΔI は微弱な吸収による光のわずかな減衰量を表す．

吸光度 A は定義から，

$$A \equiv \log\left(\frac{I_0}{I}\right) = -\frac{1}{\ln 10}\ln\left(\frac{I_0 - \Delta I}{I_0}\right) = -\frac{1}{\ln 10}\ln\left(1 - \frac{\Delta I}{I_0}\right) \tag{4.2.2}$$

となる．対数関数があるとこの先の計算の見通しが悪くなるので，対数関数をテイラー展開して2次以降の項を無視する次の近似を行う．

$$\ln(1+x) \approx x \quad (\text{ただし } x \ll 1)$$

これを用い，さらに $\Delta I/I_0 \ll 1$ を考慮すると式(4.2.2)は対数関数をともなわない式に簡略化でき，

$$A \approx \frac{1}{\ln 10}\frac{\Delta I}{I_0} \tag{4.2.3}$$

が得られる．つまり，$\Delta I/I_0$ さえ計算できれば，弱吸収近似の範囲で吸光度スペクトルを表す式が得られる[注1]．すなわち，界面を考慮しながら I を解析的(数値計算ではなく)に導けば，各測定法についての吸光度スペクトルの式が得られる．それには，Abelesの方法[2]を用いる．

Abelesの方法とは，薄膜層内での光の多重反射といった物理モデルを一切仮定せず，マクスウェル方程式から得られる一般則である「界面での電場・磁場の連続条件」(付録A)だけを，任意の多層薄膜系について行列を駆使して巧みに定式化したものである．これにより，多層薄膜系の透過および反射測定における吸光度スペクトルの式を解析的に導くことができるが，導出にはかなりの計算量を要するので[2]，以降，結果のみを示す．

4.2.2 ■ 透過法

透過法は基板上に付着した薄膜を透過光学系で測定する，最も基本的な測定方法

[注1] 同様に，反射光学系で考える場合は，$\Delta R/R_0$ が弱吸収近似のもとでの「吸光度スペクトル」を表す．$\Delta R/R_0$ を反射率変化などと考えてはいけない．

4.2 界面を利用した測定法

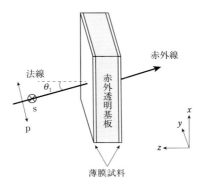

図 4.2.2 透過測定法の概念図（θ_1 は入射角）

である．図 4.2.2 に任意の入射角 θ_1 で透過測定する場合の概念図を示す．バックグラウンドは，基板のみを透過測定したものとする．スペクトルの縦軸はバルクスペクトルと同様に吸光度(absorbance)で，無次元である．

Abeles の方法で計算を進める過程において，薄膜近似($d/\lambda \ll 1$)によるテイラー展開で 1 次の項だけを残し，式(4.2.2)により吸光度表示の式として求めると[1]，p 偏光赤外透過スペクトル $A^{\mathrm{Tr,p}}$ は次式で与えられる．

$$A^{\mathrm{Tr,p}} = \frac{1}{(\ln 10)\lambda_0} \cdot \frac{8\pi d_2}{m_1 + m_3}\left[m_1 m_3 \,\mathrm{Im}(\overline{\varepsilon}_{rx,2}) + n_1^2 \sin^2\theta_1 \,\mathrm{Im}\left(-\frac{1}{\varepsilon_{rz,2}}\right) \right] \quad (4.2.4)$$

ただしこれ以降，下付きの数字 1, 2, 3 はそれぞれ入射媒質，薄膜層，出射媒質を表す．透過法の場合，入射媒質は空気，出射媒質は基板である．膜厚は d_2，真空中の赤外線の波長は λ_0 である．m_j は $m_j \equiv \overline{n}_j \cos\theta_j / \varepsilon_{rx,j}$ で定義され（付録 B），ここにも入射角 θ_1 に関連した $\cos\theta_j$ が含まれていることに注意が必要である．

式(4.2.4)に登場する $\mathrm{Im}(\overline{\varepsilon}_{rx,2})$ および $\mathrm{Im}(-1/\varepsilon_{rz,2})$ はこの後も共通して出てくるもので，それぞれ **TO** および **LO エネルギー損失関数**[1-4]という（単に TO および LO 関数ともいう）[注2]．

TO および LO 関数がそれぞれ $\varepsilon_{rx,2}$ および $\varepsilon_{rz,2}$ の関数になっていることからわかるように，振動の遷移モーメントのうち，TO 関数は膜面に平行な成分に対応したスペクトルの形を，LO 関数は膜面に垂直な成分に対応したスペクトルの形を表す．

[注2] TO 関数は比誘電率の虚部なので誘電体による光吸収としてわかりやすいが，LO 関数は見ただけでは意味がわかりにくい．これは，界面を考慮した式変形の結果，形が変わって現れているだけで，本質的な光吸収は誘電率によるものであることに変わりはない．

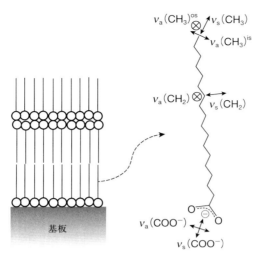

図 4.2.3 3層 LB 膜の概念図と垂直配向したステアリン酸の模式図
概念図にある丸と棒は，両親媒性分子のそれぞれ親水基と疎水基を表す．実際の LB 膜は基板の両面に積層されている．図中の os, is はそれぞれ out-of-skeleton および in-skeleton を表す．

式(4.2.4)により，薄膜の透過スペクトルは TO および LO 関数の重ね合わせになっていることがわかるが，垂直透過の場合は上で示した m_j の定義式に $\theta_1 = 0$ を入れて，

$$A^{\mathrm{Tr}}_{\theta_1=0} = \frac{8\pi d_2}{(\ln 10)\lambda_0} \cdot \frac{1}{n_1 + n_3} \mathrm{Im}(\bar{\varepsilon}_{rx,2}) \tag{4.2.5}$$

が得られる．つまり，垂直透過の場合は TO 関数のみに依存するスペクトルになることがわかる．よって，遷移モーメントのうち，膜面に平行な成分だけが垂直透過スペクトルに現れることになる．これを「垂直透過法の表面選択律(surface selection rule of transmission spectrometry)」[1,5)]という．

$$\bar{\varepsilon}_r = (n + \mathrm{i}k)^2 = n^2 - \kappa^2 + \mathrm{i}2n\kappa \tag{4.2.6}$$

であるから(式(2.3.22))，$\mathrm{Im}(\bar{\varepsilon}_r) = 2n\kappa$ となって，薄膜の透過スペクトルは，屈折率の実部と虚部の両方に依存することがわかる．このように，薄膜測定はバルク測定の試料を単純に薄くしたスペクトルを与えるのではなく，本質的に異なるスペクトルを与えるところが，薄膜測定で忘れてはならない大切な点である．

つぎに実測例を見てみよう．**図 4.2.3** に積層した Y 型 Langmuir−Blodgett(LB)膜

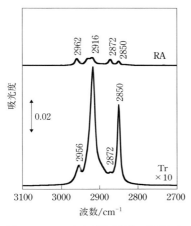
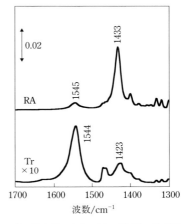

図 4.2.4 CaF_2 および銀基板上に作製したステアリン酸カドミウム 7 層の LB 膜の垂直透過(Tr)スペクトルおよび反射吸収(RA, 4.2.3 項参照)スペクトル(入射角は 80°)

表 4.2.1 薄膜の垂直透過スペクトルの基板依存性
厚さ 17.5 nm の薄膜について 2900 cm^{-1} の位置で $n_2=1.5$, $\kappa_2=0.1$ として吸光度を計算した.

基板の材質	屈折率 n_3	薄膜の吸光度/10^{-3}
CaF_2	1.42	6.87
ZnSe	2.46	4.80
Si	3.43	3.75
Ge	4.03	3.30

のイメージと,垂直配向した LB 膜を構成する分子の一例として,ステアリン酸金属塩(金属イオンは省略)の模式図を示す.この図のように,基板上に分子が高度に配向している場合,スペクトルは各官能基の配向を強く反映する.

図 4.2.4 に CaF_2(フッ化カルシウム)基板上に作製したステアリン酸カドミウム 7 層の LB 膜を垂直透過法で測定した赤外透過(Tr)スペクトルを示す.

垂直透過法では,赤外光の電場振動が常に膜面に平行であるため,膜面に平行な振動遷移モーメントをもつ $\nu_a(CH_2)$, $\nu_s(CH_2)$ および $\nu_a(COO^-)$ のバンド(図 4.2.3)が,それぞれ 2916, 2850 および 1544 cm^{-1} に強く現れている.一方,膜面に垂直な成分をもつ $\nu_s(CH_3)$ および $\nu_s(COO^-)$ のバンドはいずれも弱く 2872 および 1423 cm^{-1} に現れている.

ここで,式(4.2.5)はもう一つ重要なことを示している.すなわち,垂直透過スペクトルの吸光度は基板の屈折率(n_3)の影響を直接受ける[6].これは,吸光度を得る

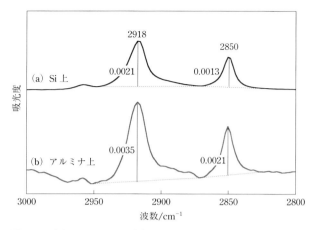

図 4.2.5 (a)シリコンおよび(b)アルミナ基板上に作製したオクタデシル基をもつ SAM の赤外透過スペクトル

際に I/I_0 を計算するにもかかわらず(式(4.2.2)),基板の影響は消えないことを意味し,試料のモル吸光係数のみに支配されるランベルトの式は成り立たない.異なる基板上の薄膜の赤外スペクトルを例に計算した吸光度を**表 4.2.1** に示す.基板に CaF_2 を選んだときは吸光度が 6.87×10^{-3} であるのに対し,同じ薄膜を Ge(ゲルマニウム)基板に載せて測ると 3.30×10^{-3} と半分以下にまで低下する.

ステアリン酸と同じオクタデシル基を含むシランカップリング剤を用いてシリコン($n_{Si} = 3.4$)およびアルミナ($n_{alumina} = 1.7$)基板上に作製した自己組織化膜(SAM)の赤外垂直透過スペクトル[7,8]を**図 4.2.5** に示す.$\nu_a(CH_2)$ バンド($2918\,cm^{-1}$)に着目すると,シリコン基板上での吸光度が $A_{Si} = 0.0021$,アルミナ基板上では $A_{alumina} = 0.0035$ と大きな違いが認められる.しかし,式(4.2.5)を使ってそれぞれの基板の屈折率を考慮すると,次式

$$A_{alumina} = A_{Si} \frac{n_{Si} + 1}{n_{alumina} + 1} = 0.0021 \times \frac{3.4 + 1}{1.7 + 1} = 0.0034$$

のように実験誤差の範囲で定量的に説明が付く.同様のことが $\nu_s(CH_2)$ バンド($2850\,cm^{-1}$)についても成り立つ.すなわち,基板が異なることによるバンド強度の違いは,基板の屈折率の違いによる見かけのもので,薄膜構造の違いを表したものでないことがわかる.いずれの基板上の SAM 膜も,同じ波数位置のバンドを与えていることから,分子のコンフォメーションも両方の膜で共通,すなわち分子パッキングも同程度といえる.こうして,これら 2 つの基板には密度・配向ともに

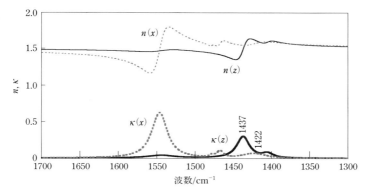

図 4.2.6 ステアリン酸カドミウム 5 層の LB 膜についての複素屈折率
x(破線)および z(実線)は,それぞれ膜面に平行および垂直な方向を表す.

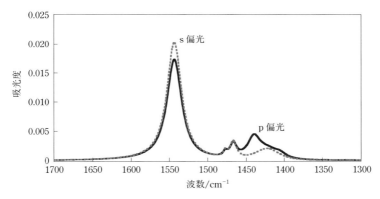

図 4.2.7 式(4.2.4)および(4.2.7)によって計算した p(実線)および s(破線)偏光の透過スペクトル
薄膜の屈折率には図 4.2.6 を用い,厚さ $d_2 = 2.5$ nm,基板の屈折率 $n_3 = 3.42$,入射角は 45° とした.

同一とみなせる SAM ができていると結論できる.

つぎに,解析的な式を用いて透過スペクトルをシミュレーションしてみよう.例として,配向したステアリン酸カドミウム 5 層の LB 膜を試料として計算する.すなわち,この薄膜が空気・薄膜・基板の 3 層系の第 2 層にあるとする.この薄膜の複素屈折率(**図 4.2.6**)[9]を第 2 層の複素屈折率に当てはめ,入射角 45° での p 偏光および s 偏光の透過スペクトルを式(4.2.5)および(4.2.7)により計算する.得られたスペクトルを**図 4.2.7** に示す.p 偏光の斜め入射測定なので,図 4.2.6 の $\kappa(x)$ およ

び $\kappa(z)$ の 2 つのスペクトルが,それぞれ TO および LO 関数を通じて重なって現れていることがわかる.

s 偏光についても p 偏光と同様に解析解 $A^{\mathrm{Tr,s}}$ を求めることができる.ただし,p 偏光の m_j とは形が異なり

$$m_j^s \equiv n_{x,j} \cos\theta_j$$

となることに注意すると(付録 B),

$$A^{\mathrm{Tr,s}} = \frac{8\pi d_2}{(\ln 10)\lambda_0} \cdot \frac{1}{n_1 \cos\theta_1 + n_3\sqrt{1-(n_1/n_3)^2 \sin^2\theta_1}} \mathrm{Im}(\bar{\varepsilon}_{rx,2}) \quad (4.2.7)$$

が得られる.もちろん垂直入射($\theta_1=0$)の場合,式(4.2.7)は p 偏光の式(式(4.2.5))と完全に一致する.この式は,入射角によらず TO 関数のみに依存するから,s 偏光測定では z 方向(膜面に垂直な方向)の構造情報は得られない.この式を使って計算した s 偏光のシミュレーションスペクトル(図 4.2.7 破線)を見ると,複素屈折率虚部の x 方向の情報だけが反映されていることがわかる.

こうした電磁気学に基づくスペクトル解析の強力な点は,光学定数がわかっていれば,計算で予想したスペクトルと実測結果が定量的に高い精度でよく一致することにある.FT–IR は特に横軸も縦軸も精度がきわめて高く,再現性も高いので,電磁気学的解析は測定したスペクトルの定量的議論にたいへん役に立つ.

4.2.3 ■ 反射吸収(RA)法

反射法による薄膜測定のなかでも,基板を金属とした場合を**反射吸収**(reflection-absorption, **RA**)**法**といい,非金属基板上での外部反射法(4.2.4 項)と厳格に区別する.RA 法は **RAS**(reflection-absorption spectroscopy)**法**ともよばれ,いずれの呼称も国際的に通用する.RA 法の測定概念図を**図 4.2.8** に示す.RA 法の入射光には p 偏光のみを用いる.バックグラウンドには,金属基板のみで測定したスペクトルを用いる.

縦軸には,吸光度によく似た**反射吸光度**(reflection absorbance)を用いる.反射吸光度 A は,つぎのように定義される.

$$A \equiv \log\left(\frac{R_0}{R}\right)$$

R および R_0 はそれぞれ試料表面および金属表面の「反射率」である.反射率その

4.2 界面を利用した測定法

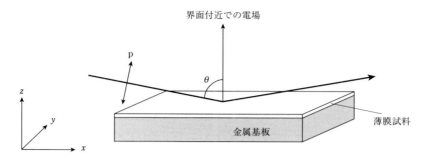

図 4.2.8 反射吸収(RA)法の測定概念図

ものを求めるにはバックグラウンドが必要で，ここでは「実際には測定しない」共通の装置関数 s_{app} をバックグラウンドとして考える．

$$R = \frac{I}{s_{\mathrm{app}}} \quad \text{および} \quad R_0 = \frac{I_0}{s_{\mathrm{app}}}$$

その結果，反射吸光度は吸光度と実質的に同じものになる．

$$A = \log\left(\frac{I_0}{I}\right)$$

しかし，スペクトルを表示するときには，縦軸は定義に従い反射吸光度と書く．また，スペクトルの解析的な表現を得るときは，本来の定義である反射吸光度に戻り，式(4.2.3)と同様に弱吸収近似のもとでは

$$A \approx \frac{1}{\ln 10}\frac{\Delta R}{R} \quad \text{ただし } \Delta R = R_0 - R$$

となることを利用して式から対数関数を消去し，R および R_0 を Abeles の方法により計算する[2]．また，この際，基板が金属であることを考慮し，$|\bar{\varepsilon}_3| \gg \varepsilon_1 \tan^2\theta_1$ という近似も使うと，式の形を大幅に簡略化できる．得られた RA スペクトルの解析的な式を式(4.2.8)に示す．

$$A^{\mathrm{RA}} = \frac{8\pi d_2}{(\ln 10)\lambda_0} n_1^3 \frac{\sin^2\theta_1}{\cos\theta_1} \mathrm{Im}\left(-\frac{1}{\bar{\varepsilon}_{\mathrm{rz},2}}\right) \tag{4.2.8}$$

この式は，LO 関数のみが RA スペクトルを支配することを明確に示す．すなわち，遷移モーメントのうち膜面に垂直な成分のみがスペクトルに現れるという「RA 法の表面選択律(surface selection rule of RA spectrometry)」[1,4,5]が得られる．

実際の測定例として，透過法のときと同じステアリン酸 7 層の LB 膜を銀基板に

作製し，測定したRAスペクトルを図4.2.4(右)に示す．金属基板上での大きな入射角によるp偏光測定では，電場の振動方向が膜面に垂直なので，図4.2.3の分子図からわかるように，ν_s(COO$^-$)やバンドプログレッションが明瞭に現れる一方，その他のモードは非常に弱くなっている．このように，高度に配向した薄膜試料を透過法とRA法の両方で測定すると，相補的なスペクトルが得られる．こうした実験事実から，図4.2.3に描かれた分子図の配向が正しいことがわかる．

図4.2.4の2つのスペクトルが端的に示すように，配向した薄膜試料の透過およびRAスペクトルの形は，それぞれの表面選択律を反映して互いに大きく異なる．この簡単な実験事実でさえ，ランベルト則で説明することはできず，ランベルト則がバルク系についてのみ成り立つことが，改めて理解できる．

ところで式(4.2.8)には，基板の光学定数n_3が含まれていない．すなわち，同じ薄膜をRA法で測定すると，基板が金属でありさえすれば金属の種類によらず同じ形と大きさのスペクトルが得られる．この基板に依存しない性質は，透過法とは決定的に異なる．

RA法では，$\sin^2\theta_1/\cos\theta_1$の因子により入射角が大きくなるほど吸光度が単調に増大し，特に70°あたりから急激に増加する．この大きな吸光度のため，RA法は高感度反射法といわれることもある[注3]．実際，透過法に比べて吸光度が1桁程度大きく(図4.2.4参照)，また金属面での光の反射率がきわめて高いためSN比が高いのも特徴であり，総じて優れた高感度測定法であるといえる．しかし，式(4.2.8)の導出過程で，$|\varepsilon_3| \gg \varepsilon_1 \tan^2\theta_1$という近似を使っていることを考えると[2]，入射角が90°に近づきすぎると表面選択律が破たんしてRA法の長所の一つが損なわれる危険がある．こうしたバランスを考えると，80°あたりが最適な入射角である．こうした大きな角度での入射のことを **grazing angle 入射** という．

市販のRA法専用装置の場合，入射角が75°または80°に設定されていることが多い．一方，入射角を60°くらいまで小さくしてしまうと，$\sin^2\theta_1/\cos\theta_1$が急激に小さくなって吸光度が減少し，高感度測定というRA法の特徴が大きく失われる．少なくとも70°は確保すべきである．

以上をまとめると，適切な入射角で測定するRA法は，つぎの2つの点で特徴づけられる．

(1) 遷移モーメントのうち膜面に垂直な成分だけが測定できる「RA法の表面選

[注3] 日本のみでの呼称．

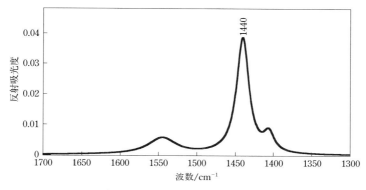

図 4.2.9 式(4.2.8)を用いた RA スペクトルのシミュレーション
膜厚 $d_2 = 2.5$ nm，入射角 $\theta_1 = 80°$ として計算．

択律」が成り立ち，薄膜中の分子配向解析に強力である．また，純粋な LO 関数スペクトルが測定できる方法であるともいえる．
(2) 透過法に比べて 1 桁近く吸光度が大きく SN 比も高く，単分子膜レベルの薄膜の高感度な構造解析に威力を発揮する．

なお，基板の金属との相互作用が試料の構造に影響し，RA 法が使えない場合があることにも注意が必要である．例えば，β シート構造をもつペプチドやタンパク質は，金属と接するとしばしば構造が乱れる[10]．

RA スペクトルについても，図 4.2.6 の複素屈折率を式(4.2.8)に当てはめてシミュレーションした結果を **図 4.2.9** に示す．図 4.2.6 の $\kappa(z)$ とよく似た形のスペクトルが得られているが，ピーク位置が 1437 cm^{-1} から 1440 cm^{-1} にシフトしており，$\kappa(z)$ と LO 関数の違いが認められる．これは，吸収が強いときに n が大きな異常分散を示す(2.3.4 項参照)ことが原因で起こるシフト(Berreman 効果)で，RA スペクトルが透過スペクトルや KBr 錠剤スペクトルと直接比較できないことを端的に示す．

なお，RA スペクトルを測定する際には，通常，空気層から赤外光を入射するため $n_1 = 1$ であることが一般的である．しかし，もし四塩化炭素などの赤外線に広い測定窓をもつ液体を用いて，液中で RA 測定をすれば，n_1 の 3 乗に比例してさらに吸光度が大きくなる．

通常の RA 法は p 偏光専用の測定手法と考えてよい．一方，どうしても金属表面上で膜面に平行な遷移モーメント成分を測定したいという特殊な状況では，ごくま

れに s 偏光で測定する．s 偏光について解析的なスペクトルの表式は次式で表される．

$$A^{\mathrm{RA,s}} = \frac{8\pi d_2 \cos\theta_1}{(\ln 10)\lambda_0} \mathrm{Im}\left(-\frac{\bar{\varepsilon}_{\mathrm{r},2}}{\bar{\varepsilon}_{\mathrm{r},3}}\right)$$

薄膜の複素比誘電率 $\bar{\varepsilon}_{\mathrm{r},2}$ に関しておよそ TO 関数に近い形が得られているが，$\mathrm{Im}(\bar{\varepsilon}_{\mathrm{r},2})$ のカッコ内に $-1/\bar{\varepsilon}_{\mathrm{r},3}$ がかかっている．金属の複素比誘電率 $\bar{\varepsilon}_{\mathrm{r},3}$ は大きな負の実部をともなうため，結果的にスペクトルは非常に弱い正の反射吸光度を示す．すなわち，s 偏光測定には高感度測定という特徴はまったくなく，むしろきわめて低感度な測定になる．また，p 偏光測定の場合と異なり，吸光度が金属の種類に依存することもこの式から読み取れる．

以上のことから，もし金属基板上での grazing angle 測定を非偏光で行うと，s 偏光の寄与が実質的に無視できるので，ほとんど p 偏光支配のスペクトルが得られる．そのため，非偏光測定でも RA 法の表面選択律は維持できる．ただし，非偏光による RA 測定で得られる吸光度は，式 (4.2.3) を使って s 偏光による吸収が無視できることを考慮すると，

$$A^{\mathrm{RA,un\text{-}polarized}} \approx \frac{1}{\ln 10}\frac{\Delta I^{\mathrm{p}}_{\mathrm{sample}} + \cancel{\Delta I^{\mathrm{s}}_{\mathrm{sample}}}}{I^{\mathrm{p}}_{\mathrm{BG}} + I^{\mathrm{s}}_{\mathrm{BG}}} \approx \frac{1}{\ln 10}\frac{\Delta I^{\mathrm{p}}_{\mathrm{sample}}}{2 I^{\mathrm{p}}_{\mathrm{BG}}} = \frac{A^{\mathrm{RA,p}}}{2}$$

と書ける．すなわち，p 偏光測定に比べて半分の吸光度になる．一方，偏光子を通さないため光の強度が 2 倍に増えて SN 比が向上し，全体には p 偏光測定と似たような質のスペクトルが得られる．とはいえ，非偏光 RA 測定は，FT–IR 分光計に偏光依存性がない（$I^{\mathrm{p}}_{\mathrm{BG}} = I^{\mathrm{s}}_{\mathrm{BG}}$）と近似しているので，やはり偏光子を使った p 偏光測定が望ましい[注4]．

4.2.4 ■ 外部反射法

RA 法とよく似た光学配置（図 4.2.10）で，基板として非金属（誘電体）を用いた測定を外部反射（external reflection, ER）法といい，RA 法と厳密に区別する．ER 法では，p および s の両偏光が測定に使える．また入射角 θ_1 は，後述するように必要に応じて大きく変化させる．バックグラウンドには，薄膜のない基板について，試料と同じ入射角でシングルビーム測定を行ったものを用いる．なお，薄膜支持基板には，片面だけ研磨した（裏面からの反射が無視できる）板を用いる．

[注4] FT–IR 分光計には波数に依存した偏光依存性がある．

4.2 界面を利用した測定法

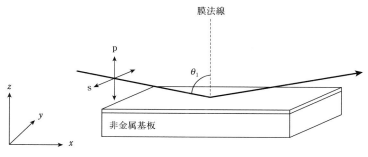

図 4.2.10　外部反射（ER）測定の概念図

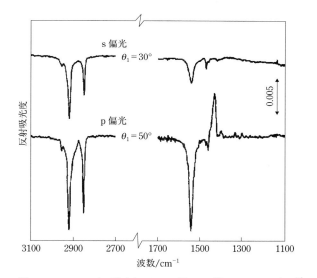

図 4.2.11　ステアリン酸カドミウム 9 層の LB 膜の ER スペクトル[11]
　　　　　基板は片面研磨のヒ化ガリウムウェハ．

　図 4.2.11 にヒ化ガリウム（GaAs）の片面磨きウェハの研磨面上に作製したステアリン酸カドミウム 9 層の LB 膜の赤外 ER スペクトルを示す．p 偏光および s 偏光測定はそれぞれ 50° および 30° の入射角で測定している．上向きのピークが正の反射吸光度を示すが，s 偏光スペクトルはすべてのピークが負になっている．また，p 偏光スペクトルは，正と負のピークが入り混じった複雑な形をしている．

　吸光度の解析的な式はこのスペクトルを理解するのにやはり非常に役立つ．ER スペクトルについて，Abelès の方法を利用して解くのに必要な光学配置は，RA 法

と同じである．ただし，基板の比誘電率が十分に大きくないため，RA法のときのような近似による式の大幅な簡略化ができない．

$$A^{\mathrm{ER,p}} = \frac{8\pi d_2}{(\ln 10)\lambda_0} \frac{(\sin^2\theta_1 - \varepsilon_{\mathrm{r},3})\mathrm{Im}(\bar{\varepsilon}_{\mathrm{rx},2}) + \varepsilon_{\mathrm{r},3}^2 \sin^2\theta_1 \mathrm{Im}\left(-\dfrac{1}{\bar{\varepsilon}_{\mathrm{rx},2}}\right)}{\cos\theta_1(\varepsilon_{\mathrm{r},3}-1)(\varepsilon_{\mathrm{r},3}-\tan^2\theta_1)} \quad (4.2.9)$$

$$\equiv \frac{8\pi d_2}{(\ln 10)\lambda_0}(C_{\mathrm{pTO}} \cdot \mathrm{TO} + C_{\mathrm{pLO}} \cdot \mathrm{LO})$$

空気層 ($\varepsilon_{\mathrm{r},1}=1$) から入射するときのp偏光についての反射吸光度は，式(4.2.9)で与えられる．$\varepsilon_{\mathrm{r},3}-\tan^2\theta_1$ という項が分母に残っている点がRA法との決定的な違いである．この項が原因で，ブリュースター角 (後述，図4.2.15) の前後では吸光度の符号が反転するという現象が見られる．

入射角を変えながら測定したp偏光スペクトルを**図4.2.12**に示す．ヒ化ガリウム ($n_3=3.3$) と空気の界面でのブリュースター角は $\theta_\mathrm{B}=\tan^{-1}(n_3/n_1)=73°$ で，そこを境にすべてのピークの符号が反転する様子が実測スペクトルによく表れている．

式(4.2.9)はTO関数とLO関数の線形結合になっており，その係数 (C_{pTO} および C_{pLO}) を表す数式は複雑である．そこで，これらの係数の特徴をつかむため，係数の入射角依存性を数値計算した結果を**図4.2.13**に示す．この図は，以下に述べるように，「ER法の表面選択律 (surface selection rule of ER spectrometry)」を表す．ただし，ブリュースター角付近で数値が急激に大きくなり，それ以外の部分の小さな変化が読みにくくなるので，縦軸を±0.5の範囲だけを拡大してある．

C_{pTO} (破線) は入射角が小さいときに負の値を示す．TO関数は膜面に対して平行な遷移モーメント成分に対応するので，「入射角がブリュースター角より小さいとき，膜面に平行な分子振動は負のピークを与える」と理解できる．すなわち，図4.2.11のスペクトルについて考えると，入射角が50°とブリュースター角より小さいので，負のピークを示す $\nu_\mathrm{a}(\mathrm{CH}_2)$ モード (2917 cm^{-1})，$\nu_\mathrm{s}(\mathrm{CH}_2)$ モード (2850 cm^{-1})，$\nu_\mathrm{a}(\mathrm{COO}^-)$ モード (1543 cm^{-1}) は，いずれも膜面に概ね平行に配向していることがわかる．このように，ERスペクトルのバンドの符号は，分子配向と入射角の両方に依存する．また，入射角がブリュースター角に近づくと負の吸光度が大きくなり，ブリュースター角を境に大きな正の値に転じ，その後，減少する．

一方，C_{pLO} (実線) は入射角がブリュースター角より小さいときに正の値を示す．LO関数は膜面に垂直な遷移モーメント成分に対応するから，図4.2.11で正のピークを与える $\nu_\mathrm{s}(\mathrm{COO}^-)$ モード (1433 cm^{-1}) は，膜面に垂直に配向していることが読

4.2 界面を利用した測定法

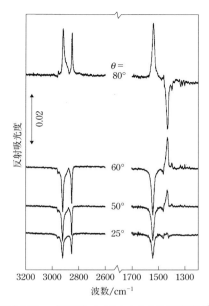

図 4.2.12 p偏光ERスペクトルの入射角依存性[11]
試料は図4.2.11と同じ.

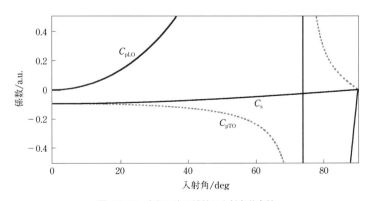

図 4.2.13 式(4.2.9)の係数の入射角依存性

み取れる.入射角をブリュースター角前後で変化させると,C_{pTO}と逆の符号変化を示す.

ER法ではs偏光測定も利用できる.s偏光の反射吸光度は,式(4.2.10)で与えられる.

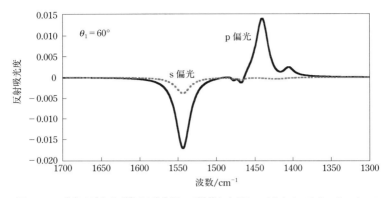

図 4.2.14 式(4.2.9)および(4.2.10)を用いて計算した ER スペクトルのシミュレーション 膜厚 $d_2 = 2.5$ nm，$\varepsilon_{r,3} = 11.56$（Si 基板），$\theta_1 = 60°$ として計算．

$$A^{\mathrm{ER,s}} = -\frac{1}{(\ln 10)\lambda_0}\frac{8\pi d_2 n_1 \cos\theta_1}{\varepsilon_{r,3}-1}\mathrm{Im}(\bar{\varepsilon}_{rx,2})$$
$$\equiv \frac{8\pi d_2}{(\ln 10)\lambda_0}C_s \cdot \mathrm{TO} \quad (4.2.10)$$

s 偏光スペクトルで TO 関数しか現れないのは，透過法や RA 法と同じである．この式は，ER 法の s 偏光スペクトルは入射角によらず常に負の吸光度を与えることを示し，その絶対値は入射角が小さいほど大きい（図 4.2.13 の C_s）．図 4.2.11 の実測スペクトルで，s 偏光の入射角を小さくしていたのは，このためである．

ER 法についても，図 4.2.6 の誘電率関数を薄膜層に当てはめて式(4.2.9)および(4.2.10)を計算し，スペクトルをシミュレーションすると**図 4.2.14** が得られる．p および s 偏光測定によるスペクトルの計算結果をそれぞれ実線および破線で示した．

s 偏光測定では図 4.2.6 の TO 関数に由来する部分が負の吸光度となって現れていることがわかる．一方，p 偏光測定では，TO および LO 関数がそれぞれ負および正の吸光度となって現れており，配向を鋭敏に反映することがわかる．もちろん，入射角をブリュースター角以上にすると，符号は反転する．

ところで，Abeles の方法によって求めた式(4.2.10)は，薄膜内部での赤外光の多重反射を仮定した直感的なモデルによる簡易な導出法でもまったく同じ式が得られる[2]．このことから，$d/\lambda \ll 1$ を満たすような長波長の赤外光でも，薄膜内部で多重反射が起こっているとみなしてよいことが，間接的に示されたことになる．

ここまでの反射吸光度だけを考えた議論では，ブリュースター角付近の入射角を

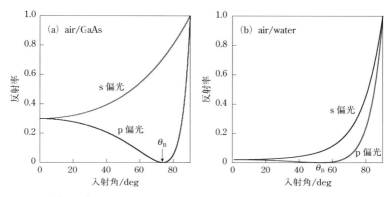

図 4.2.15 (a)空気／ヒ化ガリウム界面および(b)空気／水界面における反射率の入射角依存性

採用すれば反射吸光度の絶対値が大きくなり，いかにもp偏光測定は高感度測定になるかのような印象を与える．しかし，実際には，実測に直接関わる「反射率」についても考えておく必要がある．

図 4.2.15(a)に GaAs 基板上での入射角に対する反射率の計算値を示す．p偏光の反射率がゼロになっている角度がブリュースター角 θ_B である．このように，p偏光はブリュースター角付近で反射率が極端に低く，スループットの低い（暗い）測定になり，せっかく吸光度が大きくなってもノイズも非常に大きくなり，結果的に低品質のスペクトルしか得られない．吸光度と反射率のバランスを考えると，ブリュースター角から10°程度は離した方がよい測定になる．一方，s偏光測定では，p偏光測定に比べて常にスループットの高い（明るい）測定ができる．いずれにせよ，ER 測定には高感度な MCT 検出器が必須である．

水面上の単分子膜の ER 測定など，屈折率が小さい基板（水の場合 $n_3 = 1.33$）に吸着した薄膜の赤外スペクトルを測定する場合，反射率がブリュースター角以下で非常に低く，とりわけp偏光の反射率がきわめて低い（図 4.2.15(b)）．このため，SN比の高いスペクトルを得るためにはp偏光のみでの測定ではなく，s偏光での測定がしばしば用いられる．もちろんこの場合は遷移モーメントの面外成分が測定できず，分子配向の解析はできないが，波数位置の正確な読み取りには有利である．同様の目的に，非偏光測定も利用される．分子配向を議論したいときは，多少のSN比の低下を承知のうえで，積算回数を増やして（2000回程度）p偏光測定を行う．

ところで，式(4.2.9)や(4.2.10)は複素数を含む数式になっており，計算ソフトに

よっては扱いにくい可能性がある．ER 法の場合，RA 法と違って基板に吸収がない仮定を使えるため，この仮定により得られる「Hansen の近似式」(式(4.2.11))[12]が便利に使われる．

$$
\begin{aligned}
A_{sy} &= -\frac{4}{\ln 10}\left(\frac{\cos\theta_i}{n_3^2-1}\right)n_{2x}\alpha_{2x}d_2 \\
A_{sz} &= 0 \\
A_{px} &= \frac{4}{\ln 10}\left(\frac{\cos\theta_i}{\xi_3^2/n_3^4-\cos^2\theta_i}\right)\frac{\xi_3^2}{n_3^4}n_{2x}\alpha_{2x}d_2 \\
A_{pz} &= -\frac{4}{\ln 10}\left(\frac{\cos\theta_i}{\xi_3^2/n_3^4-\cos^2\theta_i}\right)\frac{\sin^2\theta_i}{(n_{2z}^2+\kappa_{2z}^2)^2}n_{2z}\alpha_{2z}d_2
\end{aligned}
\quad (4.2.11)
$$

ただし，$\alpha_{2\sigma}\equiv 4\pi\kappa_{2\sigma}\tilde{\nu}\,(\sigma=x,z)$ および $\xi_j\equiv n_j\cos\theta_j$ である．A_{sy} は図 4.2.13 の C_s に対応し，A_{px} および A_{pz} は C_{pTO} および C_{pLO} にそれぞれ対応する．Hansen の近似式を数値計算しても，図 4.2.13 と同等の結果が得られる．

$\kappa_{2\sigma}$ は薄膜相の複素屈折率の虚部を表す．この値は，配向角 ϕ に応じて

$$
\begin{aligned}
\kappa_{2x}(=\kappa_{2y}) &= \frac{3}{2}\kappa_{iso}\sin^2\phi \\
\kappa_{2z} &= 3\kappa_{iso}\cos^2\phi
\end{aligned}
$$

となり[11]，屈折率実部の分散をすべて無視した，フレネル方程式(付録 B)の簡易版として使うことができる．ここで，κ_{iso} は無配向試料が示す屈折率の虚部，つまり KBr 錠剤法の α スペクトルに対応するものである．

4.2.5 ATR 法

赤外分光法において，吸収が強すぎる水溶液やゴム板のような試料の測定は，透過法ではほぼ不可能である．**全反射測定**(attenuated total reflection, **ATR**)**法**は，ほどよく弱い吸光度のスペクトルを与える，非常に使いやすい測定法である．特に測定アタッチメントの普及により，KBr 錠剤法を駆逐する勢いで多用される．その一方で，界面を介した反射スペクトル特有のピークシフトやスペクトル形状の変化などに十分注意しないと，間違った議論に進みかねない危険性をともなう測定法でもある．

図 4.2.16 に 1 回反射型の ATR 法による測定概略図を示す．ATR プリズムには三角形のほか，台形，半円柱，半球などの形をしたものがよく使われる．特に，入射角を変える場合は半円柱や半球状のものを用いる．

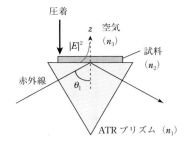

図 4.2.16 ATR 法による薄膜試料測定の概念図
ATR 測定ではプリズム／薄膜／空気の 3 層系で考える．
試料の厚さを大きくすれば，そのままバルク試料の測定
ができ，その場合はプリズム／試料の 2 層系に変わる．

ER 法 ($n_1 < n_3$) とは違い，ATR 法では高屈折率のプリズム内部から空気との界面に光が進む ($n_1 > n_3$)．いわゆる「内部反射 (internal reflection)」をさせるところに大きな特徴がある．入射角が臨界角を超えて「全反射 (total reflection)」する条件にした測定法が ATR 法である．

ATR 法が，ER 法の第 1 層および第 3 層の光学定数を入れ替えただけであることは図からもよくわかる．実際，p 偏光 ATR 法の反射吸光度を表す解析的表現 (式 (4.2.12)) は，ER 法のもの (式 (4.2.9)) と基本的に同じである．ただし，ATR 法の場合は第 1 層が空気ではないので，第 1 層の比誘電率は 1 とはならず，$\varepsilon_{r,1}$ として式に残っている．

$$A^{\text{ATR,p}} = \frac{8\pi d_2 n_1}{(\ln 10)\lambda_0} \frac{(n_1^2 \sin^2\theta_1 - n_3^2)\text{Im}(\bar{\varepsilon}_{rx,2}) + \varepsilon_{r,3}^2 \varepsilon_1 \sin^2\theta_1 \text{Im}\left(-\dfrac{1}{\bar{\varepsilon}_{rz,2}}\right)}{\cos\theta_1(\varepsilon_{r,1} - \varepsilon_{r,3})(\varepsilon_{r,1}\tan^2\theta_1 - \varepsilon_{r,3})} \quad (4.2.12)$$

$$\equiv \frac{8\pi d_2}{(\ln 10)\lambda_0}(C_{\text{pTO}} \cdot \text{TO} + C_{\text{pLO}} \cdot \text{LO})$$

赤外 ATR 測定では常に $n_1 > n_3$ なので，$n_1^2 \sin^2\theta_1 - n_3^2$ の符号が入射角によって変わる．具体的には臨界角の前後で符号が変わるが，臨界角以上のいわゆる ATR 測定では常に正である．また，$\varepsilon_{r,1} - \varepsilon_{r,3}$ および $\varepsilon_{r,1}\tan^2\theta_1 - \varepsilon_{r,3}$ も正となるから，ATR 測定の条件ではスペクトル ($A^{\text{ATR,p}}$) の符号は常に正である．

s 偏光 ATR スペクトルについての反射吸光度も，ER 法の解析的な式から次式のように簡単に得られる．

$$A^{\mathrm{ATR,s}} = \frac{1}{(\ln 10)\lambda_0} \frac{8\pi d_2 n_1 \cos\theta_1}{\varepsilon_{\mathrm{r},1} - \varepsilon_{\mathrm{r},3}} \mathrm{Im}(\bar{\varepsilon}_{\mathrm{rx},2})$$
$$\equiv \frac{8\pi d_2}{(\ln 10)\lambda_0} C_{\mathrm{s}} \cdot \mathrm{TO} \tag{4.2.13}$$

s偏光スペクトルは，他の薄膜測定法と同様にTO関数に支配され，符号は常に正であることが明確にわかる．

ATR法では，プリズム底面で赤外光が全反射する際，光の電場が界面を越えて試料による吸収が生じる．このとき界面の法線方向にしみ込む電場振幅が，界面での振幅の1/eになる距離を**しみ込み深さ**(penetration depth : d_p)といい，次式で表される．

$$d_\mathrm{p} = \frac{\lambda_0}{2\pi\sqrt{n_1^2 \sin^2\theta_1 - n_2^2}}$$

ここで，λ_2は試料中での赤外光の波長である．

実際に水の赤外ATRスペクトルを，入射角θ_1を50°から70°の範囲で5°ずつ変えながら測定した結果を図4.2.17に示す．スペクトルの形は変わらずに，吸収強度だけが入射角とともに減少することがわかる．また，水という赤外吸収がきわめて強い物質を測定しているにもかかわらず，最も強い吸光度でも0.15程度とFT-IRの線形性が十分に成り立つ範囲で測定できており，定量的に信頼できる結果が得られる．

ATRスペクトルのシミュレーションは，ER法のときと同じ式を用いて，第1層と第3層の比誘電率の値を入れ替えるだけで簡単できる．pおよびs偏光測定の計算結果を図4.2.18に実線および破線で示す．

p偏光ATRスペクトルは，意外にもs偏光のスペクトルとの違いが見えにくい．このため，実測のATRスペクトルを見てもTOおよびLO関数が混ざり合っていることが，一目ではわからないことがATR法の危険なポイントであり，実際，大ざっぱにはKBr錠剤スペクトルと同じように見えてしまう．しかし，KBr錠剤スペクトルに相当するαスペクトル（点線）と重ねて比較すると，ATRスペクトルがKBrスペクトルと相対バンド強度の異なる結果を与えることがわかる．

また，最も強いピークの位置を比較すると，ATR-p，ATR-s，KBrの順に1549.4，1548.5および1546.1 cm^{-1}となっており，すべて異なる位置に現れている．特にp偏光ATR測定の結果とKBrスペクトルのずれが大きい．もしこれが実測データである場合，測定法の違いを反映しているのか，偏光を変えたことによる構

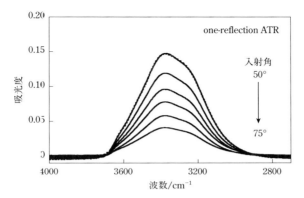

図 4.2.17 水の ATR スペクトルの入射角依存性(非偏光)
プリズムはシリコン製.

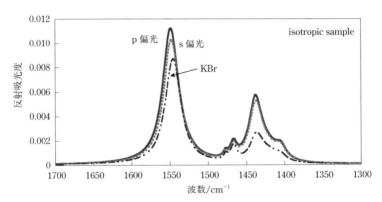

図 4.2.18 式(4.2.12)および(4.2.13)を用いて計算した赤外 ATR スペクトルのシミュレーション
膜厚 $d_2 = 2.5$ nm,$\varepsilon_3 = 11.56$(Si プリズム),$\varepsilon_3 = 1$(空気層),$\theta_1 = 45°$ を用いて計算した.鎖線は KBr 法に対応する α スペクトル.

造異方性ととらえるべきなのか,判断しにくい.この例は同じ光学変数から計算したものなので,測定法の違いを反映している.すなわち,図 2.3.1 で示したように,吸収の強いモードは屈折率の実部の分散が大きくなり,式(4.2.6)を通じてバンドのシフトや相対強度のずれが生じている.

通常,ATR 測定では非偏光を用いるので,常に p 偏光によるこの大きなシフトが混じっている懸念がある.吸光係数の大きなバンドを与える化学結合の代表として,$-C\equiv N$,$C-F$,アミドを含む $C=O$ などがあり,これらを扱う際は十分な注意

が必要である．

なお，式(4.2.12)および(4.2.13)は，$\varepsilon_{r,3}$ に金属の比誘電率を入れると RA スペクトルも正確に再現する．つまり RA 法で示した式(4.2.9)および(4.2.10)は，ATR の式の $\varepsilon_{r,3}$ が金属の値のときの近似式としてまとめることで，RA 法の本質を見通しよくしたものである．

ATR スペクトルは，そのままでは KBr スペクトルとは異なる形のスペクトルを与えるため，直接ライブラリーサーチを行うと一致度が大きく下がる(5.1 節)．また，無配向試料の ATR スペクトルを，薄膜の RA スペクトルなどと比較して薄膜中の分子配向を議論する場合も，ATR と RA スペクトルが直接比較できない問題がある．こうした問題を克服するには，ATR スペクトルを KK 変換(付録 C)によって複素比誘電率スペクトルに換算すると便利である．複素比誘電率にしておけば，簡単に TO および LO 関数，さらには α スペクトルにも変換できる．

KK 変換にはいくつもの形があり，ATR 法は反射測定なので次項の垂直入射用の式(4.2.18)に入射角を考慮した方法[16]で計算するのがよい．最近では，FT-IR のソフトにこの変換ができる機能が備わっていて，簡単に結果を得ることができる．

例として，パーフルオロアルキル(R_F)化合物の単分子膜の構造解析について，RA 法と ATR 法を組み合わせて議論する．試料には，ミリスチン酸のアルキル鎖の一部をパーフルオロアルキル基に変えたもの(**図 4.2.19**，MA-R_F9)を用いた．C-F 結合には大きな双極子モーメントがあり[13]，これくらいの長さをもつパーフルオロアルキル基は分子間で双極子－双極子相互作用により自発的に引き合う[14,15]．そのため，この化合物を水面に展開すると，分子が凝集性の高い膜を作ることが予想される．この予想は赤外分光法で確かめることができる．金基板上に Langmuir-Blodgett 法で移し取った単分子膜を RA 法で測定し，無配向試料の ATR スペクトルと比較する．

図 4.2.19(a)および(c)に，無配向の固体試料の赤外 ATR スペクトルと単分子膜の RA スペクトルをそれぞれ示す．C-F 結合の大きな双極子モーメントと RA 法の高感度性により，単分子膜とは思えないほど明瞭なスペクトルが得られている．CF_2 対称伸縮振動($\nu_s(CF_2)$)バンドを見ると，ATR 法と RA 法でそれぞれ 1149 および 1153 cm^{-1} と明らかに異なる位置に現れている．このバンドは，分子のパッキングがよいほど低い波数位置に現れるので[14,15]，一見，単分子膜中の分子パッキングは，固体中に比べて悪いように見える．しかし，これは見かけの波数位置のずれである可能性もある．

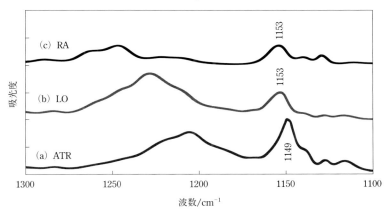

図 4.2.19 末端に –(CF$_2$)$_9$CF$_3$ 基をもつミリスチン酸(MA–R$_f$9)固体の(a)ATR スペクトルおよび(b)それを変換した LO スペクトル，(c)MA–R$_f$9 単分子膜の RA スペクトル

そこで，ATR スペクトルを KK 変換により複素比誘電率 $\bar{\varepsilon}_r$ に変換し，Im$(-1/\bar{\varepsilon}_r)$ に代入して LO 関数スペクトルにしたものが図 4.2.19(b) である．変換後は，もとの ATR スペクトルとバンドの位置や相対強度が大きく変化している．RA スペクトルは LO 関数の形をもつから(式(4.2.8))，図 4.2.19(b) と (c) は直接バンド位置を比較できる．変換によって ν_s(CF$_2$) バンドの位置は 1153 cm^{-1} に移り，RA スペクトルの位置と一致している．つまり，正しい比較により，分子パッキングは単分子膜中と固体中とでほぼ同じであると結論できる．

4.2.6 ■ 正反射法

反射法でしか測れないゴム板のような不透明バルク試料を，ATR 法のようにプリズムの押し付けをせずに非接触で測りたい場合，**正反射**(specular reflection)**法**を用いる．この測定法の大きな特徴は，スペクトルを吸光度ではなく「反射率」$R(\tilde{\nu})$ として測定することにある(式(4.2.14))．正反射法は薄膜測定とは異なり，「基板」の概念がないため，バックグラウンドとしては，基板の代わりに金属鏡面を置いて測定したスペクトル $I_0(\tilde{\nu})$ を装置関数 $s_{\mathrm{app}}(\tilde{\nu})$ とみなさざるをえない(**図 4.2.20**)．測定で得られるのは，もちろん試料表面での反射のシングルビームスペクトル

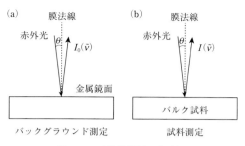

図 4.2.20　正反射測定の概念図

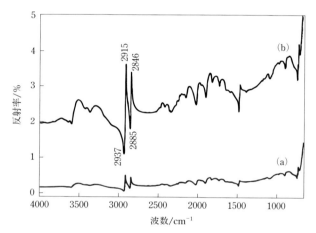

図 4.2.21　LDPE の正反射スペクトル
(a)未補正の生スペクトルおよび(b)反射回数および装置関数について補正済みの反射率スペクトル．

$I(\tilde{\nu})$ である．

$$R(\tilde{\nu}) = \frac{I(\tilde{\nu})}{I_0(\tilde{\nu})} \tag{4.2.14}$$

一例として，低密度ポリエチレン(LDPE)の赤外正反射スペクトルの測定結果を**図 4.2.21**(a)に示す．いわゆる吸収スペクトルとは違い，各ピークが微分形をしている．これは複素屈折率の実部を反映しており，あとで述べるように吸収スペクトルの形に変換する必要がある[1,4,5]．

正反射測定には意外と面倒な手順が必要である．まず，ゴムのような低屈折率材料表面での反射率と金属鏡面での反射率は，桁違いに違うことに注意しなくてはな

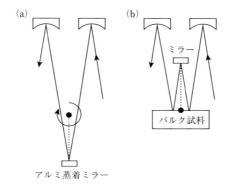

図 4.2.22 2 回反射型正反射光学系の模式図（Harrick 社製）
(a) バックグラウンド測定用 V 型配置および(b)試料測定用 W 型配置．

らない．低反射率表面での測定には MCT 検出器が必要である．一方，金属面での反射測定は，メッシュフィルターで減光する必要がある．つまり，試料とバックグラウンド測定で装置関数に違いが出てくるため，この補正が必要である．

また，正反射測定用の反射装置には複数回反射させるタイプがあり，反射回数を考慮した補正が必須である．**図 4.2.22** に 2 回反射型の光学系の例を示す．ミラーの位置を切り替えることで，光路長や入出射光学系をいっさい変化させずにバックグラウンドと試料の測定ができるようになっている．この場合，試料表面で 2 回反射するためトータルの反射率はきわめて低く，MCT 検出器で測る必要がある．また，あとで述べる理由により，入射角はほぼ垂直入射とみなせる 15° 以下を用いる．

試料とバックグラウンドのシングルビームスペクトルをそれぞれ $I(\tilde{\nu})$ および $I_0(\tilde{\nu})$ と書くとき，2 回反射の反射率は $[R(\tilde{\nu})]^2$ となっていることに注意すると反射率 $[R(\tilde{\nu})]^2$ は，式(4.2.15)のように書ける．

$$[R(\tilde{\nu})]^2 = \frac{I(\tilde{\nu})}{I_0(\tilde{\nu})} = \frac{I(\tilde{\nu})}{I_0^{\text{filter}}(\tilde{\nu})} \cdot T_{\text{filter}}(\tilde{\nu}) \tag{4.2.15}$$

ただし，減光フィルターや検出器を変えてバックグラウンド測定をする場合，バックグラウンド用の装置関数を $T_{\text{filter}}(\tilde{\nu})$ と表している．すなわち，

$$I_0^{\text{filter}}(\tilde{\nu}) = I_0(\tilde{\nu}) \cdot T_{\text{filter}}(\tilde{\nu})$$

である．測定で得られるのは $I(\tilde{\nu})$ および $I_0^{\text{filter}}(\tilde{\nu})$ なので，$T_{\text{filter}}(\tilde{\nu})$ を別途測ってお

第4章 赤外スペクトルの測定

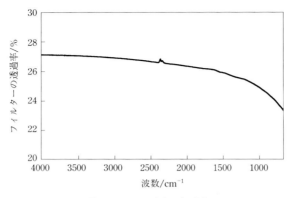

図 4.2.23 $T_{\text{filter}}(\tilde{\omega})$ の実測例

く必要がある．$T_{\text{filter}}(\tilde{\nu})$ は装置関数なので，空気をバックグラウンドにしてフィルターを入れた光学系の透過率を測定すれば求まる[注5]．

実際に，TGS 検出器と減光フィルターを組み合わせた光学系の $T_{\text{filter}}(\tilde{\nu})$ を測った例を **図 4.2.23** に示す．波数に依存して変化しており，これを使って補正する必要があることがわかる．

実測した $I(\tilde{\nu})$，$I_0^{\text{filter}}(\tilde{\nu})$ および $T_{\text{filter}}(\tilde{\nu})$ を式 (4.2.15) に入れ，$R(\tilde{\nu})$ を計算したものを図 4.2.21(b) に示してある．大きさが生スペクトルとは大きく変わっているが，スペクトルの形に大きな違いはない．やはり，微分形をしたバンドが乱立し，ピーク位置も当然，本来吸収バンドが示すべき値とはかなりずれている．

反射率 R と振幅反射係数 $\bar{r}$ (複素数) の間には $R = |\bar{r}|^2$ という簡単な関係があり，垂直入射 ($\theta = 0$) の場合について，振幅反射係数の位相 ϕ がわかるように書くと，次式が成り立つ (付録 B)．

$$\bar{r} = \frac{n + i\kappa - 1}{n + i\kappa + 1} = \sqrt{R}\, e^{i\phi} \tag{4.2.16}$$

ここで，

$$\bar{r} = \frac{\bar{n} - 1}{\bar{n} + 1} = \sqrt{R}\,(\cos\phi + i\sin\phi)$$

$$\Leftrightarrow \bar{n} = \frac{\sqrt{R}\,(\cos\phi + i\sin\phi) + 1}{1 - \sqrt{R}\,(\cos\phi + i\sin\phi)} = \frac{1 - R}{1 + R - 2\sqrt{R}\cos\phi} + i\,\frac{2\sqrt{R}\sin\phi}{1 + R - 2\sqrt{R}\cos\phi}$$

[注5] 空気の測定まで視野に入れると，$I_0^{\text{filter}}(\tilde{\nu})$ および $T_{\text{filter}}(\tilde{\nu})$ の測定には減光フィルターが不要の TGS 検出器が使いやすい．

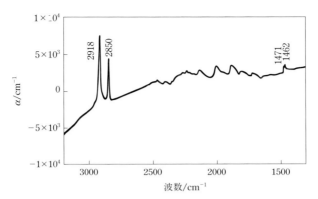

図 4.2.24 LDPE の α スペクトル
2000 cm^{-1} 付近の複雑なピークは,試料に含まれる添加剤に由来する.

により,n, κ と R, ϕ の関係を表す 2 つの式が得られる.

$$n = \frac{1-R}{1-2\sqrt{R}\cos\phi + R} \quad \text{および} \quad \kappa = \frac{2\sqrt{R}\sin\phi}{1-2\sqrt{R}\cos\phi + R} \quad (4.2.17)$$

すなわち,位相スペクトル $\phi(\tilde{\nu})$ が求まれば,実測で求めた $R(\tilde{\nu})$ から複素屈折率 $\bar{n}$ の全貌がわかることになる.

 FT–IR では,光の「強度」だけを測り,位相項を直接測ることはできない.しかし,付録 C の式 (C.17) で述べる KK の関係式を使うと位相項を得ることができる.具体的には,式 (4.2.16) の対数をとり,

$$\ln \bar{r}(\tilde{\nu}) = \frac{1}{2}\ln R(\tilde{\nu}) + \mathrm{i}\phi(\tilde{\nu})$$

とすると,実部と虚部が Cauchy–Riemann の関係を満たすため,KK の関係で結ばれる(付録 C).すなわち,

$$\phi(\omega) = -\frac{\omega}{\pi} P \int_0^\infty \frac{\ln R(\varpi)}{\varpi^2 - \omega^2} \mathrm{d}\varpi \quad (4.2.18)$$

が得られる($\omega = 2\pi c\tilde{\nu}$).これにより,実測で得られた $R(\tilde{\nu})$ から $\phi(\tilde{\nu})$ を計算すれば,式 (4.2.17) により n および κ が得られる.もちろん次式により α スペクトルに変換することもできる.

$$\alpha = \frac{4\pi\kappa}{\lambda_0} \quad (4.2.19)$$

図 4.2.24 に最終的に得られた α スペクトルを示す.生の反射率スペクトルとは

異なり，バンドの形が吸収スペクトルと同じになっている．また，CH$_2$ 逆対称・対称伸縮振動バンドの位置が全トランスのジグザグ構造に対応する波数になり，結晶化していることがわかる．さらに，CH$_2$ 変角振動が 1471 と 1462 cm^{-1} に分裂しており，高度に結晶化していることを裏付けている．

このように，正反射法はやや複雑な測定と解析を必要とするが，得られたスペクトルが分子や結晶構造の議論に使いやすい．ただし，図 4.2.24 で述べたように，KK 変換で絶対値を決めることは困難で，そのため得られたスペクトルの縦軸情報は積極的には使わない．

［引用文献］

1) V. P. Tolstoy, I. V. Chernyshova, and V. A. Skryshevsky, *Handbook of Infrared Spectroscopy of Ultrathin Films*, Wiley, Hoboken（2003）
2) T. Hasegawa, *Quantitative Infrared Spectroscopy for Understanding of a Condensed Matter*, Springer, Tokyo（2017）
3) D. W. Berreman, *Phys. Rev.*, **130**, 2193（1963）
4) K. Yamamoto and H. Ishida, *Appl. Spectrosc.*, **48**, 775（1994）
5) M. Tasumi and A. Sakamoto eds., *Introduction to Experimental Infrared Spectroscopy*, Wiley, Chichester（2015）
6) J. Umemura, T. Kamata, T. Kawai, and T. Takenaka, *J. Phys. Chem.*, **94**, 62（1990）
7) S. Norimoto, S. Morimine, T. Shimoaka, and T. Hasegawa, *Anal. Sci.*, **29**, 979（2013）
8) S. Morimine, S. Norimoto, T. Shimoaka, and T. Hasegawa, *Anal. Chem.*, **86**, 4202（2014）
9) T. Hasegawa, J. Nishijo, J. Umemura, and W. Theiß, *J. Phys. Chem. B*, **105**, 11178（2001）
10) T. Hasegawa, H. Kakuda, and N. Yamada, *J. Phys. Chem. B*, **109**, 4783（2005）
11) T. Hasegawa, S. Takeda, A. Kawaguchi, and J. Umemura, *Langmuir*, **11**, 1236（1995）
12) W. N. Hansen, *Symp. Faraday Soc.*, **4**, 27（1970）
13) T. Hasegawa, *Chem. Phys. Lett.*, **627**, 64（2015）
14) T. Hasegawa, T. Shimoaka, N. Shioya, K. Morita, M. Sonoyama, T. Takagi, and T. Kanamori, *ChemPlusChem*, **79**, 1421（2014）
15) T. Hasegawa, *Chem. Rec.*, **17**, 903（2017）
16) J. A. Bardwell and M. J. Dignam, *J. Chem. Phys.*, **83**, 5468（1985）

4.3 ■ 顕微・イメージ測定

　微小試料の測定において，近接する2カ所の信号を独立した2つのものとして見分けることが可能な最小距離を**空間分解**（spatial resolution）とよび，この距離が小さいほど空間分解は高く，微細なイメージの観測が可能となる．空間分解を空間分解能ということも多い．原子間力顕微鏡や走査型トンネル顕微鏡のような走査型プローブ顕微鏡と電子顕微鏡では，試料の形状観察が可能であり，空間分解は 10 nm 程度である．一方，光学顕微鏡や蛍光顕微鏡，赤外顕微鏡，ラマン顕微鏡などの光を用いた顕微測定では，空間分解は大まかには光の波長程度である．赤外光の波長は 2.5～25 μm（波数 4000～400 cm^{-1}）であるから，赤外顕微鏡の空間分解能は数 μm 程度と走査型プローブ顕微鏡や電子顕微鏡よりも低いものの，赤外顕微鏡は分子・固体構造を解析できるという特長を有している．

　通常の FT–IR 分光計本体で測定可能な試料の大きさは数 100 μm 程度であるが，赤外顕微鏡（図 4.3.1）では，数 100 μm から数 μm 程度の試料が測定対象である．赤外顕微鏡では，常温・大気下で簡便にスペクトル測定でき，目的に応じて，透過法以外にも，試料の前処理が不要な ATR 法，RA 法が選択できる．測定対象物や測定目的は多岐にわたり，微小・微量で貴重な天然抽出物や合成化合物の分子構造解析や，微小異物の定性分析，交通事故や犯罪現場における車の塗膜や繊維の同定など犯罪捜査の分野でも利用されている．このほかにも，高分子をはじめとする各種材

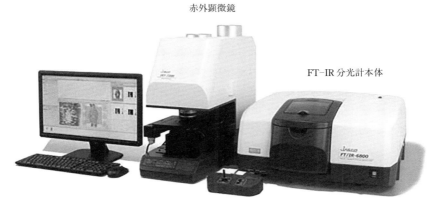

図 4.3.1　FT–IR 分光計と赤外顕微鏡

料や医薬品・食品・生体試料などの分析，半導体・デバイスなど各種工業製品の評価まで幅広い分野で利用されている．また，得られたスペクトルの解析については，5.1 節で示すようにデータベースなどを利用した物質の同定・定性分析のほか，検量線や各種多変量解析を利用した定量分析，干渉を利用した膜厚分析など，通常の赤外分光測定と同様である．言い換えれば，顕微赤外分光法は微小領域の赤外スペクトルが測定できる点を除けば通常の FT–IR 分光法とまったく同じである．

試料の XY 平面内の各点でそれぞれ赤外スペクトルを測定し，得られたスペクトルのピーク波数や強度などを色分け表示をすることで，分子種や官能基などの化学情報の 2 次元分布を可視化した画像は，赤外イメージまたは**ケミカルイメージ**（chemical image）とよばれる．ケミカルイメージの有用性は古くから認識されていたが，多くのスペクトルを測定するので，測定に時間がかかるという問題があった．この問題を解決するために，1990 年半ばに，多素子検出器を搭載した赤外顕微鏡が登場し，測定時間が飛躍的に短縮され，化学イメージが脚光を浴びることとなった．

4.3.1 ■ 顕微測定

ここでは，赤外顕微鏡の基礎を理解するために，はじめに単素子検出器を利用した顕微赤外分光計の概略を示す．続いて赤外顕微鏡で測定できる試料サイズを理解するために，空間分解能について解説する．さらに，透過吸収測定に関して実際の測定法を説明し，顕微反射吸収（RA），顕微反射，顕微 ATR 測定について示す．

A. 赤外顕微鏡の概略

赤外顕微鏡は，微小領域のスペクトルを測定する目的で FT–IR 分光計に付属品として取り付けることができる．図 4.3.1 に FT–IR 分光計に赤外顕微鏡を組み合わせたシステムの例を示す．ここで示すように一般的な赤外顕微鏡の場合，スペクトルを測定するためには FT–IR 分光計本体が必要となる．これとは別に，赤外光源および干渉計を赤外顕微鏡に搭載した一体化モデルも市販されている．また，顕微鏡を分光計本体の試料室に設置し，分光計本体の検出器を利用する簡易的な赤外顕微鏡も市販されている．これらの装置の顕微鏡部分については基本構造は同じであるため，ここでは図 4.3.1 に示すような分光計の外部に顕微鏡を設置するシステムを解説する．

図 **4.3.2** に顕微鏡の横から見た際の光学系の概略図を示す．まず FT–IR 分光計の干渉計からの赤外光が顕微鏡に導入される．その後，透過法の場合には，顕

4.3 顕微・イメージ測定

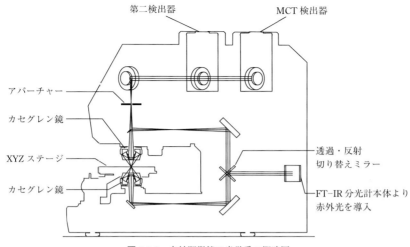

図 4.3.2　赤外顕微鏡の光学系の概略図

顕微鏡の本体下部を赤外光が通過し，下部の Schwarzschild 型反射対物鏡，通称**カセグレン鏡**で集光され，XYZ ステージ上に設置された試料に照射される．その後試料を透過した赤外光は，顕微鏡上部の検出器で検出される．一方，図 4.3.3 に示したように，反射配置で測定を行う RA 法や ATR 法では，顕微鏡中央部を赤外光が通過し，その後，上部のカセグレン鏡を用いて試料に集光され，試料で反射された赤外光が上部のカセグレン鏡を再び通った後，検出器で検出される．なお，カセグレン鏡は円筒の構造をしているが，図 4.3.3 ではその断面図を示している．中心部にある半球状の副鏡で光を反射し，まわりにある主鏡を用いて集光する．一般的な光学顕微鏡では対物レンズを用いて光を集光するのに対して，赤外顕微鏡でカセグレン鏡を利用する主な理由は，赤外領域において良質のレンズ材料があまりないことに加え，広い波長（波数）範囲の測定が必要な赤外分光法では，レンズを用いた場合に屈折率の波長分散の影響で色収差が現れやすいためである．ただし，近赤外領域の測定においては，カセグレン鏡の代わりにレンズを利用することもある．XYZ ステージには，XYZ 位置を手動で動かす手動ステージと，モーターなどを利用して動かす電動ステージ（以下，自動ステージとよぶ）がある．また，顕微鏡には測定対象とする試料部分のみに赤外光を照射するためにアパーチャーを 1 カ所ないし 2 カ所設けている．顕微鏡内に装備された光源から可視光を試料に照射し，二眼（または三眼）鏡筒により肉眼で観測するか，CCD などを利用して撮影された

第4章 赤外スペクトルの測定

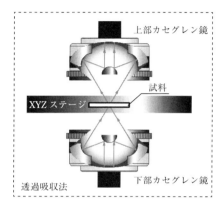
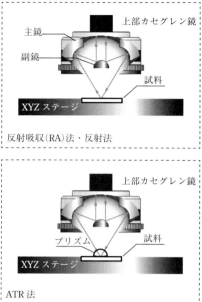

図 4.3.3　カセグレン鏡

試料の画像をディスプレイ上に表示して，測定部分を決定する．

B. 赤外顕微鏡の空間分解

赤外顕微鏡の空間分解を考察するために，まず理想的な円形レンズで光を1つのスポットに絞ることを考える．レンズを特徴づける物理量として**開口数**(numerical aperture, *NA*)がある．図 4.3.4 に示したように，レンズの光軸と光がなす角度の最大値を θ とすると

$$NA = n\sin\theta \tag{4.3.1}$$

である．

円形レンズの焦点における像は，光の回折により無限に小さくすることはできず，図 4.3.5(a)に示したように，焦点面で有限な広がりをもつ．この現象はフラウンホーファー回折とよばれている．光の強度に比例する回折光電場(または磁場)の二乗は，焦点面での座標を x とすると，以下の式で表される[1〜3]．

$$A^2 = A_0^{\,2}\left(\frac{2J_1(u)}{u}\right)^2, \quad u = \frac{2\pi NAnx}{\lambda} \tag{4.3.2}$$

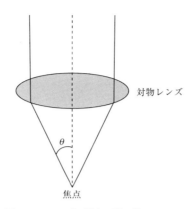

図 4.3.4　レンズの場合の開口数

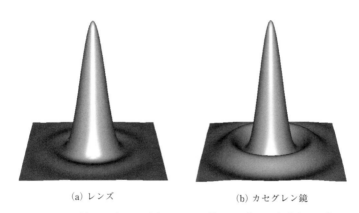

図 4.3.5　(a)レンズおよび(b)カセグレン鏡による像の3次元イメージ

ここで，A_0 は入射光の振幅，λ は波長，$J_1(u)$ は第1種ベッセル関数である．n はレンズと試料の間に存在する物質の屈折率で，大気中では1である．像の中央に明るい部分があり，**エアリーディスク**(Airy disc)とよばれている．この部分での光の強度は全体の 84％を占める．そのまわりにあるリング部分の強度は全体の 16％である．また，エアリーディスクで A^2 がゼロとなる座標，すなわちエアリーディスクの半径 r は，

$$r = 0.61\frac{\lambda}{NA} \tag{4.3.3}$$

である．

第4章 赤外スペクトルの測定

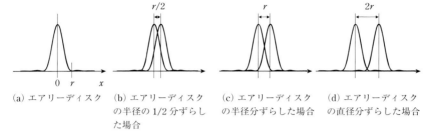

(a) エアリーディスク (b) エアリーディスクの半径の1/2分ずらした場合 (c) エアリーディスクの半径分ずらした場合 (d) エアリーディスクの直径分ずらした場合

図 4.3.6　2つの回折像が離れていく様子を示す模式図

つぎに，焦点面に，近接する2つの像がある場合に，どれくらいの距離離れていればそれらが独立したものとして見分けることが可能か，エアリーディスクを用いて考察する．**図 4.3.6**(a)に A^2 の断面図を示した．図 4.3.6(b)，(c)，(d)に，2つの像の中心の距離が，半径 r の 1/2，半径，半径の2倍（直径）だけ離れている場合を示した．半径の 1/2 の場合には，2つの像を分離することが困難であるが，半径の場合には，像が重なってはいるが，合成した像において2つのピークが観測されており，像を分離できているといえる．このような解像の基準を**レイリー基準**（Rayleigh criterion）とよび，実体顕微鏡などの空間分解の基準の一つである．2つの像の区別は，像の形を特徴づけるパラメーターで定義することができる．すなわち，像として識別可能な最小距離すなわち空間分解を δ とすると

$$\delta = 0.61 \frac{\lambda}{NA} \tag{4.3.4}$$

と表される．円形レンズの代わりに正方形レンズを使用すると，上の式の 0.61 が 0.5 となる．レイリー基準は一般的に天体や蛍光顕微鏡のように2つの発光体からの光に対する空間分解の基準として利用されている．赤外顕微鏡でもレイリー基準を用いて空間分解を定義している場合がある．式(4.3.4)から，波長が長くなるに従い δ の値が大きくなる，すなわち空間分解が低下することがわかる．赤外光の波長は可視光よりも長いので，赤外顕微鏡の空間分解は，可視光を利用する光学顕微鏡よりも悪い．赤外顕微鏡のように，単なる解像ではなく，スペクトルを議論する場合には，2つの像の重なりがほとんどない，エアリーディスクの直径を空間分解の指標とすることもある．

つぎに，赤外顕微鏡で使用されているカセグレン鏡に関して考察する．図 4.3.5(b)にカセグレン鏡（開口数 NA）による焦点の像を示した．カセグレン鏡では，図 4.3.3

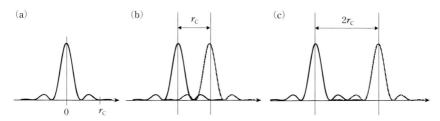

図 4.3.7 カセグレン鏡の焦点における光の強度分布と空間分解の模式図

に示したように,中央部が副鏡によりブロックされて,光束の中心部分の光が利用できない.この場合,像の強度分布は次式で表される[2,3].

$$A^2 = \frac{A_0^2}{(1-K^2)^2}\left[\left(\frac{2J_1(u)}{u}\right) - K^2\left(\frac{2J_1(Ku)}{Ku}\right)\right]^2 \tag{4.3.5}$$

ここで,K はカセグレン鏡の外側の NA_1 と内側の NA_2 の比で,通常は 0.5 である.$K=0.5$ の場合,エアリーディスクの半径が若干小さくなる.エアリーディスクの強度が全体の 49% でかなり小さく,その外側のリングの強度が 44% となる.**図 4.3.7**(a)に光の強度分布を示した.エアリーディスクと最初のリングの両方を含んだ部分の半径 r_C は,$1.2\lambda/NA$ である.図 4.3.7(b)と(c)に,焦点面にある 2 つの像の中心の距離が r_C と $2r_C$(直径)だけ離れている場合の光の強度分布をそれぞれ示した.r_C の場合には 2 つの像が解像されているが,エアリーディスクとリングの重なりがある.一方,$2r_C$ の場合には,エアリーディスクとリングの重なりがない.赤外顕微鏡では,単なる像の観測ではなく,スペクトルを測定するので,重なりがない方が適切である.したがって,ここでは,赤外顕微鏡の空間分解を

$$\delta = 2.4\frac{\lambda}{NA} \tag{4.3.6}$$

で定義する.

市販の赤外顕微鏡において搭載されている多くのカセグレン鏡の NA は 0.5〜0.7 であるので,ここでは $NA=0.6$ として空間分解を考える.4000〜400 cm^{-1}(波長 2.5〜25 μm)の赤外光を考えた場合,レイリー基準での空間分解は,式(4.3.4)から 2.5〜25 μm となり,赤外光の波長程度である.カセグレン鏡の式(4.3.6)の基準では,空間分解は 10〜100 μm となり,波長の 4 倍となる.

赤外顕微鏡には試料の位置を制限するためにアパーチャーが搭載されている.多くの装置では入射ないし出射側に 1 つのアパーチャーが設置されている(シングル

アパーチャー)が，一部の装置では，入出射の双方にアパーチャーが設置されている(ダブルアパーチャー)．ダブルアパーチャーではシングルアパーチャーと比較して理論上，空間分解が約2倍向上するが，光の利用効率が低下し，SN比が低下する[3]．

カセグレン鏡の焦点位置に高屈折率プリズムを設置するATR法ではプリズムの屈折率の効果により空間分解が向上する．屈折率4のGeをプリズムとして使用すると，空間分解はプリズムを利用しない場合に比べて4倍向上することが実験的に確認されている[2]．

実際の測定において，空間分解は，各装置の光学系，目的とするピーク波数(波長)，試料形状，測定手法などの影響を受ける．例えば，厚いないしは屈折率が高い赤外透過基板上に各層が10数μm程度の多層膜の断面試料を載せて透過法で測定した場合，測定目的である層にアパーチャーのサイズを合わせて測定したとしても，近接した試料のスペクトルが足し合わされて測定されることがある．このような場合，周辺との差スペクトルの算出または各種多変量解析などの利用により，目的としている測定部位のスペクトルのみを抽出できることがある．測定部位のまわりのスペクトルも測定し，目的としている部位のスペクトルが得られているかどうかを確認することを推奨したい．一方，数μmの大きさの粒子を単独で赤外基板上に載せて顕微ATR法で測定した場合には，粒子のまわりには赤外光を吸収する物質がないため，単独で粒子のスペクトルが測定できる．

C. 顕微赤外分光計の測定手順

顕微透過スペクトル測定を例として，測定の流れを説明する．スペクトル測定の前に，測定法の選択，測定法に合わせた試料の前処理すなわちサンプリング，測定条件の設定を行う．はじめにサンプリングした試料を顕微鏡のXYZステージに設置し，実体顕微鏡で試料の観察を行う．ステージ上の試料を観察するためには，XYZステージの位置，試料観察を行うための照明輝度，焦点を合わせるための高さ(Z軸上での位置)などの調節を行う．試料を観察して，測定する試料にのみ赤外光が照射されるようにアパーチャーを設定する．一般的に，アパーチャーは試料サイズよりも小さく，かつ，できるだけ面積を大きくするように，縦および横のサイズと回転方向を調節する．その後，試料のない部分にステージを動かして参照スペクトルの測定を行う．続いて先に設定した位置に試料を戻した後，試料スペクトルの測定を行う．手動ステージを用いる場合には，試料の位置とアパーチャーサイズの関係を保持するために，先に試料のスペクトル測定を行うこともある．顕微RA

4.3 顕微・イメージ測定

法と顕微反射法,顕微ATR法でも同様な手順で測定を行う.

上記にも示したが,顕微赤外測定ではアパーチャーを利用することで,非常に小さな測定部位のみに赤外光を照射し測定を行う.このため,KBr錠剤法のように試料を均一化して測定する方法はあまり用いられない.したがって,顕微透過法では,試料濃度が高く,吸収強度が飽和している際に,KBrを利用して希釈をすることができない.このため吸収強度が飽和しないように,試料の厚みを制御する必要がある.最適な試料の厚みは,試料にも依存するが,一般的な有機物の場合,10 μm 程度である.顕微透過法では,KBr板やダイヤモンド板,CaF_2板,BaF_2板などのような赤外透過材基板の上に試料を置いて,または,挟んで測定を行う.2枚のKBr板に試料を挟むKBrプレート法のサンプリング手法を以下に示す.

図 4.3.8 に示したように,2枚のKBr板の間に試料を挟み,それらをKBr錠剤法で利用する錠剤成形器の鏡面板の間に挟み,錠剤成形器にセットする.錠剤成形器を組み立てた後,油圧プレスなどで圧力をかけてKBrのプレートを作製する.このプレートはKBr錠剤とは異なり,透明なKBr板の中に試料が包埋される.また,このKBrプレートはデシケーター内に保存することで,数日から数週間程度保管

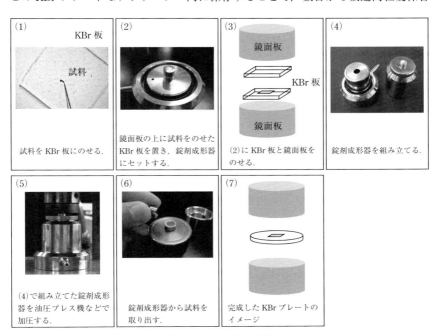

図 4.3.8 KBrプレート法

第 4 章　赤外スペクトルの測定

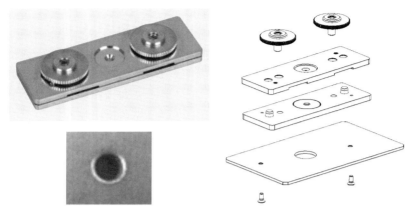

図 4.3.9　ダイヤモンド板

をすることができる．図 4.3.9 にはダイヤモンド板を用いる場合のサンプリング手法を示す．ダイヤモンドを用いる場合には，2 枚のダイヤモンドで試料を挟み，試料を薄くした後に，片側のダイヤモンド板を外して測定することが多い．これにより 2 枚のダイヤモンド板の隙間によって生じる光の干渉を回避することができる．ただし，試料がゴムのように弾性をもつ場合には，ダイヤモンドで挟んだまま測定を行うこともある．

D. 顕微透過吸収測定

図 4.3.10 に顕微透過吸収法を用いた多層膜断面の測定例を示す．ここでは多層膜の各層の成分の同定を目的とした．試料である多層膜専用のスライサーを用いて断面を切り出し，その切片を KBr プレート法にて測定した．図 4.3.10(a) に多層膜の断面を切り出す様子を示す．ここでは専用のスライサーを実体顕微鏡下に設置し，顕微鏡で試料を確認しながらスライサーを用いて多層膜の断面を切り出した．ここで用いたスライサーは，剃刀の刃を利用した簡易的なミクロトームのようなものであるが，通常のミクロトームを用いて断面を切り出してもよい．ミクロトームには試料の断面を切り出しやすくするために，試料を冷却することで硬化させる，または試料を氷で包埋できるものもあるが，エポキシ樹脂などで試料を包埋した後に断面を切り出す手法もある．図 4.3.10(b) に切り出した試料の断面写真を示す．この多層膜は，厚さ約 50 μm で，数層の成分で形成されていることがわかる．赤外顕微鏡で測定できる領域は，数〜数 10 μm である．そこで，各層のスペクトルを測定するために，試料を KBr プレート法を用い引き延ばして測定を行った．図

4.3 顕微・イメージ測定

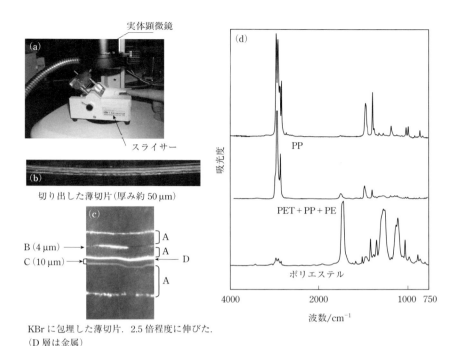

図 4.3.10 顕微透過法による多層膜の各層の成分分析

4.3.10(c)に，KBr 法で引き延ばした試料の写真を示す．この図から，厚み約 50 μm の多層膜は約 2.5 倍に引き延ばされており，6 層から成り立っていることがわかる．比較的厚い 3 カ所の A 層はすべてスペクトルが一致しておりポリプロピレンであることがわかった．厚み 4 μm の B 層のスペクトルは，ポリエチレンにわずかにポリプロピレンとポリエチレンテレフタレートのバンドが観測されている．$2900 \ cm^{-1}$ 近傍ではポリエチレンに特有なバンドが観測されているが，$1500 \ cm^{-1}$ 以下ではポリプロピレンとポリエチレンのバンドが混在している．これは低波数側と比較して高波数側の方が空間分解が高く，高波数側では厚さ 4 μm のポリエチレンが検出されポリプロピレンのバンドは検出されていないと考えられる．対して，低波数側では近接するポリプロピレン領域のスペクトルの情報も観測されていると推察される．加えてポリエチレンテレフタレートは近傍には存在しないため，B 層は，ポリエチレンにわずかにポリエチレンテレフタレートが含まれる 2 成分の混合物であると考えられた．C 層においては，スペクトルからポリエステルであると考

えられる．D 層では透過法では光が透過しないこと，ならびに金属光沢が確認でき
たことから，金属であると判断した．これらの結果から，多層膜フィルムは6層5
成分(ポリプロピレン，ポリエチレンにわずかにポリエチレンテレフタレートが含
まれる2成分の混合物，ポリエステルおよび金属)で構成されることがわかった．

E. 顕微 RA 測定

RA 法は，4.2 節で述べたように，金属板上の膜厚が数 nm の薄膜を p 偏光を用い
て 80° 程度の大きな入射角で高感度に測定する手法である．しかしながら，赤外顕
微鏡で利用するカセグレン鏡を大きな入射角に適用することは設計上，困難であ
る．そこで，一般的に，金属板上の数 μm 程度の比較的厚い膜や異物を測定する場
合には，偏光子は利用せず，図 4.3.3 に示したように，カセグレン鏡を用いて反射
配置で測定し，通常の RA 測定よりは小さい入射角で測定することが多い．以下で
は，このような測定法を顕微 RA 法とする．顕微 RA 法は前処理が不要で非破壊・
非接触な簡便手法として主に金属板上の塗膜や異物の分析などに利用されている．

ここでは，デバイスの金属基板上の付着異物の同定を顕微 RA 法で実施した例を
記す．図 4.3.11(a)に顕微 RA 法の概念図を，図 4.3.11(b)に実体顕微鏡と赤外顕微

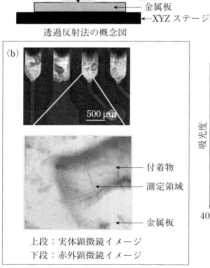
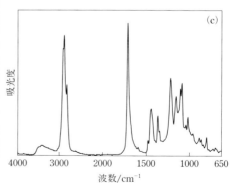

図 4.3.11 顕微透過反射法によるデバイス上の付着物の成分分析

鏡を利用して観察した試料のイメージを示す．異物の広さは1辺が数100 μm 程度であり，赤外顕微鏡で測定ができる広さである．ここでは特に前処理を行わず，試料を赤外顕微鏡の XYZ ステージに設置し，上部カセグレン鏡から光を試料に照射し，試料を透過し金属基板で反射した光を測定した．試料の厚さが数10 μm 以上の場合には，ピーク強度が飽和するため，良好なスペクトルが得られない．そこで，バンド強度が飽和せず良好なスペクトルが得られる箇所を見つけるため，異物の数カ所を測定し，最終的に図 4.3.11(b) に示す測定領域を決定した．なお，参照スペクトル測定には，異物の存在しない金属面を用いた．得られたスペクトルを図 4.3.11(c) に示す．観測されたスペクトルを解析した結果，異物はロジン（松やに）であることがわかった．今回測定された顕微 RA スペクトルは透過法で測定したスペクトルと類似していた．金属基板上の厚み数 μm 程度の膜の測定には，顕微 RA 法が威力を発揮する．

F． 顕微反射測定

　試料の表面が鏡面の場合，赤外顕微鏡で反射測定も行われている（顕微反射法とよぶ）．顕微反射法は，非破壊・非接触で簡便に測定が可能な手法である．**図 4.3.12**に，顕微反射法で測定したアクリル板のスペクトルを示す．顕微反射法は顕微 RA 法と同様の手順で測定を行うが，測定原理が異なることから，得られるスペクトルがまったく異なる．顕微反射測定では，赤外光を反射する金属基板は存在しない．ほとんどの光はアクリル板で吸収されるが，図 4.3.12(a) に示したように，アクリル板の表面が鏡面に近いので，一部の光が最表面で反射する．参照スペクトルとしては Al の鏡の反射強度スペクトルを使用する．観測された試料の反射スペクトルを図 4.3.12(b) に示す．観測されたスペクトルは，試料であるアクリル板の屈折率の異常分散の影響を受けて，1次微分形のような歪んだバンド波形を示す(4.2.7 項参照)．このようなスペクトルを異常分散したスペクトルとよぶ．異常分散したスペクトルを KK 変換することで，吸収スペクトルに変換することができる．図 4.3.12(c) に図 4.3.12(b) を KK 変換したスペクトルを示す．KK 変換をすることで，縦軸が反射率 $R(\%)$ から消衰係数 κ に変換される．式(2.3.37)から，吸収係数 α は κ に比例するので，縦軸 κ のスペクトルは吸収スペクトルとして解析を行うことができる．

　本来，KK 変換は入射角が 0° で測定されたスペクトルに適用できる方法であり，カセグレン鏡を用いた顕微鏡の光学系では入射角が 0° ではないので，厳密には KK 変換は適用できない．しかしながら，スペクトルを簡易的に測定し定性分析を

第 4 章　赤外スペクトルの測定

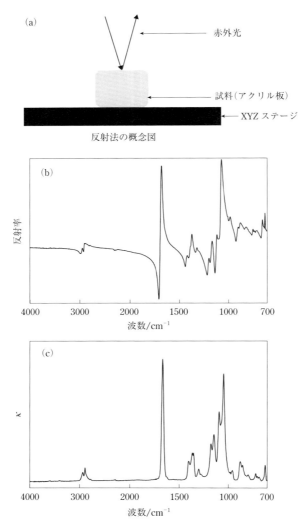

図 4.3.12　顕微反射法により得られたアクリル板のスペクトル
(a)反射法の概念図, (b)反射スペクトル, (c)KK 変換したスペクトル.

行う場合には十分に利用できる．

　顕微反射法は，鉱物や結石などの測定にも使用することができる．ただし，試料表面を鏡面状に研磨して測定を行う必要がある．

G. 顕微 ATR 測定

黒色ゴムの使用による経年変化を評価するために，顕微 ATR 法を利用した測定例を図 4.3.13 に示す．顕微 ATR 法では通常，図 4.3.3 に示した上部カセグレン鏡の焦点位置に，ダイヤモンド，ZnSe，Ge などの高屈折率プリズムを設置する．その設置方法については，通常のカセグレン鏡にプリズムを挿入するタイプとカセグレン鏡と一体型になっているものに大別できるが，ここでは一体型のものを利用した．また，黒色ゴムにはカーボンなどの無機物が配合されており，屈折率が高いことが予想された．そこで本測定では ATR の臨界条件を満たすために，赤外領域での屈折率が 4.0 の Ge プリズムを利用した．このような屈折率の高い黒色試料では，屈折率が 2.4 のダイヤモンドや ZnSe プリズムを使用すると，スペクトルが大きく歪み分析がうまくいかない．

測定の際には，XYZ ステージを上昇させて，試料と ATR プリズムを密着させる．ATR 法ではプリズムと試料の密着の度合いがスペクトル強度に影響を及ぼすので，縦軸の再現性を確保するために，試料がプリズムに接触する際に圧電素子などを利用した圧力センサーを用いて，試料とプリズムの密着する圧力を制御する．また，プリズムや試料の破損を防ぐために，試料とプリズムの密着する圧力が一定の値を超えると，機械的にプリズムが凹むことでプリズムを保護する機能を有する装置も

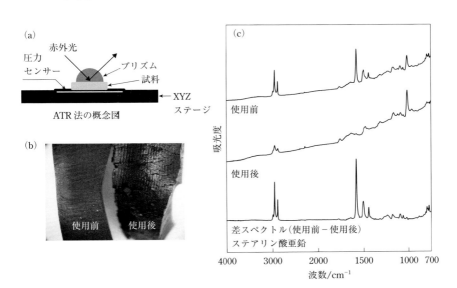

図 4.3.13　顕微 ATR 法によるゴムの劣化の分析

ある．

　可視光を透過しない Ge プリズムの場合には，試料とプリズムが密着している様子を観察することができない．しかしながら，ダイヤモンドプリズムなど可視光を透過する材質では試料とプリズムが密着している様子を観察できるように設計されたカセグレン鏡もある．試料を赤外顕微鏡の観察モードで観察してアパーチャーを設定した後，試料とプリズムを密着させる．試料観察と ATR 法での測定が同じカセグレン鏡でできるものもあれば，ATR 測定専用のカセグレン鏡に切り替えて測定するものもある．ATR 法の場合，赤外光がプリズムを透過することで屈折するので，試料観察時に設定したアパーチャーよりも小さな領域が測定されることに留意する必要がある．電動でアパーチャーを制御する顕微赤外分光計では，ATR 測定の場合に自動的に測定領域が補正されるものもある．

　図 4.3.13(b) に試料の顕微観察イメージを示す．使用前後で表面形状に違いが見られる．使用前および使用後の試料のスペクトルを測定したところ，試料の屈折率の影響によりベースラインが傾いたスペクトルとなったが，両者の差を計算しベースラインを補正したところ，良好な差スペクトルが得られた．なおここでは ATR 補正は行っていない．得られた差スペクトルを解析したところ，経年変化にともない加硫助剤と考えられるステアリン酸亜鉛が減少していることがわかった．

4.3.2 ■ 赤外イメージ測定

　ここでは，赤外イメージ測定について，多素子検出器を用いた顕微赤外分光計の作動原理および測定例を示す．

A.　赤外イメージ測定の概略

　赤外イメージの測定には 2 つの方法がある．1 つは，単一検出器でアパーチャーをもつ赤外顕微鏡の XYZ ステージを移動させることで，分析対象とする領域の一点一点についてスペクトルを測定する方法で，マッピング測定とよばれている．マッピング測定の概念図を**図 4.3.14**(a) に示した．この方法では，測定に長い時間がかかる．もう 1 つは，128×128 素子などの 2 次元アレイ検出器 (focal plane array detector, FPA 検出器) や 1×16 素子などの 1 次元アレイ検出器 (linear array detector, LA 検出器) を取り付けた赤外顕微鏡により対象領域を面や線で測定することで，多数箇所のスペクトルを同時に測定する方法である．ここでは後者をイメージ測定とよび，単素子検出器を利用したマッピング測定と区別する．図 4.3.14(b) と (c) にイメージ測定の概念図を示した．FPA 検出器を用いた測定では，例えば，

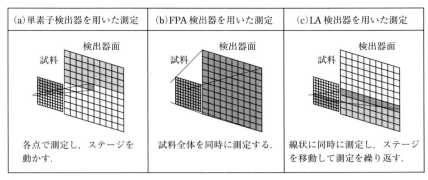

図 4.3.14　単素子検出器と多素子検出器

128×128 カ所のスペクトルを同時に測定する．LA 検出器では，例えば，1×16 カ所のスペクトルを同時に測定し，図の縦方向にステージを移動してスペクトルを測定する．さらに，測定により得られたピーク波数や強度などのスペクトルデータを，2 次元に色分け表示をして，ケミカルイメージを作成する．

　FPA 検出器は多くの点を同時測定できる利点はあるものの，高価であること，低波数領域の測定帯域が狭いこと（カットオフ波数：～900 cm^{-1}）などの問題がある．一方，1×16 素子などの LA 検出器は，FPA 検出器よりも安価であり，測定帯域が広い（カットオフ波数：～650 cm^{-1}）．また，LA 検出器を搭載した顕微赤外分光計は，高速スキャンおよび高精度自動ステージを組み合わせることで，FPA 検出器を搭載した顕微赤外分光計と同程度の時間でイメージ測定が可能である．一例として LA 検出器を搭載した顕微赤外分光計では，BS から可動鏡が遠ざかる方向に移動する際に（以下，この方向を往路とし，逆を復路とする）スペクトルを測定し，復路で高精度自動ステージを稼働させ，これを繰り返すことでイメージ測定を行う．例えば，干渉計の可動鏡が 1 秒間に 10 往復する高速スキャンを利用して，1×16 素子の LA 検出器を搭載する顕微赤外分光計でイメージ測定を行う場合，1 秒間で最大 160 カ所のスペクトルを測定できる．従来の単素子検出器よりも 2 桁以上短い時間で測定できることになる．また，LA 検出器は，すべての素子にデータ処理回路が搭載されているため，測定中にリアルタイムでスペクトルを表示することも可能である．

　赤外イメージの応用例は多岐にわたるが，試料が複数の成分から構成される場合に特に威力を発揮する．例えば，複数成分で構成される未知試料の同定を行う場

合，通常のスペクトル測定では，複数成分が足し合わされたスペクトルが得られる．得られたスペクトルは，データベース（ライブラリー）を基にして同定される．多くのデータベースは純粋な化合物のスペクトルから構成されており，複数成分の抽出が難しいが，最近では検索用のアルゴリズムが発達し複数成分の同定も可能になりつつある．このような試料の場合でも，複数成分の分布が不均一であれば，赤外イメージ測定により複数成分で構成される未知試料内の成分を空間的に分離して測定できるので，いくつかの場所で得られたスペクトルをデータベースを用いて解析することにより，未知試料の同定を適切に行うことができる．加えて試料内での化合物の分散状態を評価することも可能となる．

B. 顕微透過イメージ測定

顕微透過イメージ測定におけるサンプリング手法は，基本的に顕微透過法と同じであるが，イメージ測定の場合には，測定したい領域の試料について吸光度が飽和しない程度の厚みでなければ良好な結果が得られない点に留意する必要がある．

ここでは，シリコンウェハ上に付着した異物の顕微透過イメージ測定を紹介する．図 4.3.15(a)にはシリコンウェハ上に付着した異物のイメージを示す．一般的なシリコンウェハは，可視光は透過しないが赤外光は透過する．そこで，試料観察を反射配置で行った後，赤外顕微鏡で透過イメージ測定を行った．また，このような異物を赤外顕微鏡で測定する場合，通常，顕微透過法で異物部位にアパーチャーをかけて 1 カ所の測定を行う．しかしながら，今回の場合には，図 4.3.15(b)に示したように，異物の異なる部位を測定したところ複数の成分が存在していることが確認された．もしこのように複数成分が存在する異物を，1 カ所のみで測定した場合，別の成分を見落とす可能性や部位によっては複数の成分が足し合わされたスペクトルが得られる可能性があり，結果として誤った測定結果を導き出したり，解析が煩雑になることが考えられる．そこで，イメージ測定を利用して複数カ所のスペクトルを得ることで，複数の成分を空間的に分離して得ることより，試料に含まれる成分を明らかにできる可能性がある．ここでは，1 ピクセル 12.5 μm×12.5 μm（12.5 μm×12.5 μm が 1×16 素子の LA 検出器の 1 素子に対応する倍率）で，試料全体の広さ 1000 μm×850 μm を測定した．測定時間は約 8 分であった．得られたスペクトルから，この異物には 3 成分が含まれていることが明らかとなった．これらのスペクトルをデータベースを利用し解析したところ，3 つの成分は，タンパク質とセルロース，炭酸塩であることが判明した．それぞれの成分のキーバンド（各成分固有の他成分とは重ならないバンド）の高さを用いて赤外イメージを作成したと

ころ，異物内での成分は，図 4.3.15(c)に示す分布をしていることがわかった．

つぎに，食用麺の調理法の違いによるテクスチャーへの影響を調査するために，顕微透過イメージング測定法により，水分の空間分布の分析を行った例を示す．食用麺のテクスチャーの違いは，麺内の水分の分布状態(水分傾斜)と密接に関係していると考えられている．ここでは，2 種類の調理法で調製した食用麺をそれぞれ 1 本ずつ取り出し，その断面の薄片を作製し，2 枚の BaF_2 板に挟んだ．これらの試料は，広域を迅速に測定する必要があるが，空間分解を重要視する測定ではない．迅速なイメージ測定を行う場合には，通常多素子検出器を利用するが，多素子検出器では各点の測定サイズはカセグレン鏡の倍率と検出器の素子サイズで決定されるために，アパーチャーサイズを任意に変更できない．このため 1 点あたりを広く測定する場合には，アパーチャーサイズを任意に変更できる単素子検出器を利用する方が，測定時間が短いことがある．そのため，ここでは単素子検出器と高速ステージを利用し，マッピング測定を行った．赤外領域では水の強い吸収帯が存在するために，希薄水溶液などの測定は困難であるが，赤外分光法は水を感度よく測定できる手法であると言い換えることもできる．ここではデンプンのバンドである 4165〜3872 cm^{-1} のバンドを内部標準として，水分子の結合音と考えられる 2321〜1882 cm^{-1} のバンドとの面積比を算出し，2 種類の麺の水分の分布状態を比較した．**図 4.3.16**(a)は家庭用調理器具を利用して素人が調理したもの，図 4.3.16(b)は業務用調理器具を用いて熟練の職人が調理したものの結果である．図 4.3.16(a)では麺の中心付近に水分が集中しているが，図 4.3.16(b)では水分が点在していることが確認でき，また官能試験においてもテクスチャーが異なることが確認された．ここで示した食品中の水分分布のように，長時間の測定では水分が蒸発するような場合においても，高速イメージ測定(マッピング)が有効であることがわかる．

C. 顕微 RA イメージ測定

金属板上の粒子を顕微 RA イメージ測定を行った例を**図 4.3.17** に示す．金属板に付着した粒子の赤外顕微鏡での観察イメージ(図 4.3.17(a))からは，単一成分かどうかの判断ができない．そこで 1×16 素子の LA 検出器を用いて顕微 RA イメージ測定を行った．スペクトル分解は 4 cm^{-1} に設定し，1 ピクセル 12.5 μm×12.5 μm で，測定した試料の全面積は 400 μm×400 μm とし，測定時間は 10 秒程度であった．得られた結果を分析したところ，成分にはシリカ系無機物とタンパク質と考えられるスペクトルが検出された．1060 cm^{-1} 付近の SiO 伸縮振動に帰属されるシリカ系無機物のバンド強度のケミカルイメージを図 4.3.17(b)に，1640 cm^{-1} 付近の

第4章 赤外スペクトルの測定

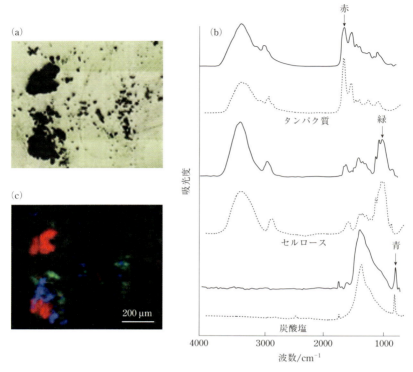

図4.3.15 シリコンウェハ上に付着した異物の赤外顕微透過イメージ

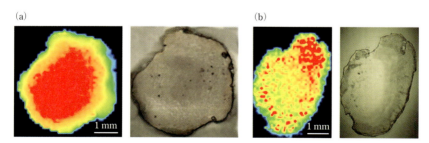

図4.3.16 調理法による食用麺の水分分布の違い
(a)家庭用調理器具を利用して素人が調理した場合の水分分布の赤外イメージ(左)と顕微鏡画像(右),(b)業務用調理器具を利用して熟練の職人が調理した場合の水分分布の赤外イメージ(左)と顕微鏡画像(右).

4.3 顕微・イメージ測定

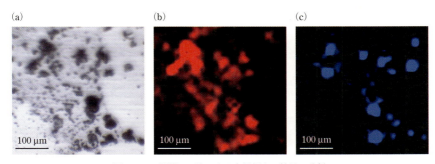

図 4.3.17 顕微 RA 法による金属板上の粒子の分析
(a)観察イメージ，(b)1060 cm^{-1} のバンド(シリカ系無機物の SiO 伸縮振動)による赤外イメージ，(c) 1640 cm^{-1} のバンド(タンパク質のアミド I)による赤外イメージ．

アミド I に帰属されるタンパク質のバンド強度のケミカルイメージを図 4.3.17(c) に示す．これらの図から，シリカ系無機物が広域に分布している上にタンパク質が点在していることがわかる．顕微赤外分光計は異物の分析にも利用されることが多いが，シリカ系の無機物は砂埃の成分としてよく検出される．またタンパク質は人を含む生体由来の成分と考えられる．ここで示す金属板上の粒子は，砂埃と人由来の異物(例えばフケや皮膚など)の混合物である可能性が示唆される．

D. 顕微 ATR イメージ測定

ATR イメージ測定では，試料の表面近傍の分子の分布状態を非破壊(厳密にはプリズムと試料が接触するため完全な非破壊ではない)で測定できるうえに，高屈折率プリズムの利用により空間分解の向上が望めるため，微小異物分析やゴム・プラスチックなど高分子試料の分析を中心に使用されている．

ATR イメージ測定ではプリズムと試料を密着させて測定を行う必要があるため，測定位置を変更するための工夫が各装置メーカーで行われている．測定位置の変更手法は 3 つに大別されるが，それらの手法には利点と欠点がある．そのため測定目的や試料形状により手法を選択することが重要となる．ここでは測定位置の変更手法の違いによる利点と欠点を示した後，実際の試料に適用した事例を示す．

ATR イメージ測定においては，測定位置の変更手法が 3 種類ある．それらの概念図を**図 4.3.18** に示した．1 つ目の手法(手法 1)は，主に単素子検出器を搭載した顕微赤外分光計で使用されている方法である．図 4.3.18(a)に示したように，自動 XYZ ステージを Z 方向(上)へ移動しプリズムと試料を密着させてスペクトルを測定した後，いったん Z ステージを下げてプリズムと試料が密着していない状態に

第 4 章　赤外スペクトルの測定

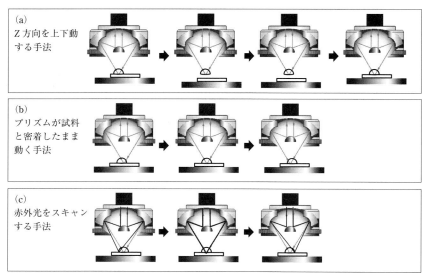

(a) Z 方向を上下動する手法

(b) プリズムが試料と密着したまま動く手法

(c) 赤外光をスキャンする手法

図 4.3.18　顕微 ATR イメージ測定における測定位置の変更手法

して，XY 方向にステージを動かすことで測定位置を変更する．測定位置が変更された後，再びプリズムと試料を密着させて測定を行う．これらの一連の測定において，プリズムと試料の密着具合を一定にするために，圧力センサーを利用して一定の圧力で試料とプリズムを密着させたり，ステージの Z 位置を一定にする方法がとられている．この手法では，ステージの可動範囲であれば測定できることから，広い面積の試料の ATR イメージが測定可能であるという利点がある．しかしながら，自動ステージの上下移動があるため，測定に時間を要する．加えて，任意の箇所の測定を行った後に，次の箇所を測定する間にプリズムの洗浄を行うことができないため，試料がプリズムを汚染した状態で次の箇所を測定する可能性がある（クロスコンタミネーションとよぶ）．このため，粘性の高い試料や接着性の高い試料についてはこの方法は不向きである．

　2 つ目の手法（手法 2）は，図 4.3.18(b) に示したように，カセグレン鏡とプリズムを分離することで，プリズムと試料を密着させたまま動かす方法である．この手法ではクロスコンタミネーションの問題がないという利点がある．一方で，プリズムと試料を密着させる操作が煩雑であり，測定可能な試料面積が手法 1 よりも狭くなるなどの欠点がある．また手法 1 と比較して，大きなプリズムを使うことが多いの

で，プリズムと試料の密着が悪くなることがある．ここでは半球型のプリズムを利用した例を模式図として示したが，くさび型プリズムを利用する手法もある[4]．

3つ目の手法（手法3）は，図 4.3.18(c) に示したように，試料とプリズムを密着させたまま赤外光をスキャンする手法である．この手法の利点は，手法2と同様に，クロスコンタミネーションの問題がないこと，ステージを上昇させるだけで簡便にステージ上の試料とプリズムを密着できることである．しかし，測定可能な試料面積は3つの手法の中で最も狭い．この問題を回避するために，手法3では，クロスコンタミネーションのない試料に限り手法1と組み合わせることでステージの上下動の回数を減らして時間を短縮する，または，低い倍率の光学系を利用するなどの工夫がなされている．

手法2と3では，ステージの上下動の必要がないことから，測定時間を短縮できる．そのため，手法2および3とFPAやLA検出器を用いた顕微測定を組み合わせると，ATRイメージを短時間で測定することができる．ただし，この測定方法では，プリズムの屈折率に応じて1素子あたりの測定面積が小さくなる．このため，顕微透過および顕微RA測定と同じ広さのATRイメージ測定を行う場合には，測定に時間を要することになる．

ここでは，紙の上にインクで書かれた文字のATRイメージ測定例を示す．広い面積の試料を測定する，ならびにクロスコンタミネーションの可能性が低いということから，手法1を用い単一素子検出器で測定を行っている．プリズムにはダイヤモンドを使用し，約 3 mm×3 mm の領域をアパーチャーサイズ 100 μm×100 μm で測定した．**図 4.3.19**(a) に赤外顕微鏡で試料を観察したイメージを示す．この試料のいくつかの場所のスペクトルを測定したところ，図 4.3.19(b) に示したように，2種類の異なるスペクトルが観測され，使用されたインクは2種類（インク1とインク2）であることが判明した．1583 と 1731 cm^{-1} のバンドを用いてケミカルイメージを作成し，図 4.3.19(c) に示した．数字4の斜めの線ではインク1が主に使用され，横の線ではインク2が使用されていることがわかった．この結果から，ケミカルイメージを用いることで，文書のねつ造などの不正行為を解明できることがわかる．このような技術を利用することで，法科学分野においても顕微赤外分光計が有用なツールになると考えられる[5]．

図 4.3.20 に，微小な異物の分析を想定して，BaF$_2$ 基板上の直径 2.8 μm のポリスチレンビーズのATRイメージを示す．プリズムには高屈折率の Ge（屈折率 4.0）を使用した．また，試料が基板の上に載っているだけで固定されていないため，前

第4章　赤外スペクトルの測定

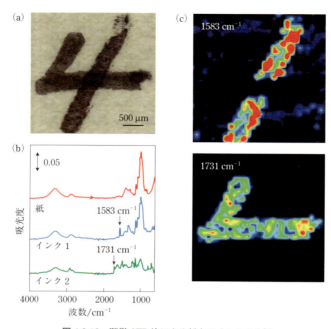

図 4.3.19　顕微 ATR 法による紙上のインクの分析

述の手法3（プリズムと試料を密着した状態で光軸をスキャンする手法）により，1×16 素子の LA 型 MCT 検出器を利用して，波数分解 $8\,\mathrm{cm}^{-1}$ で 200 回積算して測定を行った．1 素子に対する測定面積は $2.2\,\mathrm{\mu m} \times 2.2\,\mathrm{\mu m}$ で，全測定面積は $35.2\,\mathrm{\mu m} \times 35.2\,\mathrm{\mu m}$，測定時間は約 8 分であった．ポリスチレンの $2922\,\mathrm{cm}^{-1}$ のバンドを利用して赤外イメージを作成すると，測定位置の中央付近に約 $2\,\mathrm{\mu m}$ の大きさのポリスチレンビーズが検出された．4.3.1 項 B において，顕微赤外測定の空間分解に関して記述したが，$2922\,\mathrm{cm}^{-1}$ での空間分解は，カセグレン鏡の NA を 0.6 とすると，Ge の屈折率を考慮して，レイリー基準で $0.87\,\mathrm{\mu m}$（式(4.3.6)からは $3.42\,\mathrm{\mu m}$）である．ここでは赤外領域に吸収バンドをもたない $\mathrm{BaF_2}$ 基板上のポリスチレンビーズを測定したことから，ポリスチレンのバンドのみが観測された．しかしながら，例えばポリマー基板上のポリスチレンビーズを測定する場合，ポリスチレンビーズにポリマー基板のピークが重なり解析が困難になることも予想される．ここで示すように，ピークの波長，試料形状，基板の材質，測定手法などの条件がうまく適合した場合には，赤外顕微鏡を利用することで，$2\,\mathrm{\mu m}$ 程度の微小試料の分析

4.3 顕微・イメージ測定

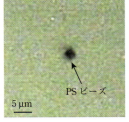
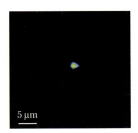

BaF$_2$ 上の PS ビーズ　　　赤外顕微鏡での観察イメージ　　　赤外イメージ (2922 cm^{-1})

図 4.3.20　BaF$_2$ 基板上のポリスチレンビーズ (直径 2.8 μm) の顕微赤外 ATR イメージ

が可能となる．さらに微小な試料の状態分析を行う場合には，顕微ラマン分光法や後述するナノ赤外分光などが威力を発揮するものと考えられる．

　ここで紹介した測定例のほかに，昆虫の赤外イメージ測定から，その種固有の特性を研究する試み[6]や，病理切片の赤外イメージ測定から癌の診断を行う試み[7]などが行われている．また，水の加熱にともなう水素結合の変化に関する研究[8]や，糖の加熱にともなう結合水の構造変化に関する研究[9]など応用は多岐にわたる．

[引用文献]

1) M. Born, E. Wolf 著, 草川 徹 訳, 光学の原理 II 第 7 版, 東海大学出版会 (2006)
2) 中野隆志, 河田 聡, 分光研究, **41**, 6 (1992)
3) 山脇良平 企画編集, 顕微赤外・顕微ラマン分光法の基礎と応用, 技術情報協会 (2008)
4) 西岡利勝, 寺前紀夫 編著, 顕微赤外分光法, アイピーシー (2003)
5) 菅原 茂, 関 陽子, 大津留 修, 鑑識化学, **9**, 135 (2004)
6) M. Sakurai, T. Furuki, K. Akao, D. Tanaka, Y. Nakahara, T. Kikawada, M. Watanabe, and T. Okuda, *Proc. Natl. Acad. Sci. USA*, **105**, 5093 (2008)
7) T. Yamada, N. Miyoshi, T. Ogawa, K. Akao, M. Fukuda, T. Ogasawara, Y. Kitagawa, and K. Sano, *Clinical Cancer Research.*, **8**, 2010 (2002)
8) T. Iwata, J. Koshoubu, C. Jin, and Y. Okubo, *Appl. Spectrosc.*, **51**, 1269 (1997)
9) K. Akao, Y. Okubo, N. Asakawa, Y. Inoue, and M. Sakurai, *Carbohydr. Res.*, **334**, 233 (2004)

第5章　赤外スペクトルの解析

5.1 ■ ライブラリーサーチ

　赤外スペクトルを用いて未知試料の定性分析や同定を行う場合，ライブラリー（データベースともよばれる）を利用する方法，官能基固有のピークであるグループ振動を利用する方法，密度汎関数理論や分子軌道法などに基づく量子化学計算を利用する方法などがあげられる．グループ振動を利用した官能基分析は，1950 年に発表された Colthup の相関表[1]が基礎となっており，1990 年代に田辺らはこの相関表と AI 技術の一つであるニューラルネットワークを組み合わせて，分析対象の化学構造とスペクトルから得られる図形情報を関連付けて解析する手法を研究した[2]．量子化学計算を利用した方法も多数研究されているが，現在，未知試料の定性分析や同定にはライブラリーを利用する方法が広く用いられている．

　測定した未知試料の赤外スペクトル（以下，未知スペクトルとよぶ）を定性分析する場合，化合物名すなわち分子構造が既知の試料のスペクトルで構築したライブラリーが利用される．未知スペクトルの形状とライブラリー内の既知スペクトルの形状を比較して，一致度から未知スペクトルの定性分析を行う．ライブラリーは市販されているものと個々のユーザーが目的に応じて作成したもの（ユーザーライブラリー）に大別できる　市販ライブラリーには，20 万件以上もの分子構造既知の純品や素材のスペクトルを含むものもあるため，素性のまったくわからない未知試料の定性分析を行う場合には有効である．また，数 10～数 1000 以上の既知スペクトルを，高分子，添加剤，医薬品などのように物質の種類ごとにパッケージ化しているものもあり，対象となる物質に応じてパッケージを選択することも可能である．ユーザーライブラリーは，個々の分析目的に特化してユーザー自身が作成したもので，例えば，生産ラインで混入が考えられる試料（ゴムパッキン，配管の素材，衣服や毛髪など）を対象としてライブラリーを形成すると，混入異物の分析に有効に利用できる．また，製品の受入や出荷検査において，正常品のスペクトルをライブラリーに登録しておき，そのスペクトルを利用して製品検査を行うこともできる．

かつて市販のライブラリーは書籍の形で販売されており[3]，書籍に掲載された既知スペクトルと測定した未知スペクトルのピーク波数やバンド形状などについて，人の目で見比べて解析を行っていた．各官能基に対応したグループ振動の表を掲載した書籍[4,5]なども利用されていた．このような定性分析では，スペクトル形状を適切に判断する技術が必要なことに加え，客観性に欠けるという問題点がある．近年では，PCの性能向上にともない，デジタル化された未知スペクトルとライブラリー内の既知スペクトルとの一致度を計算により数値化し，比較することで，定性分析が行われている．この方法では，スペクトル間の一致度を数値化して表すので，客観性が確保できる．

本節では，①ライブラリーを用いた定性分析，②市販ライブラリーに関する情報，③官能基分析に関して説明する．

5.1.1 ■ ライブラリーを用いた定性分析

対象となるデジタル化された未知スペクトルを，ライブラリー内のデジタル化された既知スペクトルと比較して検索することにより，定性分析を行う．いまデジタル化されたスペクトルのデータ数を N とすると，スペクトルは縦軸の値を要素とする N 次元のベクトルで表すことができる．スペクトルを比較して検索するアルゴリズムは多数存在し，日々進化しているが，最も単純な考え方は，未知スペクトル $\boldsymbol{U}(U_1, U_2, \cdots, U_i, \cdots, U_N)$ とライブラリー内の既知スペクトル $\boldsymbol{R}(R_1, R_2, \cdots, R_i, \cdots, R_N)$ とのユークリッド距離を計算して，検索する方法である．ユークリッド距離 I は次式で表される．

$$I = \sqrt{\sum_{i=1}^{N} \left(\frac{U_i}{|\boldsymbol{U}|} - \frac{R_i}{|\boldsymbol{R}|} \right)^2} \tag{5.1.1}$$

ここで，$|\boldsymbol{U}|$ と $|\boldsymbol{R}|$ はそれぞれベクトル $\boldsymbol{U}$ と $\boldsymbol{R}$ の大きさで，

$$|\boldsymbol{U}| = \sqrt{\sum_{i=1}^{N} U_i^2} \tag{5.1.2}$$

$$|\boldsymbol{R}| = \sqrt{\sum_{i=1}^{N} R_i^2} \tag{5.1.3}$$

である．

I はスコアともよばれている．I の値の範囲は 0 から 2 であり，$I=0$ の場合に，2つのスペクトルは完全に一致し，I の値が小さいほど一致の度合いが高い．また，スペクトルの縦軸である強度は大きさで規格化されているので，スペクトル強度に

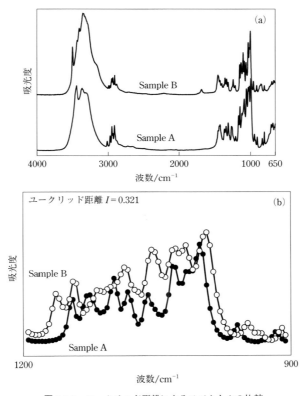

図 5.1.1　ユークリッド距離によるスペクトルの比較

関わる試料の厚みや濃度の情報は排除されている．

　図 5.1.1 に，ユークリッド距離を利用してスペクトルを比較した例を示す．図 5.1.1(a) には，分子構造が等しく，結晶構造が異なる 2 種類の化合物 A と B のスペクトルを示す．スペクトルを見やすくするために縦軸方向にそれぞれのスペクトルを平行移動して示している．図 5.1.1(b) では，図 5.1.1(a) のスペクトルのデータ点を明確に示すため，横軸を拡大し，データ点を間引いて表示しているが，○および●がデータ点を意味する．これらの値を式 (5.1.1) に代入してスコアを算出すると $I=0.321$ となった．I の値の範囲は 0 から 2 であるから，A と B のスペクトル形状は比較的一致していると考えられる．分子構造が等しいか否かを定性分析の目的とした場合，得られた結果から A と B は同一であると解釈するが，結晶構造の違いなどわずかな構造の差異を評価する場合，A と B は異なるものであると解釈する．

つまりスコアの値は分析目的に応じて解釈を変える必要があり，この解釈の部分については分析者の技能が必要な部分で，言い換えれば，客観性を欠くことになる．

ユークリッド距離のほかに，相関係数を利用して，未知スペクトルと既知スペクトルの一致の度合いを評価することもある．相関係数 R は次式で表される．

$$R = \frac{\sum_{i=1}^{N}(R_i - \bar{R})(U_i - \bar{U})}{\sqrt{\sum_{i=1}^{N}(R_i - \bar{R})^2}\sqrt{\sum_{i=1}^{N}(U_i - \bar{U})^2}} \tag{5.1.4}$$

ここで，$\bar{U}$ と $\bar{R}$ はそれぞれ U_i と R_i の平均値で，

$$\bar{U} = \frac{1}{N}\sum_{i=1}^{N}U_i \tag{5.1.5}$$

$$\bar{R} = \frac{1}{N}\sum_{i=1}^{N}R_i \tag{5.1.6}$$

である．

相関係数 R の値もスコアとよばれる．R の値の範囲は 1 から -1 である．未知スペクトルと既知スペクトルが完全に一致している場合に $R=1$ となり，スペクトル間の一致の度合いが低下すると，R の値が小さくなる．通常，負の値になることはない．相関係数の場合においても，スペクトル強度に影響を与える試料の厚みや濃度の情報は排除されている．A と B の相関係数を算出したところ，$R=0.830$ となった．相関係数のイメージを示すために，図 5.1.2 には A と B のスペクトルデータ点の縦軸の値を散布図としてプロットした．以上のことから，ユークリッド距離や相関係数を利用することでスペクトルの一致度を数値化して表現できることがわかる．

スペクトル間の一致度の評価手法として，ほかには各データ点の差の絶対値の総和や差の二乗の総和なども利用されている．また，未知スペクトルと既知スペクトルのベースラインの変動を排除する目的で，それぞれの微分スペクトルを利用してスコアを算出することもある．微分スペクトルのユークリッド距離 I' は，次式で表される．

$$I' = \sqrt{\sum_{i=1}^{N-1}\left(\frac{U_{i+1} - U_i}{|\boldsymbol{U}'|} - \frac{R_{i+1} - R_i}{|\boldsymbol{R}'|}\right)^2} \tag{5.1.7}$$

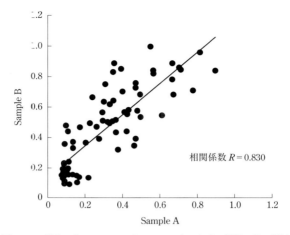

図 5.1.2　試料 A と B のスペクトルデータ点における縦軸の値の関係

ここで，

$$|\boldsymbol{U}'| = \sqrt{\sum_{i=1}^{N-1}(U_{i+1}-U_i)^2} \tag{5.1.8}$$

$$|\boldsymbol{R}'| = \sqrt{\sum_{i=1}^{N-1}(R_{i+1}-R_i)^2} \tag{5.1.9}$$

である．微分演算には単純な差分法を利用した．

　未知スペクトルと既知スペクトルの一致度を評価して検索する市販プログラム（検索エンジンとよぶ）では，これらの検索アルゴリズムを選択することができるため，スペクトルの形状や解析の目的に応じて検索アルゴリズムを選択することが望ましい．一般的に，ブロードなバンドを評価したい場合にはユークリッド距離，ベースラインが歪んでいる場合やシャープなバンドを評価したい場合には微分後のユークリッド距離，ノイズが多い場合には相関係数を利用することが多い．また，上述した検索アルゴリズム以外に，PC の高速化にともない多変量解析を利用した手法も適用されており，今後の発展が期待される．

　市販の検索エンジンでは，異なる装置や測定条件で測定した結果にも適応するために，4.1.3 項 G で示したデータ補間や各種補正を行った後にスコアを算出する．また，得られたスコアを規格化して表示するなどの工夫もなされている．ここでは，カフェインとアセチルサリチル酸に関して，ATR 法で測定したスペクトルお

第 5 章 赤外スペクトルの解析

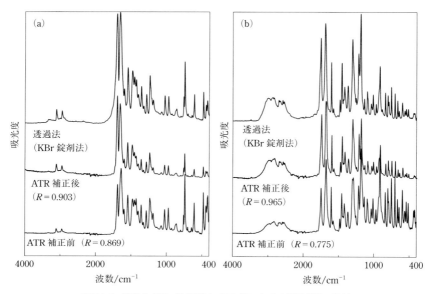

図 5.1.3 透過法（KBr 錠剤法）と ATR 法における相関係数の比較
試料は (a) カフェイン, (b) アセチルサリチル酸.

よびこれを補正した後のスペクトルと透過法（KBr 錠剤法）で測定したスペクトル（図 5.1.3）を比較する．ATR スペクトルの補正については以前よりしみ込み深さを補正する手法が利用されていたが，最近では 4.2 節で示した KK 変換を利用した補正（ここでは ATR 補正とよぶ）が利用されるようになってきた．カフェインの場合，ATR スペクトルと透過スペクトルとの相関係数 R は 0.869 であるのに対して，ATR 補正したスペクトルと透過スペクトルとの R は 0.903 と，ATR 補正により R が大きくなった．また，アセチルサリチル酸の場合にも，R を比較すると，ATR 補正を行っていない場合は 0.775 であるのに対して，補正を行うと 0.965 と，カフェインの場合と同様に R が大きくなった．このように測定法に合わせた補正を行うことで検索精度が向上することがある．

5.1.2 ■ 市販ライブラリー

ここでは公的機関が公開しているライブラリーと市販ライブラリーに関して記載する．産業技術総合研究所は，有機化合物のスペクトルデータベース SDBS を無料で提供している．市販ライブラリーとしては，サドラースペクトルデータベース

5.1 ライブラリーサーチ

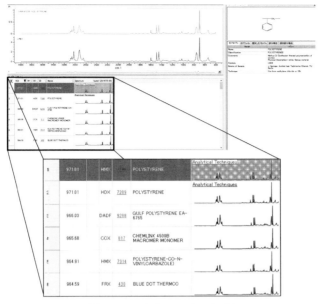

図 5.1.4　ライブラリーサーチの例

(Sadtler, BioRad 社)やアルドリッチ Spectral Viewer (Aldrich, Sigma-Aldrich 社)などがある．図 5.1.4 に，市販のライブラリーを用いて検索した例を示す．ここでは代表的な検索エンジンの一つであるサドラースペクトルデータベースの Know it All を利用した．未知スペクトルを検索したところ，ポリスチレンとのスコアがライブラリー内では最高の 971 点という値を示したことから，ポリスチレンの可能性がきわめて高いと考えられる．Know it All では 999 点が完全一致として，一致度をスコアとして表記しているが，最近では最高点が 99.99 点に変更された．このように PC によるスペクトル比較を行う場合，客観性は確保される．しかしながら，たとえスコアが高くともその検索結果が正しくない場合や，逆にスコアが低くとも正しい場合がある．また，微分処理などをした後に検索をした場合には，スペクトル形状は概ね一致しているにもかかわらずスコアが低いこともあり，このあたりの判断は，分析者の裁量に頼るしかない．さらに，複数の成分が混合したスペクトルを検索する場合，ライブラリー内の既知スペクトルと一致しないことが多い．これはライブラリー内のデータが純品のスペクトルで構成されており，複数の成分が混在した場合に，化合物によっては化合物間相互作用によりバンドの形状やピーク波数が

185

純品のものから変化してしまうことがあるからである．最近では，複数成分が混合したスペクトルを検索するための新しいアルゴリズムが各社から提案されているが，すべての場合に適用できるわけではないため，この場合の判断についても分析者の技能に頼る部分が多い．このようにスペクトルの検索では，すべての情報に基づいて最終的には分析者が判断する必要がある．今後は，多成分系に関しても，多変量解析が役立つと考えられる．

5.1.3 ■ 官能基分析

官能基の特性吸収帯に関する情報は，上で述べたように，Colthup の相関表[1]としてまとめられており，これに基づいた解析のための書籍も多数出版されている[4,5]．PC を用いた官能基の分析には，"部分構造解析"などの名称で，Colthup の相関表が市販の検索エンジンに搭載されているものもある．部分構造解析のユーザーインターフェイスは，各社一様ではないが，一般的には未知スペクトルのピーク波数を検出すると，または，分析者が入力すると，それに対応する官能基がわかるようになっている．図 5.1.5 に，Know it All に搭載されている部分構造解析を利

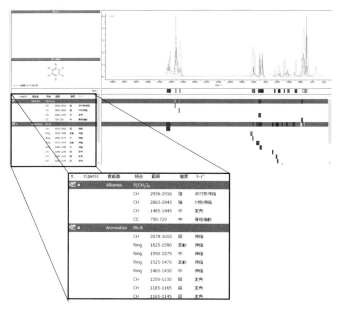

図 5.1.5　部分構造解析の例

用した官能基分析の例を示す．図 5.1.4 で利用したポリスチレンのスペクトルについて，任意のピーク波数を利用して官能基分析を行ったところ，ベンゼン環を含む構造であることが確認された．Know it All における官能基分析では，ピーク波数から帰属される官能基の候補が一覧として表示される．このようにして得られた官能基の情報を基に未知スペクトルの定性分析を行う．これについても，分析者の技能に依存することを認識しておく必要がある．

分析者の判断を助ける情報として，ライブラリー検索による候補物質のリストとスコア，官能基分析の結果，多変量解析の結果，サンプル採取環境から推定される候補物質のリストなどがあげられる．これらはあくまでも分析者の判断を助ける情報と考え，分析者が情報を整理したうえで，前述の各手法を判断のために積極的に活用できるようにすることが望ましい．

[引用文献]

1) N. B. Colthup, *J. Opt. Soc. Am.*, **40**, 39(1950)
2) 田辺和俊，松本高利，伊藤祥司，上坂博亨，都築誠二，田村禎夫，佐伯慎之助，小野修一郎，*J. Comput. Chem. Jpn.*, **4**, 1(2005)
3) *The Aldrich Library of FT-IR Spectra*, Aldrich Chemical Company(1985)
4) 中西香爾，P. H. ソロモン，古館信生，赤外線吸収スペクトル―定性と演習 第 26 版，南江堂(1993)
5) 堀口 博，赤外吸収図説総覧，三共出版(2001)

5.2 ■ 定量分析

赤外分光法では，スペクトルの吸収強度すなわち吸光度を利用して物質の定量分析を行うことができる．定量分析を行う際にはさまざまなことに注意する必要がある．まず，FT-IR 分光計で測定するスペクトルの強度は，検出器，分光計の分解（スペクトルの真の幅と分解の関係），アポダイゼーション関数などに依存するので，正確に強度が測定できる条件を知る必要がある．また，ベールの法則が定量分析の元となる法則であるが，分析対象である試料でこの法則が成り立つかどうか，確認する必要がある．ここでは，FT-IR 分光計を使用した定量分析の注意点ならびに分析例を示す．

5.2.1 ■ 分解およびアポダイゼーション関数の設定

　分光計の性能として，分光計が正確に測定できる吸光度の範囲を明らかにしておくことは重要である．第2章で記述したように，バンド強度として，ピークの高さまたは面積強度が使用される．これらの値は離散値として得られるので，スペクトルのデータ点間隔が小さいほど正確な値に近づく．スペクトルは分光計の画面上では連続な線として見えていても，離散値の集合である．真のスペクトルで最大値を示す波数と，測定した離散的な波数が一致していないと，測定データから最大値を得ることはできない．したがって，分解をできるだけ小さくして測定したほうが，正しいデータを得ることができる．また，検量線作成のために測定する場合と試料のスペクトルを測定する場合で，測定条件を一致させることも重要である．

　スペクトル測定に際して，TGS 検出器は MCT 検出器に比べ線形応答性が優れることから，定量分析には TGS 検出器を使用したほうがよい．線形応答性の簡単なチェックの方法として，強度スペクトルを測定して，本来，スペクトルが存在しない $400\ \mathrm{cm}^{-1}$ 以下の領域にバンドが観測されるか否かで判断できる．線形応答性がよくない MCT 検出器では，この領域に弱いながら強度が観測される．MCT 検出器では，電気的に補正して線形応答を示す検出器もある．

　FT–IR 分光計でスペクトルを測定するためには，第3章で述べたように，分解とアポダイゼーション関数を設定するので，これら両方を考慮して，真の強度と測定強度を比較する必要がある．分解 $\Delta\tilde{\nu}$ と測定するバンドの真の半値全幅 W との比を**分解パラメーター**(resolution parameter)ρ とする．すなわち，

$$\rho = \frac{\Delta\tilde{\nu}}{W} \tag{5.2.1}$$

である．

　ピークの高さ A_t ($0.2 \leq A_t \leq 1.0$) のガウス関数形の波形を示すバンドに対して，長方形関数，三角形関数，Happ–Genzel 関数をアポダイゼーション関数として使用したシミュレーションにより，見かけ上の面積強度 S_a と真の面積強度 S_t の比が ρ の関数として求められている[1]．その結果を**図 5.2.1** に示した．長方形関数の場合では，$\rho = 0.125, 0.25, 0.5, 1$ で，S_a が S_t よりも少し大きく，$\rho = 0.125 \sim 0.5$ での誤差は 1.5% 以下である．三角形関数と Happ–Genzel 関数を使用した場合には，いずれの強度でも，ρ が 1 から 0.125 と分解が小さくなるほど，誤差が小さくなる．Happ–Genzel 関数を使用した場合，$\rho = 0.25$ と 0.125 では誤差が 1.4% 以下であり，

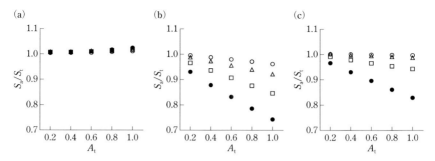

図 5.2.1 真の線幅 W と分解 $\Delta\tilde{\nu}$ の比を変化させたときの見かけの面積強度 S_a と真の面積強度 S_t の比
アポダイゼーション関数として，(a)は長方形関数，(b)は三角形関数，(c)は Happ–Genzel 関数を用いた．○：$\rho = 0.125$，△：0.25，□：0.5，●：1

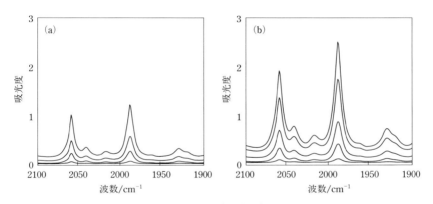

図 5.2.2 シクロヘキサン（液体）の赤外スペクトル
分解 $\Delta\tilde{\nu}$：$4\,\mathrm{cm}^{-1}$．アポダイゼーション関数は(a)長方形関数，(b)Happ–Genzel 関数．

定量分析に適している．しかしながら，三角形関数では誤差が大きく，定量分析に不適切である．

ここではシクロヘキサンの液体を固定長液体セル（厚さ，0.1, 0.5, 1.0, 2.0 mm）に入れて，$\Delta\tilde{\nu} = 1, 2, 4, 8\,\mathrm{cm}^{-1}$ で，長方形関数と Happ–Genzel 関数，cos 関数をアポダイゼーション関数として使って吸光度を測定し，分光計の縦軸の正確さを評価した例を示す．**図 5.2.2**(a)と(b)に，長方形関数と Happ–Genzel 関数の場合のスペクトルを示した．ベースラインを 1969 と $2007.5\,\mathrm{cm}^{-1}$ で引いて，$1989\,\mathrm{cm}^{-1}$ のバンドの面積強度とピークの高さを求めた．このバンドの真の幅は約 $9\,\mathrm{cm}^{-1}$ であり，

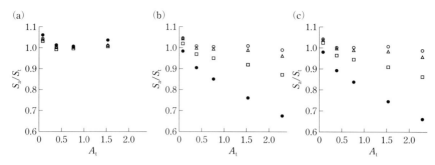

図 5.2.3　A_t に対する S_a/S_t のプロット
アポダイゼーション関数として，(a)は長方形関数，(b)は Happ–Genzel 関数，(c)は cos 関数を用いた．○：分解 $\Delta\tilde{\nu} = 1\ \mathrm{cm}^{-1}(\rho=0.111)$，△：$2\ \mathrm{cm}^{-1}(0.222)$，□：$4\ \mathrm{cm}^{-1}(0.444)$，●：$8\ \mathrm{cm}^{-1}(0.889)$．

$\Delta\tilde{\nu} = 1, 2, 4, 8\ \mathrm{cm}^{-1}$ では，それぞれ $\rho = 0.111, 0.222, 0.444, 0.889$ である．$\Delta\tilde{\nu} = 1\ \mathrm{cm}^{-1}$ ($\rho = 0.111$) として，長方形関数と Happ–Genzel 関数，cos 関数を使用して，厚さ 0.1, 0.5, 1.0 mm のセルで測定したデータはほぼ同じで，面積強度の傾きは $8.66\ \mathrm{cm}^{-1}/1\ \mathrm{mm}$ 厚さであった．この値を真の値として，観測された面積強度との誤差を求めて，図 5.2.3 に示した．

長方形関数の場合（図 5.2.3(a)）には，すべての ρ で，A_t が 1.5 程度まで，正確に測定できているが，$\rho = 0.889$ で誤差が少し大きい．シミュレーションと同様な結果である．Happ–Genzel 関数の場合（図 5.2.3(b)）には，$\rho = 0.111 (\Delta\tilde{\nu} = 1)$ と $\rho = 0.222 (\Delta\tilde{\nu} = 2)$ では，$A_t = 2.3$ 程度まで正確に測定されているが，$\rho = 0.444 (\Delta\tilde{\nu} = 4)$ から $\rho = 0.889 (\Delta\tilde{\nu} = 8)$ になると，誤差が大きくなっている．これらの結果もシミュレーションと同様である．cos 関数の場合（図 5.2.3(c)）も，Happ–Genzel 関数の場合と同様である．図には示してないが，$\rho = 0.222 (\Delta\tilde{\nu} = 2)$ では，$A_t = 3$ まで正確に測定できた．

$\Delta\tilde{\nu} = 1\ \mathrm{cm}^{-1}$ ($\rho = 0.111$) で，厚さ 0.1, 0.5, 1.0 mm のセルを用い，長方形関数と Happ–Genzel 関数，cos 関数で測定したピークの高さすなわち吸光度はほぼ同じで，吸光度の傾きは $0.765/1\ \mathrm{mm}$ 厚さであった．この値を真の値として求めた誤差を図 5.2.4 に示した．長方形関数の場合には，$\rho = 0.111 (\Delta\tilde{\nu} = 1)$ と $\rho = 0.222 (\Delta\tilde{\nu} = 2)$ では，$A_t = 1.53$ まで正確に測定された．しかし，$\rho = 0.444 (\Delta\tilde{\nu} = 4)$ と $\rho = 0.889 (\Delta\tilde{\nu} = 8)$ では，A_t が 0.8 程度までは正確に測定できたが，$A_t = 1.53$ で誤差が大きくなった．Happ–Genzel 関数の場合には，$\rho = 0.111 (\Delta\tilde{\nu} = 1)$ と $\rho = 0.222 (\Delta\tilde{\nu} = 2)$ で，$A_t = 2.3$ 程度まで正確に測定できた．一方，ρ が $0.444 (\Delta\tilde{\nu} = 4)$ から $0.889 (\Delta\tilde{\nu} = 8)$ と大きくな

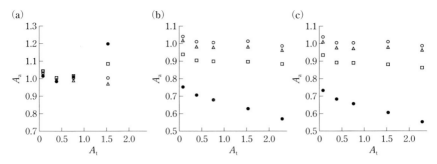

図 5.2.4 A_t に対する A_a のプロット
アポダイゼーション関数として，(a)は長方形関数，(b)は Happ–Genzel 関数，(c)は cos 関数を用いた．○:分解 $\Delta\tilde{\nu} = 1$ cm^{-1}($\rho = 0.111$)，△:2 cm^{-1}(0.222)，□:4 cm^{-1}(0.444)，●:8 cm^{-1}(0.889)．

ると，誤差が大きくなっている．cos 関数の場合も，Happ–Genzel 関数の場合と同様な結果である．

以上から，$\rho = 0.111$($\Delta\tilde{\nu} = 1$)と $\rho = 0.222$($\Delta\tilde{\nu} = 2$)では，長方形関数，Happ–Genzel 関数，cos 関数をアポダイゼーション関数として用いた場合は，$A_t = 2.3$ までピーク高さと面積強度ともに正確に測定でき，定量分析が可能である．$\rho = 0.444$($\Delta\tilde{\nu} = 4$)で Happ–Genzel 関数，cos 関数を場合には，誤差は 10％以下程度あるが，線形性があり，定量分析に実用できるレベルである．

5.2.2 ■ 検量線

定量分析では，ベールの法則——吸光度 A が濃度 C（単位 mol L^{-1} など）に比例する——ことに基づいて分析を行う．すなわち，

$$A(\tilde{\nu}) = KC \tag{5.2.2}$$

であり，面積強度を用いると，

$$S = \int A(\tilde{\nu})\mathrm{d}\tilde{\nu} = K'C \tag{5.2.3}$$

である．A と C の比例関係を表す直線を**検量線**(calibration curve)とよぶ．バンドの高さである吸光度を強度として使用することが多い．この関係は，溶媒と溶質，溶質と溶質の相互作用が無視できるような希薄溶液に関して一般に成り立つが，濃度が高くなると飽和挙動を示し，直線からずれる．定量分析を行う場合には，必ず検量線を作成し，直線性が成り立つ濃度領域を確認しなければならない．

第5章 赤外スペクトルの解析

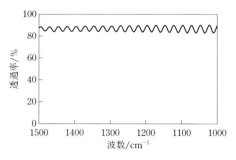

図 5.2.5　空の液体セルの干渉縞

　検量線を作成する際には，濃度既知の試料を少なくとも3点以上，できるだけ多くの濃度で測定し，濃度に対してこれらの測定データをプロットし，吸光度が濃度に比例することを確認する．つぎにこれらの測定データのうち，線形性が保たれる領域のデータを最小二乗法を利用して直線に回帰させる．そして，検量線の式を求めた後，濃度未知の試料を同様の条件で測定し，検量線から濃度を算出する．

　液体または溶液のスペクトルは，固定長液体セルまたは組立液体セルを用いて透過法で測定する．組立セルの厚みは，スペーサーで調整する．厚さ $10 \sim 500\ \mu\mathrm{m}$ の鉛やテフロンのスペーサーが市販されている．参照スペクトル測定には，溶媒のみを用いる．液体セルの厚さは，干渉縞の測定から求めることができる．セルに試料を入れず，空の状態で透過率または吸光度スペクトルを測定すると，**図 5.2.5** に示すように透過率の変動すなわち干渉縞が観測される．干渉縞の山 m 個の間の波数間隔を読み取ったところ，$\tilde{\nu}_2 - \tilde{\nu}_1$（単位 cm）であったとすると，セルの厚さ l（単位 cm）は，次式で求めることができる．

$$l = \frac{m}{2n(\tilde{\nu}_2 - \tilde{\nu}_1)} \tag{5.2.4}$$

ここで，n は大気の屈折率で，$n \approx 1$ である．図 5.2.5 のデータでは，18 個の山が $1469.754 \sim 1022.27\ \mathrm{cm}^{-1}$ の間にあり，厚さは $201\ \mu\mathrm{m}$ となる．

　また，高分子フィルムのスペクトルを測定した際に，干渉縞が観測されることがある．これは高分子の表面が平滑で膜厚が均一であるためである．この場合には，高分子の屈折率がわかっていれば，式(5.2.4)を利用して，膜厚を求めることができる．逆に，膜厚がわかっていると，屈折率を求めることができる．

5.2.3 ■ 水溶液の定量分析

ショ糖水溶液中のショ糖の定量を行った例を図 5.2.6 に示す．ショ糖のように発色団をもたない化合物を定量分析する場合には，赤外分光法は有効である．水溶液の場合，透過吸収測定よりも，ATR 測定 (4.2.6 項) が適している．検量線を作成するために，0〜40 wt% (重量パーセント濃度) の範囲で濃度の異なるショ糖水溶液を

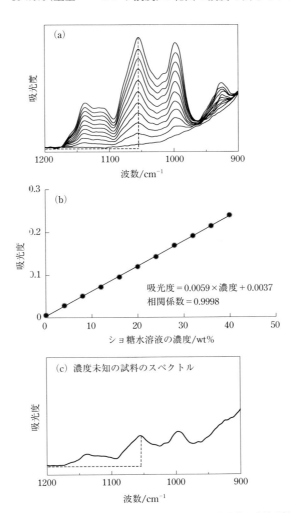

図 5.2.6　ATR–IR スペクトルを用いたショ糖水溶液試料の定量分析

4 wt%刻みで調製し，スペクトルを測定した結果である．得られたスペクトルにおける重要なバンド付近の拡大図を図 5.2.6(a)に示す．理論的に ATR 法ではショ糖の濃度が変わることで屈折率が変わり，結果としてしみ込みの深さが変わる．加えて，濃度変化にともなうショ糖分子と水との水素結合の影響によりベール則が成り立たなくなる可能性がある．図 5.2.6(b)に，1182 cm^{-1} の吸光度をベースとして，1052 cm^{-1} のバンドのピーク高さ(吸光度)を濃度に対してプロットし，最小二乗法で求めた検量線を示す．検量線は，$A = 0.0059 \times C + 0.0037$ となり，相関係数は 0.9998 である．ベールの法則では検量線は原点を通るが，参照セルのスペクトルを測定していないために，ゼロ点が明確ではないので，1次式に回帰させた．この検量線は，ATR 測定におけるしみ込み深さや水素結合の影響はあるものの，十分に定量分析に使用できると考えられる．濃度未知の試料のスペクトルを図 5.2.6(c)に示す．未知試料の 1052 cm^{-1} のバンドの吸光度は 0.108 で，検量線を用いて未知試料の濃度を求めると 18 wt%であった．

5.2.4 ■ 樹脂中の成分の定量分析

アクリロニトリル・ブタジエン・スチレン共重合合成樹脂は ABS 樹脂と総称され，自動車や家電，家具，おもちゃなどの材料として幅広く利用されている．ここでは ABS 樹脂中に含まれるブタジエンの定量を行った例を示す．ABS 樹脂試料のスペクトルを図 5.2.7(a)に示す．分析する試料はフィルム形状をしており，それぞれの試料で厚みが異なる．定量分析を行うために，2つのバンドの強度比を利用し

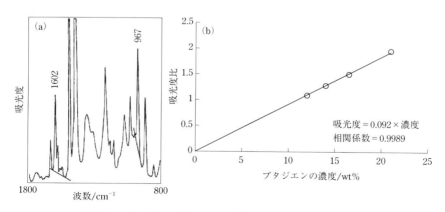

図 5.2.7　ピーク比を利用した ABS 樹脂中のブタジエンの定量分析

て，厚みの違いを補正する．ここでは ABS 樹脂のスチレンのベンゼン環の環伸縮振動に帰属される 1602 cm^{-1} のバンドのピーク高さを基準として使用した．このような基準を内部標準とよぶ．ブタジエンに帰属される 967 cm^{-1} のバンドのピーク高さを内部標準のピーク高さで割って，この比をブタジエンの重量パーセント濃度に対してプロットして，検量線を作成したところ，相関係数が 0.9989 である良好な直線性を示す検量線を得ることができた(図 5.2.7(b))．図 5.2.7(a) の試料のスペクトルから算出した 2 つのバンドの強度比は 1.21 であり，検量線を用いてブタジエンの濃度を求めると 13.2% であった．

5.2.5 ■ 気体の定量分析

赤外分光法では，液体，固体以外に，気体の定量分析を行うことができる．実験室で気体分析を行う場合には，気体セルを用いてスペクトル測定を行う．気体セルは，光路長が 5〜10 cm 程度のものから数 m〜数 10 m 程度のものまで多岐にわたるが，これらは対象となる気体物質の濃度によって使い分ける．測定可能な濃度範囲は物質の種類によって異なるが，一般的に，光路長 10 cm 程度のもので数 100 ppm 程度，数 10 m のもので数 ppm〜数 100 ppb 程度とされている．大気中に赤外光を照射して，大気中の気体成分をそのまま測定する open path という測定手法もある．

気体試料は一般に，線幅が狭く，振動回転スペクトルの微細構造や微細構造が繋がったエンベロープを示す．そこで，バンド波形や強度を正確に測定するために，分解をできるだけ小さく設定する．スペクトル測定の際に，気体セル内の温度や圧力，全圧，共存する気体物質の種類によって吸光係数やバンドの形状が異なることがあり，検量線の直線性や定量分析の結果に誤差が生じるので，測定条件を十分に検討する必要がある．例えば，赤外不活性な窒素気体を用いて試料気体を希釈した場合と，減圧をして気体の濃度を低くした場合では，窒素気体で希釈した方が高吸光度領域で直線性が保たれなくなる．

一酸化二窒素(N_2O)気体は麻酔作用があることから医療用麻酔薬として広く利用されているが，興奮作用があるとして危険ドラッグ代わりに吸入する事件が増加している．そのため，2016 年に指定薬物として法令規制が行われることとなり，その分析手法の 1 つとして FT–IR 分光測定が利用されている．**図 5.2.8**(a)に，種々の濃度で測定した N_2O 気体のスペクトルを示した．光路長 72 cm の気体セルを使用し，迅速な分析を目指すために，分解は 2 cm^{-1} として測定した．加えて，ガス

第5章 赤外スペクトルの解析

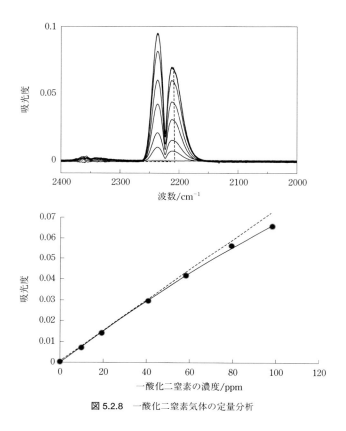

図 5.2.8　一酸化二窒素気体の定量分析

の希釈には窒素を使用した．図 5.2.8(b)に，観測された吸光度を濃度(ppm)に対してプロットした．窒素を希釈に使用したために，検量線は吸光度 0.04 付近から曲がり始めているが，数 10～100 ppm 程度の実用濃度範囲においては問題なく利用できる．

[引用文献]

1) 平石次郎 編，フーリエ変換赤外分光法―化学者のための FT-IR(測定法シリーズ)，学会出版センター(1985)

5.3 ■ ケモメトリックス

　吸光度スペクトルは，高い定量性と実験再現性の確かさという 2 点においてきわめて強力である．特に，FT–IR では横軸の精度もきわめて高いため，総じてスペクトルの定量的な解析が高精度に行える．本節ではスペクトル全体の吸光度情報をまとめて扱う**多変量解析**(multivariate analysis)について述べる．たくさんの測定値をまとめて解析し，濃度など化学物性値を予測する分野を特に**ケモメトリックス**(chemometrics)といい，スペクトル全体の吸光度情報を活かした定量分析や化学成分数解析などに威力を発揮する．

　ケモメトリックスに基づく分光分析は，5.2 節で述べた固定した単一波数位置での吸光度を利用した単一成分の定量分析を，スペクトル全体や多成分系に拡張したものである．**図 5.3.1**(a)には試料濃度が異なる 4 つの赤外吸収スペクトルのイメージを示した．ランベルト・ベール則で，セル長を $d = 1\,\mathrm{cm}$ と固定して変数を式から除外し，特定の波数位置 $\tilde{\nu}_0$ (図では 1660 cm^{-1})での吸光度 A に着目すると，ランベルト・ベールの式は

$$A = \varepsilon_\mathrm{M} C \tag{5.3.1}$$

となる．ただし，A および ε_M は波数位置 $\tilde{\nu}_0$ でのそれぞれ吸光度およびモル吸光係数で，いずれもスカラー量である．

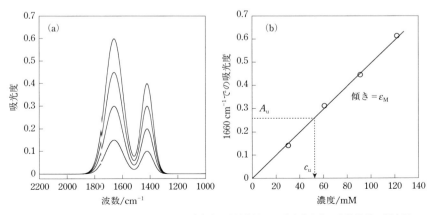

図 5.3.1　(a)赤外吸収スペクトルおよび(b)単一波数位置での吸光度を使った検量線の概念図

第 5 章　赤外スペクトルの解析

　図 5.3.1(b) に示す検量線は式 (5.3.1) を図にしたもので，最小二乗法により得た検量線の傾きは ε_M に相当する．すなわち，検量線を描くことは，ランベルト・ベール則のモル吸光係数を求めることと本質的に同じである．以下で紹介する方法はこの概念を拡張した方法である．

5.3.1 ■ スペクトルの多次元空間表現

　赤外スペクトル全体を使って検量線を描くことを考えてみよう．図 5.3.2(a) は図 5.3.1(a) と同じスペクトルであるが，太線で示したある 1 つのスペクトルは，一定の波数間隔で並んだ N 個の吸光度データ a_j を，対応する波数データに対してプロットしたものである．

$$\boldsymbol{k}_1 \equiv (a_1\ a_2\ a_3 \cdots a_{N-1}\ a_N)$$

このように，実測スペクトルは連続関数ではなく，数値の並びを格納した「N 次元のベクトル $\boldsymbol{k}_1$」とみなすことができる．すなわち，どんな形をしたスペクトルでも，N 次元空間での 1 個のベクトル (または点) とみなせる．本来は，N 本の互いに直交する軸を用意し，a_j を成分としてベクトル $\boldsymbol{k}_1$ を描きたいところであるが，「N 本の直交軸」は絵で描けないので，図 5.3.2(b) のような空間イメージを N 次元空間とみなし，原点から白丸にかけてのベクトルが $\boldsymbol{k}_1$ を表すとする．

　図 5.3.1(a) のスペクトル変化が試料の濃度だけに依存し，その濃度がはじめの c 倍に変化しているとすると，スペクトルの形は変わらず，対応するベクトルはつぎ

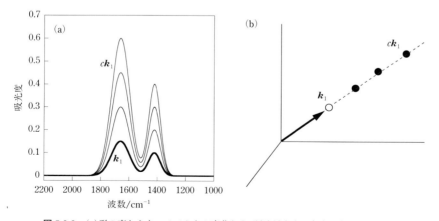

図 5.3.2　(a) 形の変わらないスペクトル変化および (b) 対応する多次元空間での表現

のような単純な変化となる.

$$\boldsymbol{k}_1 \rightarrow c\boldsymbol{k}_1 \tag{5.3.2}$$

これを図 5.3.2(b) の多次元空間で考えると，原点と点 $\boldsymbol{k}_1$ を結ぶ直線の延長線上にすべての $c\boldsymbol{k}_1$ が乗ると表現できる．これは，形が不変のスペクトル変化を，多次元空間で表現したときの特徴である．形が不変ということは，分光学的に見て「系に含まれる化学種が1種類」ということなので，単一成分系の特徴ということもできる．

単一成分系について以上をまとめると，つぎの2点が重要である．
(1) 多次元空間でのベクトルの「方向」はスペクトルの「形」に対応する
(2) 多次元空間でのベクトルの「大きさ」はスペクトルの「強度」に対応する

5.3.2 ■ ランベルト・ベール則の多成分系への拡張：classical least-squares (CLS)回帰式

つぎに，2成分系を考える．1成分系から新たに追加した化学種は「分光学的に異なる化学種」であるので，当然，スペクトルの形が異なる．すなわち，追加した成分を単独で測定すると，$\boldsymbol{k}_1$ とは方向が異なるベクトル $\boldsymbol{k}_2$ で表記できる．

$$\boldsymbol{k}_2 \equiv (b_1\ b_2\ b_3 \cdots b_{N-1}\ b_N)$$

いま，$\boldsymbol{k}_1$ および $\boldsymbol{k}_2$ を与える2成分が互いに反応せず，会合も起こらない単純な混合物を考える．ランベルト・ベール則には重ね合わせの原理が適用できるので，それぞれの濃度（c_1 および c_2）を重みとした単純な重ね合わせ（線形結合）で，混合物スペクトル $\boldsymbol{m}$ が得られる．

$$\boldsymbol{m} = c_1 \boldsymbol{k}_1 + c_2 \boldsymbol{k}_2 \tag{5.3.3}$$

さまざまな濃度の組み合わせで多数の混合物を作った場合は，濃度の添え字を2つに増やして書くと，統一的に拡張できる．

$$\begin{aligned}
\boldsymbol{m}_1 &= c_{11}\boldsymbol{k}_1 + c_{12}\boldsymbol{k}_2 \\
\boldsymbol{m}_2 &= c_{21}\boldsymbol{k}_1 + c_{22}\boldsymbol{k}_2 \\
&\vdots \\
\boldsymbol{m}_M &= c_{M1}\boldsymbol{k}_1 + c_{M2}\boldsymbol{k}_2
\end{aligned} \tag{5.3.4}$$

すなわち，c_{ij} は行列要素になっており，行列を使って書くと式(5.3.4)は次のように効率的にまとめられる．

第5章 赤外スペクトルの解析

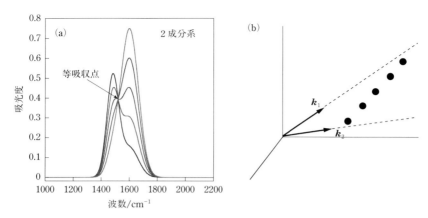

図 5.3.3 2成分系における(a)シミュレーションスペクトルおよび(b)対応する多次元空間での表現

$$\begin{pmatrix} \boldsymbol{m}_1 \\ \boldsymbol{m}_2 \\ \vdots \\ \boldsymbol{m}_M \end{pmatrix} = \begin{pmatrix} c_{11} & c_{12} \\ c_{11} & c_{22} \\ \vdots & \vdots \\ c_{M1} & c_{M2} \end{pmatrix} \begin{pmatrix} \boldsymbol{k}_1 \\ \boldsymbol{k}_2 \end{pmatrix} \Leftrightarrow \boldsymbol{A} = \boldsymbol{CK} \qquad (5.3.5)$$

ここでは，M個の混合物スペクトル $\boldsymbol{m}_j$ をまとめた行列をスペクトル行列 $\boldsymbol{A}$，濃度情報をまとめた行列を濃度行列 $\boldsymbol{C}$，純成分スペクトル $\boldsymbol{k}_1$ および $\boldsymbol{k}_2$ をまとめた行列を $\boldsymbol{K}$ と書いた．こうして，スカラー表記のランベルト・ベール則「$A = \varepsilon_\mathrm{M} C$」を行列表記の「$\boldsymbol{A} = \boldsymbol{CK}$」に拡張できた．この新しい式は，多波数点でのスペクトル全体を扱え，さらに多成分混合系を任意の試料数に対して一度に扱えるものになっている．

また，この対応関係から，行列 $\boldsymbol{K}$ は ε_M に対応することがわかる．前節で述べたように，ε_M を得ることが検量線作成に相当するので，多波数点および多成分系では行列 $\boldsymbol{K}$ を求めることが検量線作成に相当することがわかる．

ここで，2成分系の混合物スペクトルの例を図 5.3.3(a)に示す．ただし，5つの混合物スペクトル $\boldsymbol{m}_j$ は，図 5.3.4(a)の「種(たね)」スペクトル $\boldsymbol{k}_1$ および $\boldsymbol{k}_2$ と，図 5.3.4(b)の $\boldsymbol{c}_1 (= (c_{11}\, c_{21}\, \cdots\, c_{M1})^\mathrm{T})$ および $\boldsymbol{c}_2 (= (c_{12}\, c_{22}\, \cdots\, c_{M2})^\mathrm{T})$ を使って式(5.3.5)から得られたシミュレーションスペクトルである．2つの成分の一方の濃度が増加するともう一方の濃度は同時に減少しているので，図 5.3.3(a)には等吸収点(isosbestic point)が 1500 cm^{-1} 付近に現れている．

式(5.3.4)は $\boldsymbol{k}_1$ および $\boldsymbol{k}_2$ の「線形結合」なので，図 5.3.3(b)の多次元空間で考え

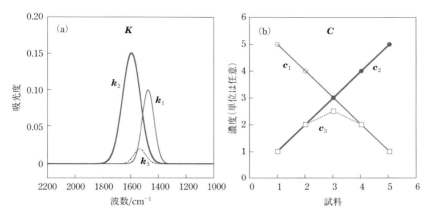

図 5.3.4 スペクトル合成に使った(a)3つのスペクトルと(b)その量的変化

ると，k_1 および k_2 の2つのベクトルによって張られる平面(2次元空間)内にすべての点 m_j が乗る．このことは，つぎのように一般化させることができる．

濃度の組み合わせを変えて作った混合物のスペクトル M 本を，多次元空間で M 個の点として表現したとき，M 個の点すべてを格納するのに必要な空間の次元数は，スペクトルで識別可能な成分数に一致する．

これを最初に示した1成分系に当てはめると，確かに1次元空間(直線)にすべての点が収まっている(図 5.3.2(b))．

言い換えると，行列 A を展開するのに必要な次元解析ができれば，スペクトルで区別可能な化学種の数(成分数)が解析できることになる．これは，思い込みの成分数とは違い，スペクトルの解析から実際に系に含まれている成分数がわかることを意味する．具体的には PCA の項(5.3.4 項)で述べる．

ところで，式(5.3.5)は測定したスペクトル一式 A を，濃度行列 C と純成分スペクトル行列 K で「モデル化している」と表現される．実際は，A にはノイズや測定誤差などが含まれているため，C と K だけで等式を成立させることはできない．すなわち，C と K だけで A を完全にモデル化することはできない．図 5.3.3(b)でいえば5つの点にはいく分ばらつきがあり「すべての点を同時に通る直線は存在しない」ということに対応する．そこで，直線からのずれを引き受ける行列 R を追加して，

$$A = CK + R \tag{5.3.6}$$

と書き，モデル化を可能にする．式(5.3.6)を **classical least-squares**(CLS)**回帰式**という．回帰(regression)とは，もともと遺伝学で先祖返り(regression)を予想する意味で使われた用語で，ケモメトリックスでは単に「予想」という意味で使われる．すなわち，CLS 回帰式はスペクトルから濃度を予想する式である．

多波数点・多成分版の検量線を得るために，測定したスペクトル A と既知の濃度情報 C から K が求まればよいが，式(5.3.6)は未知数の数より方程式の方が多い連立方程式になっているので厳密解は得られない．そこで，最小二乗解として K を得ることになる．

行列を使った最小二乗解は，つぎに述べるような形式的な変形だけで簡単に得られる．まず式(5.3.6)の R をいったん無視し，行列サイズ($M \times N$)の C について転置行列(C^T)を作り，これを左からかけて，正方行列($C^\mathrm{T}C$)を作り出す．

$$C^\mathrm{T}A = C^\mathrm{T}CK$$

この正方行列は，多くのスペクトル測定について成立する $M < N$ のとき，逆行列が計算でき，最小二乗解 K が得られる(5.3.3 項参照)．

$$K = (C^\mathrm{T}C)^{-1}C^\mathrm{T}A \tag{5.3.7}$$

K を最小二乗解という理由は，この式がいわゆる最小二乗法と数学的に完全に同値であることが示せるからである[1,2]．

具体的に図 5.3.3(a)のスペクトルと図 5.3.4(b)の c_1 および c_2 を使って，式(5.3.7)により計算した結果 K を**図 5.3.5**(a)に示す．得られた結果と元のスペクトル(図 5.3.4(a))の差分を図 5.3.5(a)の上に示す．ノイズ以外は互いによく一致していることがわかり，式(5.3.7)による最小二乗解の精度の高さがわかる．このように，「検量線」K をスペクトル表示すると，混合物スペクトルの「スペクトル分解」になっている．こうした「成分数と濃度の精度が高ければ，きわめて高い精度でのスペクトル分解が達成できる」という特徴は，CLS 回帰法の重要な性質である．

いったん検量線 K が求まると，これを使って濃度が未知の試料について，各成分の濃度を一度に求めることができる．具体的には，未知試料のスペクトル a_u と K を使って c_u を求める．先ほどと同様の式変形により C について最小二乗解を求めると，

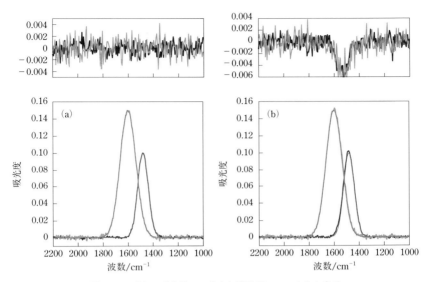

図 5.3.5 式(5.3.7)を使って求めた行列 K のスペクトル表示
(a)は図5.3.4の濃度2成分(c_1 および c_2 のみ)情報を使った計算結果，(b)は濃度3成分をすべて使った計算結果．上のパネルは計算値と k_1 および k_2 の差分．

$$c_u = a_u K^T (KK^T)^{-1} \tag{5.3.8}$$

となり，すべての試料の成分濃度が一度に求まる．

実際に，未知試料スペクトルとして用意した a_u（図5.3.6）に対応する試料の濃度を，式(5.3.8)を用いて求めると，2成分の濃度は $(c_1, c_2) = (2.50, 1.50)$ と求まり，図のキャプションに示した正解と高い精度で一致している．

一方，図5.3.4(b)の3成分をすべて使って調製した「3成分系」のスペクトル（**図 5.3.7**）が，実験で得られた場合を考えてみよう．これは，2種類の溶質しか溶液に加えた覚えがなくても，想定外の反応や会合によって，予期せぬ3成分目が生じている場合に相当する．

一見，2成分の場合（図5.3.3(a)）と大きな違いは見られず，等吸収点もあるように見える．この程度のわずかな等吸収点のぼやけ（図中の？マーク）から，3成分目が生じていることを見抜くのは難しいだろう．また，手元には2成分の濃度情報しかないので，3成分目の濃度は知る由もない．

そこで，実際には3成分系であるにもかかわらず，2成分の濃度情報で式(5.3.7)

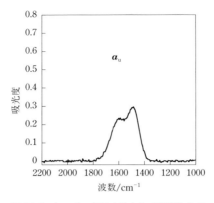

図 5.3.6 $(c_1, c_2) = (2.5, 1.5)$ として調製した未知試料スペクトル $\boldsymbol{a}_\mathrm{u}$

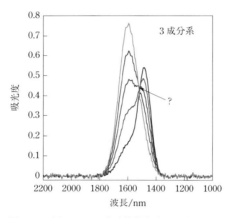

図 5.3.7 図 5.3.4 の 3 成分情報をすべて使って調製したスペクトル

を計算せざるを得ず，その結果が図 5.3.5(b) に示してある．図 5.3.5(a) との差は微少だが，差分を見ると誤差がはっきりと認められる．これは，無理に 2 成分の情報で 3 成分系のスペクトルをモデル化しようとした結果生じた誤差である．

$\boldsymbol{K}$ の誤差は検量線の誤差を意味し，当然，式 (5.3.8) による濃度推定にも誤差が現れる．先ほどと同じ，図 5.3.6 の未知濃度スペクトル $\boldsymbol{a}_\mathrm{u}$ を，図 5.3.5(b) の検量線 $\boldsymbol{K}$ で解析すると $(c_1, c_2) = (2.40, 1.43)$ と求まり，真値からの誤差はそれぞれ 3.97 % および 4.64 % と急速に拡大することがわかる．

このように，成分数に誤りが生じたときに誤差が大きく拡大するのが，CLS回帰法の原理的限界である．CLS回帰法はスペクトル分解といった強力な解析能力をもつ一方で，定量目的の実用性に乏しい．実際の化学では，成分数を決めること自体が解析の目的であり，想定外に生じた化学種の濃度まであらかじめ把握することは不可能といってよい．

CLSのこの問題点をうまく避けて，スペクトル分解の能力を引き出した例としては，6.2節のpMAIRS法がある．

5.3.3 ■ 成分数の誤りに強いILS(MLR)回帰法

CLS回帰法の原理的限界は，すべての化学情報を含むスペクトルAを，手元にある不足した濃度情報cで無理やりモデル化しようとしたところに原因がある．すなわち，図式的に表すと，

$$A \not\to ck$$

この場合，当然，不適切なkしか得られない．

これを解消するため，モデル化の方向を逆にするという発想が生まれる．すなわち，cとAを入れ替えて

$$c \to AP$$

とし，「不足しがちな濃度情報cを，全情報を含むスペクトル情報Aでモデル化する」ことにより，無理のないモデル化を実現させる．これを「逆ランベルト・ベール則」ともいう．このモデル化は，次式で与えられる．

$$C = AP_{\mathrm{ILS}} + R$$

このモデル化を **inverse least-squares (ILS) 回帰法**，または **multiple linear regression (MLR) 法**という．日本語では**重回帰分析法**ともいう．相関行列Pは次節のPCAでも使うので，区別するためP_{ILS}と書く．

CLS回帰法と同様，P_{ILS}を最小二乗解として求めることが検量線作成に相当する．

$$P_{\mathrm{ILS}} = (A^\mathrm{T} A)^{-1} A^\mathrm{T} C \qquad (5.3.9)$$

ところが，この計算はうまくいかないことが多い．Aの行列サイズ$(M \times N)$は多く

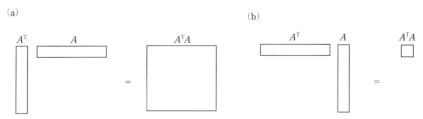

図 5.3.8 ILS回帰法での最小二乗解を求める計算における行列 A のサイズの影響
行列 A が(a)横長のときと(b)縦長のときとでは,転置行列との積の行列サイズが大きく異なる.

の場合横長($M<N$)であり,式(5.3.9)中の $A^T A$ の行列サイズ($N \times N$)は元のサイズより大きくなる(図5.3.8(a)).その結果,$A^T A$ の階数(rank)が A の階数 M より大きくなる.線形代数の定理により,このとき $\det(A^T A) = 0$ となり,逆行列 $(A^T A)^{-1}$ が求まらず,計算を進めることができない.すなわち,横長の A 行列による検量線はCLSではうまく作成できるのに対し,ILSでは求められない.

これを回避するには,$M \geq N$(図5.3.8(b))にせざるをえない.具体的には,
(1) 波数点の数より試料数を増やす
(2) 波数点の数を減らして試料数以下にする

のいずれかの方法をとる.赤外スペクトルの場合,1つのスペクトルは最低でも数百の波数点からなるので,それ以上の数の試料を用意するのは一般に困難である.そこで,(2)の「波数点を間引く」方法をとることが普通である.つまり,波数点の数は,試料数が上限である.

図5.3.7の3成分系のスペクトルの場合,試料数(スペクトル数)が5つなので,解析に使える波数位置は最大でも5カ所である.例えば,1420, 1540 および 1600 cm^{-1} の3カ所の波数位置を選んで吸光度を A に入れ,2成分濃度情報行列 C で ILS を実行すると,計算が問題なく進み,未知試料の推定値は $(c_1, c_2) = (2.50, 1.50)$ となって,成分数の誤りを克服できることがわかる.

しかしながら,ケモメトリックスは測定したスペクトルのすべてを計算に使えるのが大きなメリットなので,この「間引き」はできれば避けたいところである.また,間引く際に,波長位置の選び方に任意性が入るところは問題である.

この問題の克服は,つぎに述べる PCA を ILS 法に組み込んだ PCR 法(5.3.5項)で実現できる.

5.3.4 ■ 主成分分析(PCA)法

主成分分析(principal component analysis, **PCA**)**法**はケモメトリックスのなかでも実用的に最も重要なものである．ただし，名前の期待に反して「主成分」が直接求まるわけではない．

PCA法はCLS回帰法の発展版である．CLSは濃度の列(縦)ベクトルにより，異なる様式でも書くことができる(式(5.3.10))．

$$
\begin{aligned}
\boldsymbol{A} &= \boldsymbol{CK} + \boldsymbol{R} \\
&= \begin{pmatrix} c_{11} & c_{21} & \cdots & c_{r1} \\ \vdots & \vdots & \ddots & \vdots \\ c_{1N} & c_{2N} & \cdots & c_{rN} \end{pmatrix} \begin{pmatrix} k_{11} & \cdots & k_{1M} \\ k_{21} & \cdots & k_{2M} \\ \vdots & \ddots & \vdots \\ k_{r1} & \cdots & k_{rM} \end{pmatrix} + \boldsymbol{R} \\
&= \begin{pmatrix} c_{11} \\ \vdots \\ c_{1N} \end{pmatrix} (k_{11} \ \cdots \ k_{1M}) + \begin{pmatrix} c_{21} \\ \vdots \\ c_{2N} \end{pmatrix} (k_{21} \ \cdots \ k_{2M}) + \cdots + \begin{pmatrix} c_{r1} \\ \vdots \\ c_{rN} \end{pmatrix} (k_{r1} \ \cdots \ k_{rM}) + \boldsymbol{R} \\
&= \sum_{j=1}^{r} \boldsymbol{c}_j \boldsymbol{k}_j + \boldsymbol{R}
\end{aligned} \tag{5.3.10}
$$

化学的な意味が明確な，濃度ベクトルおよび純成分スペクトルで記述するのがCLSの特徴であるため，あらかじめ把握できている成分数と化学情報に依存してしまうという問題がある．

そこで，化学的な意味にこだわらずに，式(5.3.11)のように $\boldsymbol{A}$ を一般性の高い直交ベクトルで「展開」するのがPCA法である．たったこれだけの工夫で，CLSの限界を突破することができる(rは$\boldsymbol{A}$の行列サイズ($N \times M$)の小さい方)．

$$\boldsymbol{A} = \boldsymbol{t}_1 \boldsymbol{p}_1 + \boldsymbol{t}_2 \boldsymbol{p}_2 + \cdots + \boldsymbol{t}_r \boldsymbol{p}_r = \sum_{j=1}^{r} \boldsymbol{t}_j \boldsymbol{p}_j \equiv \boldsymbol{TP} \tag{5.3.11}$$

式(5.3.10)と違い，行(横)ベクトル $\boldsymbol{p}_j$ が正規直交ベクトルになっているため，次式が成り立つ．

$$\boldsymbol{p}_i \cdot \boldsymbol{p}_j = \boldsymbol{p}_i \boldsymbol{p}_j^{\mathrm{T}} = \delta_{ij} \tag{5.3.12}$$

式中のドットは内積を表し，δ_{ij} はクロネッカーのデルタである．また，ノイズも含めて展開しつくすので，式(5.3.11)には残余項 $\boldsymbol{R}$ がない．

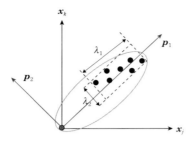

図 5.3.9 2 成分系の場合の PCA ローディングベクトルの概念図
軸 x_j および x_k は N 本の直交軸のうちの 2 本で，ピーク波数位置に相当する．

　直交系で展開するときには，係数 t_j は内積計算により必ず簡単に求められる（式(5.3.13)）．

$$t_j = \boldsymbol{a}\boldsymbol{p}_j^{\mathrm{T}} \iff \boldsymbol{T} = \boldsymbol{A}\boldsymbol{P}^{\mathrm{T}} \tag{5.3.13}$$

ケモメトリックスでは，$\boldsymbol{p}_j$ および $\boldsymbol{t}_j$ をそれぞれ**ローディングベクトル**（loading vector）および**スコアベクトル**（score vector）とよぶ．線形代数によると，ローディングベクトルは，$\boldsymbol{A}^{\mathrm{T}}\boldsymbol{A}$ の固有ベクトルとして計算できる[1,2)]．

$$(\boldsymbol{A}^{\mathrm{T}}\boldsymbol{A})\boldsymbol{P} = \Lambda\boldsymbol{P} \tag{5.3.14}$$

なお，固有値・固有ベクトルの計算には SVD（特異値分解）アルゴリズムを用いることが多く，このため一部の分野では，PCA 解析のことを SVD 解析ともいう．

　PCA 解析のイメージを図示すると，**図 5.3.9** のようになる．この図では，例として 2 成分系を考え，N 個の波数点からなる 7 つのスペクトル $\boldsymbol{A}$ を N 次元空間にプロットした結果，7 つの点が 2 次元空間に収まる場合を示している．原点を含む点の広がり（楕円で囲った部分）の分散を最大にする軸が第 1 固有ベクトル $\boldsymbol{p}_1$ である．第 2 固有ベクトル $\boldsymbol{p}_2$ は，$\boldsymbol{p}_1$ ではとらえきれなかった（すなわち $\boldsymbol{p}_1$ に直交する）点の広がりの分散を最大にする軸として求まる．7 点を $\boldsymbol{p}_1$ および $\boldsymbol{p}_2$ によって張られる平面に乗せられることから，2 成分系であることが解析により結論できる．CLS 法では，2 成分系であることと，スペクトルのピーク波数位置に相当する $\boldsymbol{x}_j$ および $\boldsymbol{x}_k$ を使う必要があり，事前情報が不可欠である．それに対し，PCA 法では測定スペクトル以外の事前情報なしに，適切な軸を固有ベクトルとして計算できるため，

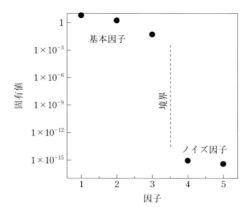

図 5.3.10 図 5.3.7 のスペクトルの固有値プロット

はるかに客観的で効率的である．

　図 5.3.9 からわかるように，ローディングベクトルは多次元空間での軸のユニタリー変換（大きさを維持した座標回転）と見ることができる．向きが変わってしまうため，スペクトルの形が純成分スペクトルとはすっかり変わってしまう．すなわち，ローディングベクトルのスペクトル表示には負のピークが入り混じり，化学的な意味は追求しづらいため，無理に議論しない方がよい．

　一方，線形代数によると，式(5.3.14)を解いて求まる固有値は，ローディング軸がとらえる点の広がり（分散）を表している[1,2]．固有ベクトルは，分散の大きいものから順に決まるため，固有値は単調減少する．上記の2成分系の場合，図5.3.9 の p_1 と p_2 によって張られる平面に垂直な3つ目のローディングベクトル p_3 は，スペクトルのノイズだけを反映して分散が非常に小さくなるため，対応する固有値も急に小さくなる．こうした特徴は，実際に固有値をプロットすると非常にわかりやすい．例として，図5.3.7 の3成分系のスペクトルについての PCA 計算から得られた固有値の片対数プロットを**図 5.3.10** に示す．

　3成分によるスペクトルの動きを最初の3つの因子（factor）がとらえている．第4因子で劇的に固有値が小さくなっていることから，スペクトルの変動がノイズ由来に変わったと判断できる．つまり，PCA の式は

$$A = t_1 p_1 + t_2 p_2 + t_3 p_3 + t_4 p_4 + t_5 p_5$$

となり，最初の3つの項だけで定量的にも本質がとらえられているといえる．この

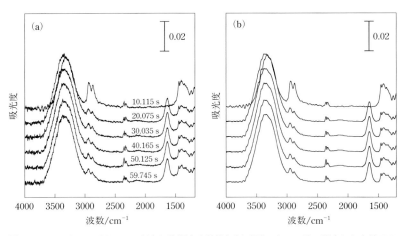

図 5.3.11 エチレングリコールが水に溶解する過程を(a)高速スキャン法で測定した赤外ATRスペクトル(代表的なもの6本)および(b)PCAでノイズ除去したスペクトル

ように，残すべき項を**基本因子**(basis factor)といい，捨ててもよい部分を**ノイズ因子**(noise factor)という．すなわち，固有値プロットから基本因子は3つで，それ以降はノイズ因子であると判断できる．これがPCAによる次元解析である．

ノイズ因子を捨てて，基本因子だけでスペクトルを再構築すると，スペクトルから効果的にノイズだけを除去することもできる．これは，基本因子数が少なく，ノイズ因子数が圧倒的に多いときに特に効果を発揮する．例えば，マッピング測定や時間分解測定のように得られるスペクトルの数が多く，構成する化学成分数が少ない時に効果が大きい．このため，マッピング測定に基づいたイメージング解析にPCAを用いると，各スペクトルにノイズが多くても，後からまとめてノイズを減らすことができ，優れたマッピングが得られるので1点あたりの測定時間が減り全体の測定時間を大幅に短縮することができる．

一例として，エチレングリコールが水に溶解する過程をFT–IRの高速スキャン測定により0.18秒ごとに測定し，得られた360本の連続測定スペクトルからPCA解析によりノイズを効果的に減らした例[3]を**図5.3.11**に示す．この場合，スペクトルの固有値計算から，系に含まれる区別可能な化学種は3成分と見積もられた．すなわち，PCAで360項に展開した際，基本因子が3つで残り357項がノイズ因子である．この基本因子だけで再構築した結果(b)は，元のスペクトル(a)に比べて大幅にノイズを除去できていることがわかる．

5.3 ケモメトリックス

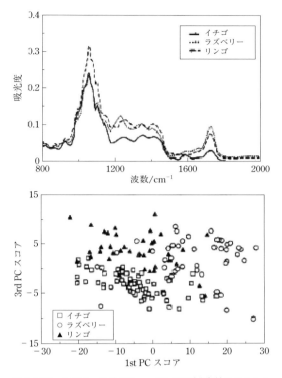

図 5.3.12 イチゴ，ラズベリー，リンゴの(a)赤外スペクトルと(b)スコアースコアプロット

一方，PCAで得られるローディングベクトルを2つ選んで組み合わせた平面的表現で，スペクトルの「形」のわずかな違いを平面上での「位置」の違いとして浮かび上がらせることができる．これをスコアースコアプロットという．

図 5.3.12 に生の赤外スペクトルでは形に差が少なく区別の難しいスペクトルと，そのスコアースコアプロット[4]を示す．この例では第1および第2ローディングベクトルがつくる平面で，多次元空間の断面を見ている．スペクトルの形のわずかな違いが，多次元空間上での位置の違いとして見やすくなっており，対象の「識別」に使える．

5.3.5 ■ 主成分回帰(PCR)法

5.3.3項で，ILS(MLR)法では，解析に使う波数点を選ぶ必要があるという問題に

211

ついて述べた．この問題は，PCA 法を使うことで完全に回避できる．ILS 法と PCA 法を組み合わせた検量手法を **PCR**(principal component regression)**法**という．**主成分回帰法**ともいう．

ILS 法の本質的な問題は，スペクトル行列 A が横長であることにある．PCR 法では，A の代わりに PCA スコア行列（式(5.3.13)の T）を使って検量を行う．T は濃度行列をユニタリー変換したものなので，個々の値には濃度としての意味はまったくない．ユニタリー変換により座標系は変わるが，スペクトルの量的変動は新しい座標系で記録されており，これが定量分析に利用できる．

さらに，T の行列サイズが $(M \times M)$ と正方行列であり，その階数がスペクトル（または試料）数と一致するため，逆行列の計算に問題が生じない．T を ILS に組み込む作業は，具体的にはつぎのように行う．

$$C = TP_{\mathrm{ILS}} + R \tag{5.3.15}$$

検量の手順は，つぎのとおりである．
(1) $T = AP_{\mathrm{PCA}}{}^{\mathrm{T}}$ により PCA スコア T を計算する．
(2) 式(5.3.9)の A を T に置き換えて ILS 法で P_{ILS} を計算する．
(3) 未知試料のスペクトルを $A_{\mathrm{u}}P_{\mathrm{PCA}}{}^{\mathrm{T}}$ により PCA スコアに変え，式(5.3.15)により濃度を求める．

実際，ILS 法のときと同様，図 5.3.7 のスペクトルと図 5.3.4(b) の濃度 2 成分を使って検量し，図 5.3.6 を未知試料スペクトルとして PCR 法を実施すると，波数点間引きを行わずに $(c_1, c_2) = (2.50, 1.50)$ が得られる．測定スペクトルをすべて活かせる CLS 法の長所と，成分数の予期せぬ変化に強い ILS 法の長所を兼ね備えた，PCR 法の強力さがわかる．

PCR 法を用いた解析例として，薬剤のコーティング材料であるプルラン（可食性の多糖）の収縮率を，赤外スペクトルから定量的に議論した結果[5]を示す．膜状にしたプルランの赤外透過スペクトルの温度変化を**図 5.3.13** に示す．昇温過程において，含水量の変化および炭化水素鎖部分の相互作用の変化に由来する 1650 および 1400 cm^{-1} 付近のバンドの変化が見られる．この温度変化スペクトルを行列 A とし，式(5.3.13)によりスコア行列 T を求める．一方，熱機械分析法（TMA）による収縮の実測値を行列 C に入れて，式(5.3.15)により PCR 回帰行列 P_{ILS} を最小二乗解として求めれば，PCR 法の検量モデルが得られる．

図 5.3.14 に，赤外スペクトルから PCR 法により得られた収縮推定値と熱機械分

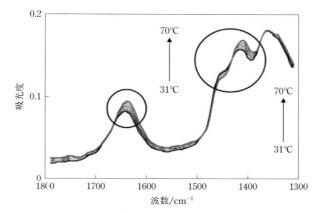

図 5.3.13　プルラン薄膜の赤外透過スペクトルの温度依存性

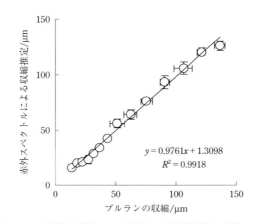

図 5.3.14　熱機械分析法により実測した収縮(横軸)と赤外スペクトルの PCR 解析による収縮の予測値(縦軸)の相関

析法による実測値との相関[5])を示す．高い相関性が見られ，赤外スペクトル測定からマクロ物性値である収縮度合いを定量的に推定できることがわかる．単純な含水量の変化だけでなく，分子構造の変化も反映した複雑な赤外スペクトルからマクロ物性値を推定することは，単一バンド法では不可能で，ケモメトリックス法の威力を如実に示す例である．

この例では，PCR 法は ILS 法とは異なり，スペクトルの全波数領域を回帰モデルの構築に使えるという利点が活かされている．また，CLS 法のように，あらかじめ

スペクトル変化の因子数を決める必要もなく，安定した定量分析が可能である．

5.3.6 ■ PLS 法

PCR 法と並んでよく用いられる検量手法に，**partial least squares**（PLS）**法**がある[注1]．PLS 法では，スペクトル測定と濃度設定のそれぞれに含まれる誤差は互いに独立である点に着目し，片方の誤差がもう一方の誤差を生じにくいように工夫したものである．

$$A = \sum_h t_h p_h + R_A = TP + R_A$$
$$C = \sum_h u_h q_h + R_C = UQ + R_C$$

(5.3.16)

このように，PCA 法と似た記述法で A と C それぞれに残余項 R を設け，互いに干渉しにくくしている．A と C を関連付けた検量には ILS 法を用いる．具体的なアルゴリズムにはいくつかの方法があり，最近では SVD アルゴリズムを利用して，繰り返し計算(iteration)を避けるのが普通である．PLS 法に用いられるアルゴリズムはやや複雑であり，分光学の本質には関係ないので，詳細は文献に譲る[1]．

式(5.3.16)の p_h は PLS ローディングベクトルとよぶが，PCA 法のときとは違って，直交性がわずかに失われている．すなわち，PCA 法のように規格直交計算の過程でノイズが拡大される懸念はわずかながら抑えられるため，スペクトルにノイズのような「非系統的誤差」が含まれる場合は PLS 法の方が PCR 法よりもわずかによい結果が得られる．一方，PLS 法では濃度変化に非直線的な「系統的誤差」があると A がそれに引きずられる．このような場合は，理屈の上では PCR 法を用いた方がよい．ただし，これらの差は実際には非常に小さい．

なお，歴史的に複数成分の濃度情報を一度に扱う PLS 計算を PLS2 とよび，単一成分だけを扱う方式を PLS1 とよぶことがある．しかし，繰り返し計算アルゴリズムを使っていた時代の名残であって本質的ではなく，今では気にする必要はほぼないといってよい．

[注1] 和名は使わない．

[引用文献]

1) T. Hasegawa, *Quantitative Infrared Spectroscopy for Understanding of a Condensed Matter*, Springer, Tokyo (2017)
2) 長谷川 健, スペクトル定量分析, 講談社 (2005)
3) T. Shimoaka and T. Hasegawa, *J. Mol. Liq.*, **223**, 621 (2016)
4) M. Defernez, E. K. Kemsley, and R. H. Wilson, *J. Agric. Food Chem.*, **43** 109 (1995)
5) Y. Sakata and M. Otsuka, *Int. J. Pharm.*, **374**, 33 (2009)

5.4 ■ 群論を用いた解析

　観測されたすべてのバンドに関して，基本音，倍音，結合音か，ホットバンドか，あるいは，フェルミ共鳴や結晶場の分裂であるか，基本音に関しては，振動にともなう原子の変位（振動モード）や対称種，遷移モーメントベクトルの方向などを明らかにすることを**帰属**（assignment）とよぶ．振動スペクトルを帰属することが，振動分光法の基本である．多くの化合物のスペクトルの帰属は，特性吸収帯の確立や分子構造解析に役立つ．帰属の際には，**群論**（group theory）に基づく考察が必要になる．ここでは，群論の基礎[1,2)]は既知という前提で，低分子として 1,3−ブタジエン，高分子としてポリアセチレンとポリエチレンについての具体的な解析例を説明する．

5.4.1 ■ 1,3−ブタジエン

　1,3−ブタジエン（$CH_2=CH-CH=CH_2$）は室温で気体であり，電子線回折などの実験から，C−C 結合軸回りの回転異性は s−トランス形（**図 5.4.1**）であることが示され

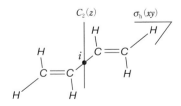

図 5.4.1　s−トランス−1,3−ブタジエンの分子構造と対称要素

第5章 赤外スペクトルの解析

ている．ここでは，s-トランス-1,3-ブタジエンに関して考察する．

スペクトル解析の前に，基準振動の個数，赤外活性な振動の個数，ラマン活性な振動の個数を知る必要がある．1,3-ブタジエン分子は，10個の原子から構成されている．したがって，運動の自由度は $3 \times 10 = 30$ であり，そのうち並進運動の自由度が3，回転運動の自由度が3であるから，残りの24が振動運動の自由度である．1,3-ブタジエンは平面分子なので，面内と面外振動がある．面内の運動の自由度は1原子あたり2なので，分子全体では $2 \times 10 = 20$ となる．このうち並進運動の自由度は2で，回転運動の自由度は1なので，残りの17が面内振動の自由度である．面外の運動の自由度は1原子あたり1なので，分子全体では $1 \times 10 = 10$ となる．このうち並進運動の自由度は1で，回転運動の自由度は2なので，残りの7が面外振動の自由度である．基準振動の数は24であり，そのうち赤外活性な振動の個数を，**点群**(point group)に基づいて求めることができる[1,2]．

点群解析の手順を以下に示す．以下の解析では，**対称操作**(symmetry operation)，**表現**(representation)，**指標**(character)などの知識が前提となっている．

（1）対象とする分子の対称要素と点群を知る．図5.4.1に示したように，1,3-ブタジエン分子は対称要素として，2回回転軸 $C_2(z)$，対称心 i，対称面 $\sigma_\mathrm{h}(xy)$ をもつ．さらに，恒等操作 E がある．これらの対称操作がつくる点群は C_2h である．
（2）物理化学や群論の本などから，該当する点群の指標表(character table)を見つけて使用する．**表5.4.1**に C_2h 点群の指標表[2]を示した．
（3）群論による計算を行うために，**表5.4.2**に示すような点群解析の表を作成する．表を完成させるために以下の考察を行う．
（4）各対称操作について，対称操作により位置を変えない原子の個数(N_R)を求めて，N_Rの行に記入する．E と $\sigma_\mathrm{h}(xy)$ では，すべての原子が位置を変えないので N_R は10で，$C_2(z)$ と i では，すべての原子が位置を変えるので N_R は0で

表 5.4.1　C_2h 点群の指標表

	E	$C_2(z)$	i	$\sigma_\mathrm{h}(xy)$		
A_g	1	1	1	1	R_z	x^2, y^2, z^2, xy
A_u	1	1	-1	-1	T_z	
B_g	1	-1	1	-1	R_x, R_y	xz, yz
B_u	1	-1	-1	1	T_x, T_y	

5.4 群論を用いた解析

表 5.4.2　s–トランス–1,3–ブタジエンの点群解析

C_{2h}	E	$C_2(z)$	i	$\sigma_h(xy)$			n	$n(T)$	$n(R)$	$n(V)$
A_g	1	1	1	1	R_z	x^2, y^2, z^2, xy	10	0	1	9
A_u	1	1	-1	-1	T_z		5	1	0	4
B_g	1	-1	1	-1	R_x, R_y	yz, zx	5	0	2	3
B_u	1	-1	-1	1	T_x, T_y		10	2	0	8
N_R	10	0	0	10						
χ_R	3	-1	-3	1						
$\chi = N_R \chi_R$	30	0	0	10						

表 5.4.3　対称操作と指標

純回転		回　映	
対称操作	χ_R	対称操作	χ_R
C_n^k	$1 + 2\cos(2\pi k/n)$	S_n^k	$-1 + 2\cos(2\pi k/n)$
$E = C_1^1$	3	$\sigma = S_1^1$	1
C_2^1	-1	$i = S_2^1$	-3
C_3^1, C_3^2	0	S_3^1, S_3^2	-2
C_4^1, C_4^3	1	S_4^1, S_4^2	-1

ある.

（5）**表 5.4.3** から，各対称操作について，1 原子に対する指標 (χ_R) を χ_R の行に記入する．E の χ_R では 3 で，$C_2(z)$ では -1 で，i では -3 で，$\sigma_h(xy)$ では 1 である．

（6）各対称操作について，N_R と χ_R の積を計算して，分子全体の指標 $\chi = N_R \chi_R$ を求め，χ の行に記入する．E では $6 \times 3 = 18$ である．$C_2(z)$ では $0 \times (-1) = 0$，i では $0 \times (-3) = 0$，$\sigma_h(xy)$ では $6 \times 1 = 6$ である．

（7）分子の運動は，点群のうちのいずれかの**既約表現**（irreducible representation）に属する．各既約表現に属する運動の自由度 n を，次式を用いて計算し，右側の n の列に記入する．分光学では，既約表現のことを**対称種**（symmetry species）とよぶ．

$$n_i = \frac{1}{h} \sum_R \chi(R) \chi_i(R) \tag{5.4.1}$$

ここで，h は点群の**次数**（order）であり，対称操作の数に等しい．$\chi(R)$ は考察している対象の χ であり，$\chi_i(R)$ は各対称種の指標である．

表 5.4.2 の値を用いて，式 (5.4.1) に従って計算すると，

$$n(\mathrm{A_g}) = \frac{1}{4}\{30 \times 1 + 0 \times 1 + 0 \times 1 + 10 \times 1\} = 10$$

$$n(\mathrm{B_g}) = \frac{1}{4}\{30 \times 1 + 0 \times (-1) + 0 \times 1 + 10 \times (-1)\} = 5$$

$$n(\mathrm{A_u}) = \frac{1}{4}\{30 \times 1 + 0 \times 1 + 0 \times (-1) + 10 \times (-1)\} = 5$$

$$n(\mathrm{B_u}) = \frac{1}{4}\{30 \times 1 + 0 \times (-1) + 0 \times (-1) + 10 \times 1\} = 10$$

となる．これらの値を n の列に記入する．上記の結果をまとめて次のように書き表す．

$$\Gamma = 10\mathrm{A_g} + 5\mathrm{B_g} + 5\mathrm{A_u} + 10\mathrm{B_u}$$

上で求めた4つの対称種の数の合計は $10+5+5+10=30$ で，運動の自由度30と一致している．

（8）並進運動が属する対称種の数 $n(T)$ を求めて，$n(T)$ の列に記入する．並進運動が属する対称種は，指標表で T_x, T_y, T_z と表記されている対称種であり，$\mathrm{A_u}$ が1個，$\mathrm{B_u}$ が2個である．

（9）回転運動が属する対称種の数 $n(R)$ を求めて，$n(R)$ の列に記入する．回転運動が属する対称種は，指標表で R_x, R_y, R_z と表記されている対称種であり，$\mathrm{A_g}$ が1個で，$\mathrm{B_g}$ が2個である．

（10）振動運動が属する対称種の数 $n(V) = n - n(T) - n(R)$ を求めて，$n(V)$ の列に記入する．$\mathrm{A_g}$ では $10-1=9$，$\mathrm{A_u}$ では $5-1=4$，$\mathrm{B_g}$ では $5-2=3$，$\mathrm{B_u}$ では $10-2=8$ である．振動の数をまとめて，次のように書き表す．

$$\Gamma^{\mathrm{V}} = 9\mathrm{A_g} + 4\mathrm{A_u} + 3\mathrm{B_g} + 8\mathrm{B_u}$$

T_x, T_y, R_z は面内運動なので，これらが属する対称種 $\mathrm{A_g}$ と $\mathrm{B_u}$ の振動は面内振動である．また，T_z, R_x, R_y は面外運動なので，これらが属する対称種 $\mathrm{A_u}$ と $\mathrm{B_g}$ は面外振動である．

（11）赤外吸収スペクトルの選択律を群論の表現で記述すると，以下のように表される．「T_x, T_y, T_z（または x, y, z）のどれかが属する対称種と同じ対称種に属する振動が赤外活性である．」この選択律を適用して，赤外活性な振動の個数を求める．また，参考として，ラマンスペクトルの選択律は，「$x^2, y^2, z^2, xy, yz, xz$ な

表 5.4.4 s-トランス-1,3-ブタジエンの振動スペクトルの帰属

対称種	No.	赤外波数/cm^{-1}	ラマン波数/cm^{-1}	計算値/cm^{-1}	振動モード
A_g	1		3087	3079	CH_2 逆対称伸縮
	2		3003	3001	CH 伸縮
	3		2992	2990	CH_2 対称伸縮
	4		1630	1667	C=C 伸縮
	5		1438	1450	CH_2 はさみ
	6		1280	1297	CH 面内変角
	7		1196	1212	C–C 伸縮
	8		894	893	CH_2 横ゆれ
	9		512	518	CCC 面内変角
A_u	10	1013		1044	CH_2 縦ゆれ
	11	908		932	CH 面外変角
	12	522		537	CH_2 ねじれ
	13	162		174	C–C ねじれ
B_g	14		976	990	CH 面外変角
	15		912	931	CH_2 縦ゆれ
	16		770	774	CH_2 ねじれ
B_u	17	3101		3079	CH_2 逆対称伸縮
	18	3055		3002	CH 伸縮
	19	2984		2999	CH_2 対称伸縮
	20	1596		1616	C=C 伸縮
	21	1381		1393	CH_2 はさみ
	22	1294		1303	CH 面内変角
	23	990		996	CH_2 横ゆれ
	24	301		299	CCC 面内変角

どのどれかが属する対称種と同じ対称種に属する振動がラマン活性である.」と表される.

C_{2h} 点群では,T_z が A_u に属し,T_x と T_y が B_u に属しているので,A_u と B_u に属する振動が赤外活性である.

一般に,スペクトルの帰属をするために,次のような実験結果を参考にする.
（ⅰ）気体や固体のスペクトルが測定可能であれば,測定する.
（ⅱ）同位体（例えば,^1H を $^2H(D)$ で置換した化合物,^{12}C を ^{13}C で置換した化合物）のスペクトルを測定する.
（ⅲ）配向試料を作製して,偏光赤外スペクトルを測定する.
（ⅳ）量子化学計算を行い,基準振動数と赤外面積強度などを求め,実験値と対応させる.

第 5 章 赤外スペクトルの解析

赤外スペクトルすなわちピーク波数と面積強度は，量子化学計算から求めることができる．現在，最も多く利用されている量子化学計算法[3]は，**密度汎関数理論**（density functional theory, DFT と略す）や非経験的分子軌道法に基づく方法である．基準振動にともなう各原子の動き，すなわち振動モードは物理量として観測できないが，赤外バンドを構造マーカーとして研究・分析に利用する際の基礎となるので重要である．ガウシアンとよばれるプログラム・パッケージを購入すれば，パソコンでも量子化学計算を行うことができる．一般に，計算で得られる振動の波数は観測値よりも高いので，スケーリングという処理を行い，観測値に近づけて，計算値と観測値の対応づけを行う．最も多く行われているスケーリングは，観測波数と計算波数の比（スケーリング因子とよぶ）を最小二乗法で決め，観測波数にこの定数をかける方法である．計算値と観測値を比較する際には，計算は真空中の 1 分子に対して行われているので，観測値として，可能であれば気体の値や非極性溶媒の溶液の値を用いる．観測値は非調和性を含んでいるが，ここで示した計算値は調和振動数であり，非調和性が大きければ，一致しなくても当然である．非調和性を考慮した計算も発展し，スケーリングを行わなくても，よい一致が得られるようになりつつある．

観測された 1,3-ブタジエンのラマン・赤外スペクトルの帰属[4]を**表 5.4.4** に示した．B3LYP/6–311＋G** レベルの DFT 計算の結果も表 5.4.4 に示した．「B3LYP」は汎関数（電子密度の関数の関数）の種類を表し，「6–311＋G**」は基底関数（分子軌道を表すために用いる原子軌道などの関数）を表す．表中の波数は，計算で求めた波数を，波数リニアスケーリング[5]した値である．最も強い赤外バンド（計算波数 932 cm^{-1}）の振動にともなう原子変位を**図 5.4.2** に示した．=CH$_2$ 基の 2 個の H

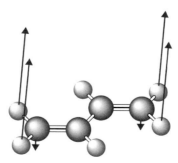

図 5.4.2 932 cm^{-1} のバンドの振動にともなう原子変位

原子が同時に分子面に対して垂直に単振動する CH_2 縦ゆれ振動である．図では，H原子が上下に単振動することを矢印で表現している．

振動スペクトルは，赤外スペクトルだけでなく，ラマンスペクトルでも観測される．1,3-ブタジエンでは，赤外活性なバンドはラマン不活性で，ラマン活性なバンドは赤外不活性であり，このことを**交互禁制律**(mutual exclusion rule)とよぶ．交互禁制律は，対称心 i を対称要素としてもつ点群に属する分子に対して成り立ち，このような分子では，振動スペクトルを完全に解析するためには，赤外とラマンの両方のスペクトルが必要である．

5.4.2 ■ ポリアセチレン

高分子は機能性材料として，さまざまな応用に利用されている．高分子の赤外スペクトルの帰属においても，群論が有用である[6〜9]．ポリアセチレンは，2000 年にノーベル化学賞を授与された白川英樹博士が開発した導電性高分子である．ポリアセチレンには，C=C 結合に関して，トランス形とシス形の幾何異性体があり，トランス形は室温で安定であるが，シス形はトランス形に異性化する．ここでは，トランス-ポリアセチレンの振動スペクトル解析に関して記述する．図 5.4.3 に示したように，無限に長いトランス-ポリアセチレン鎖では，−CH=CH− が繰り返し単位で，周期を a とする．この構造は，格子定数 a の 1 次元結晶とみなすことができる．

無限に長い高分子鎖の基準振動の数は無限に存在するが，隣接する繰り返し単位間の振動の位相の差 δ で分類することができる[6,7]．高分子鎖全体において，振動の位相の変化の様子は波で表されるので，その波の波長 λ や波数 k を考えて，基準振動の分類や考察に利用する．δ と k, λ の間には次の関係が成り立つ．

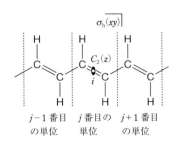

図 5.4.3　トランス-ポリアセチレンの分子構造と対称要素

第5章 赤外スペクトルの解析

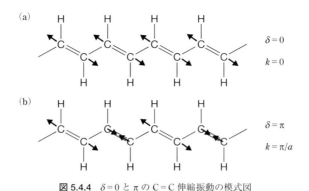

図 5.4.4　$\delta=0$ と π の C=C 伸縮振動の模式図

$$\delta = ka \tag{5.4.2}$$

$$k = \frac{2\pi}{\lambda} \tag{5.4.3}$$

図 5.4.4 に C=C 伸縮振動に関して振動の位相差を模式的に示した．$\delta=0$ では，すべての C=C 結合が同時に伸びたり縮んだりする振動で，$k=0$, $\lambda=\infty$ となる．また，$\delta=\pi$ では，隣り合う C=C 結合が交互に伸びたり縮んだりする振動で，$k=\pi/a$, $\lambda=2a$ である．振動数を k で表すことができることがわかる．振動数（振動のエネルギーに対応）を k に対して表示する空間を**逆格子空間**（reciprocal lattice space）とよぶ．k または δ に対して振動バンドの波数をプロットしたグラフを**分散曲線**（dispersion curve）とよぶ．分散曲線は y 軸に対して対称である．1次元結晶（周期 a）の第一ブリュアン帯域は $-\pi/a \leq k \leq \pi/a$ である．繰り返し単位の原子数を N とすると，分散曲線の数は繰り返し単位の運動の自由度 $3N$ と同じであり，トランス–ポリアセチレンの場合には，繰り返し単位は4原子から構成されているので，$4\times 3=12$ である．12の自由度に関して，それぞれに分散曲線があり，**分枝**（branch）とよばれている．無限に長い高分子鎖では，並進運動の自由度が3である．回転運動に関しては，高分子軸の方向すなわち図 5.4.3 の x 軸回りの回転運動は存在するが，y と z 軸回りの回転運動はないので，回転運動の自由度は1である．したがって，振動の自由度は $3N-4$ であり，トランス–ポリアセチレンの場合には $12-4=8$ である．このことは，$k=0$ において，振動数がゼロとなる分枝，すなわち**音響分枝**（acoustic branch）が4つ，ゼロにならない分枝，すなわち**光学分枝**（optical branch）が8つあることを意味する．また，ポリアセチレンは平面構造をとってお

り，面内振動の自由度は $2\times4-2=6$ であり，面外振動は $1\times4-2=2$ である．ここで，3次元結晶では振動の自由度は $3N-3$ で，1次元結晶が特別な場合であることを付記する．

結晶の赤外吸収の選択律として，次のことを導くことができる．

【結晶の赤外スペクトルの選択律】
$k=0(\delta=0)$ すなわちブリュアン帯域中央の振動は，赤外・ラマン活性となりうる．

結晶で $k=0$ の振動(すべての繰り返し単位が同じ位相で変位する振動)を群論で解析する方法に**因子群解析**(factor group analysis)がある．直鎖状高分子鎖は1次元結晶とみなせるので，因子群解析を適用することができる．ここではトランス−ポリアセチレンの因子群解析を説明する．赤外活性とラマン活性な振動が何個あるかについては，5.4.1項で記述した分子の点群解析と同様な手順に従って求めることができる．

無限に長いトランス−ポリアセチレン鎖(図5.4.3)では，繰り返し単位−CH=CH−を周期の長さ a だけ右方向に移動すると j 番目の単位は $j+1$ 番目の単位に重なり，無限鎖であるから，すべての繰り返し単位は右隣の単位と重なる．同様に，周期 a の整数倍だけ平行移動すると元と同じ構造に重なる．すなわち対称操作として並進操作が存在する．1次元結晶としての対称操作として，並進操作のほかに，E, $C_2(z)$, i, $\sigma(xy)$ が存在し，これらは1次元結晶の空間群を構成する．以上のような対称操作がつくる群を**因子群**(factor group)とよぶ．ポリアセチレン単分子鎖の因子群は点群 C_{2h} と同型であり，C_{2h} 点群に基づいて取り扱えばよい．

5.4.1項で記述した点群解析の手順(2)〜(11)で行った因子群解析を**表5.4.5**に示した．$k=0$ における振動の自由度は

$$\Gamma^V = 4A_g + A_u + B_g + 2B_u$$

となる．C_{2h} 点群の指標表で，$x^2, y^2, z^2, xy, yz, zx$ が属している対称種は A_g と B_g なので，これらの対称種に属する5個の振動がラマン活性で，T_x, T_y, T_z が属する対称種が A_u と B_u なので，3個の振動が赤外活性である．トランス−ポリアセチレンのラマン・赤外スペクトルを**図5.4.5**に示した．また，これまでの研究で明らかとなった帰属を**表5.4.6**に示した．

無限鎖長のトランス−ポリアセチレンでは，$k=0$ の振動が赤外・ラマン活性とな

第 5 章 赤外スペクトルの解析

表 5.4.5 トランス-ポリアセチレン鎖の因子群解析

C_{2h}	E	$C_2(z)$	i	$\sigma_h(xy)$			n	$n(T)$	$n(R)$	$n(V)$
A_g	1	1	1	1	R_z	x^2, y^2, z^2, xy	4	0	0	4
A_u	1	1	-1	-1	T_z		2	1	0	1
B_g	1	-1	1	-1	R_x, R_y	yz, zx	2	0	1	1
B_u	1	-1	-1	1	T_x, T_y		4	2	0	2
N_R	4	0	0	4						
χ_R	3	-1	-3	1						
$\chi = N_R \chi_R$	12	0	0	4						

N_R：繰り返し単位のなかで，対称操作により
　　　位置を変えない原子の数
χ_R：原子 1 個に関する指標
χ：繰り返し単位内のすべての原子に関する指標
n：運動の自由度
$n(T)$：並進運動の自由度
$n(R)$：回転運動の自由度
$n(V)$：振動運動の自由度

各対称種に属する運動の自由度

$$n(A_g) = \frac{1}{4}(12+4) = 4$$

$$n(A_u) = \frac{1}{4}(12-4) = 2$$

$$n(B_g) = \frac{1}{4}(12-4) = 2$$

$$n(B_u) = \frac{1}{4}(12+4) = 4$$

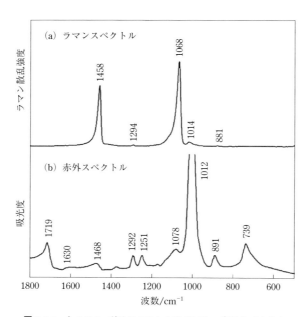

図 5.4.5 トランス-ポリアセチレンのラマン・赤外スペクトル

表 5.4.6　トランス–ポリアセチレンの振動スペクトルの帰属

対称種	No.	波数/cm^{-1}	ラマン波数	帰属
A_g	1	—	—	CH 伸縮
	2	—	1458	C=C 伸縮と CC 伸縮の混成
	3	—	1294	CH 面内変角
	4	—	1068	CC 伸縮と C=C 伸縮の混成
A_u	5	1012	—	CH 面外変角
B_g	6	—	881	CH 面外変角
B_u	7	3012	—	CH 伸縮
	8	1251	—	CH 面内変角

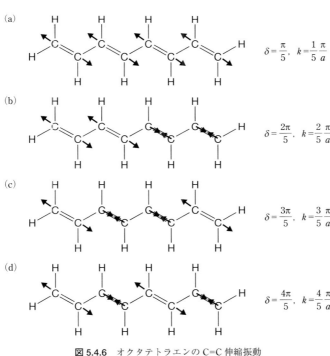

図 5.4.6　オクタテトラエンの C=C 伸縮振動

るという選択律があるが，実測スペクトルでは，その選択律では説明できないバンドも観測される．図 5.4.5 の赤外スペクトルには，1251 と 1012 cm^{-1} 以外に弱いながら多くのバンドが観測されている．これらのバンドは，$k=0$ の選択律の破れに由来し，振動の状態密度とよい一致を示している[10]．

有限の長さのトランス–ポリエンでは，$k=0$ の選択律は成り立たず，多くの位相が異なるモードが観測される．例えば，C=C 結合を N 個もつトランス–ポリエン

では，C=C 伸縮振動が N 個ある．これらの振動は，無限鎖長のトランス–ポリアセチレンの分散曲線で，

$$\delta = \frac{n\pi}{N+1} \quad (n = 1, 2, \cdots, N) \tag{5.4.4}$$

に対応すると近似できる[11]．オクタテトラエン（$N=4$）の場合の振動モードを図 5.4.6 に模式的に示した．1 次元結晶の第一ブリュアン帯域（$-\pi/a \leq k \leq \pi/a$）と図中の k の値に注意してほしい．対称心がある場合には，ラマン活性と赤外活性が 2 個ずつとなる．C=C 伸縮振動は，等核 2 原子分子の伸縮振動と類似しており，赤外スペクトルでは，C=C 伸縮振動の強度は弱い．ラマンスペクトルでは，$\delta = \pi/(N+1) = \pi/5$ のモードが非常に強く観測される．

5.4.3 ■ ポリエチレン

ポリエチレンの結晶領域では，図 5.4.7 に示したように，単一のポリエチレン高分子鎖はトランス形で分子鎖方向に伸びた構造をとり，$-CH_2-CH_2-$ を繰り返し単位とした周期 a（2.534 Å）が存在し，1 次元結晶とみなせる．対称操作として，並進操作，E, $C_2(y)$, $C_2(z)$, $C_2^s(x)$, i, $\sigma(xy)$, $\sigma(yz)$, $\sigma_g(zx)$ が存在し，これらは 1 次元結晶の空間群を構成する．$C_2^s(x)$ は 2 回らせん軸（two-fold screw axis）であり，180° の回転と分子軸方向への 1/2 周期の平行移動を含む対称操作である．$\sigma_g(zx)$ は映進面（glide plane）であり，鏡映と分子軸方向への 1/2 周期の平行移動を含む対称操作である．図 5.4.7 では，繰り返し単位の中に，i, $C_2(y)$, $C_2(z)$, $\sigma(yz)$ が 2 個示されているが，それぞれ同じ対称操作に分類できる．例えば，$i(1)$ と $i(2)$ に関して，

$$C^{I}(j) \xrightarrow{i(1)} C^{II}(j), \quad C^{I}(j) \xrightarrow{i(2)} C^{II}(j+1) \xrightarrow{\text{並進操作}} C^{II}(j)$$

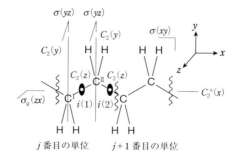

図 5.4.7　ポリエチレン鎖の対称要素

表 5.4.7　ポリエチレン鎖の因子群解析

D_{2h}	E	$C_2(y)$	$C_2(z)$	$C_2^s(x)$	i	$\sigma(xy)$	$\sigma(yz)$	$\sigma_g(zx)$		n	$n(T)$	$n(R)$	$n(V)$
A_g	1	1	1	1	1	1	1	1		3	0	0	3
A_u	1	1	1	1	-1	-1	-1	-1		1	0	0	1
B_{1g}	1	-1	1	-1	1	1	-1	-1	R_z	2	0	0	2
B_{1u}	1	-1	1	-1	-1	-1	1	1	T_z	3	1	0	2
B_{2g}	1	1	-1	-1	1	-1	1	-1	R_y	1	0	0	1
B_{2u}	1	1	-1	-1	-1	1	-1	1	T_y	3	1	0	2
B_{3g}	1	-1	-1	1	1	-1	-1	1	R_x	3	0	1	2
B_{3u}	1	-1	-1	1	-1	1	1	-1	T_x	2	1	0	1
N_R	6	2	0	0	0	2	6	0					
χ_R	3	-1	-1	-1	-3	1	1	1					
$N_R\chi_R$	18	-2	0	0	0	2	6	0					

となるので，$i(1)$ と $i(2)$ は同じ対称操作に分類できる．ポリエチレン単分子鎖の因子群は点群 D_{2h} と同型であるので，D_{2h} 点群に基づいて取り扱えばよい．

5.4.1 項で記述した手順(2)～(11)で作成した因子群解析の結果[7,8,12]を**表 5.4.7**に示した．手順(4)で N_R を記入するが，$C_2(y)$ と $\sigma(yz)$ は同じ対称操作に分類される対称要素が 2 カ所あり，炭素原子が対称操作により動かない原子となるので，$N_R = 2$ となる．すべての対称操作に関して，$\chi = N_R\chi_R$ を計算し，式(5.4.1)を使って n を求める．指標表を用い，並進運動と回転運動の既約表現からそれぞれ $n(T)$ と $n(R)$ を求め，$n(V) = n - n(T) - n(R)$ を計算する．その結果，$k = 0$ における振動の自由度は

$$\Gamma^V = 3A_g + A_u + 2B_{1g} + 2B_{1u} + B_{2g} + 2B_{2u} + 2B_{3g} + B_{3u}$$

と表される．

市販されているポリエチレンラップのラマン・赤外スペクトルを**図 5.4.8**に示した．観測されたラマン・赤外スペクトルの帰属[13]を**表 5.4.8**に示した．振動モードの略記号は，4.1.1 項に記述してある．1473 と 1463 cm^{-1} のダブレットバンドは CH$_2$ はさみ振動(B_{2u})に，731 と 720 cm^{-1} のダブレットバンドは CH$_2$ 横ゆれ振動(B_{1u})に帰属されている．これらの振動モードは，両方とも，単一のポリエチレン鎖では 1 本ずつのはずである．2 本に分離しているのは，3 次元結晶(空間群 D_{2h}^{16}，単位格子に 2 本の高分子鎖が存在する)における結晶場の影響により説明されている．つまり，格子に 2 つの高分子鎖があり，それらの間の相互作用により 2 本のバンドに分かれている．3 次元結晶の対称性 D_{2h} で，1473 と 1463 cm^{-1} の赤外バンド

第 5 章　赤外スペクトルの解析

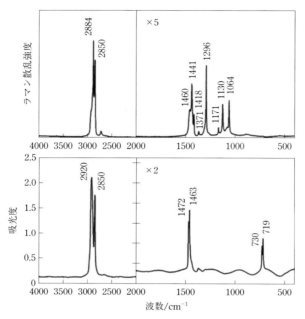

図 5.4.8　ポリエチレンラップのラマン・赤外スペクトル

表 5.4.8　ポリエチレンラップの振動スペクトルの帰属

対称種	No.	赤外波数 /cm^{-1}	ラマン波数 /cm^{-1}	振動モード
A_g	1	—	2850	$\nu_s(CH_2)$
	2	—	1441, 1418	$\delta(CH_2)$
	3	—	1130	CC 伸縮
A_u	4	1050	—	$t(CH_2)$
B_{1g}	5	—	1371	$w(CH_2)$
	6	—	1064	CC 伸縮
B_{1u}	7	2920	—	$\nu_a(CH_2)$
	8	730, 719	—	$r(CH_2)$
B_{2g}	9	—	1296	$t(CH_2)$
B_{2u}	10	2850	—	$\nu_s(CH_2)$
	11	1472, 1463	—	$\delta(CH_2)$
B_{3g}	12	—	2884	$\nu_a(CH_2)$
	13	—	1171	$r(CH_2)$
B_{3u}	14	1176	—	$w(CH_2)$

は，それぞれ B_{2u} と B_{1u} 振動に帰属され，731 と 720 cm^{-1} のバンドはそれぞれ B_{1u} と B_{2u} 振動に帰属されている[7]．したがって，これらのバンドの分離は結晶／アモルファスの区別に利用できる．また，全トランス形の n-アルカンでは，$k=0$ 以外

の振動が数多く観測される．特に，w(CH_2)やr(CH_2)で明瞭なバンドプログレッション（4.1 節参照）が観測され，これらは式(5.4.4)を使ってポリエチレンの分散曲線と対応づけられている[6,13]．

[引用文献]

1) 中川一朗，振動分光学，学会出版センター(1987)
2) 中崎昌雄，分子の対称と群論，東京化学同人(1973)
3) 平尾公彦 監修，武次徹也 編，新版 すぐできる量子化学計算ビギナーズマニュアル，講談社(2015)
4) T. Shimanouchi, *Tables of Molecular Vibrational Frequencies, Consolidated Volume I*, NSRDS-NBS 39(1972), p. 139
5) H. Yoshida, A. Ehara, and H. Matsuura, *Chem. Phys. Lett.*, **325**, 477(2000)
6) 島内武彦，赤外線吸収スペクトル解析法，南江堂(1960)，pp. 175-193
7) 田所宏行，高分子の構造，化学同人(1976)，第 5 章 赤外吸収およびラマンスペクトル
8) 日本分光学会 編，赤外・ラマン分光法（分光測定入門シリーズ），講談社(2009)，pp. 40-45, 97-102
9) 田代孝二（西岡利勝 編著），高分子赤外・ラマン分光法，講談社(2015)，第 5 章 高分子特有の静的動的構造解析手段としての振動分光法
10) H. Takeuchi, T. Arakawa, Y. Furukawa, and I. Harada, *J. Mol. Struct.*, **158**, 179(1987)
11) S. Hirata, H. Torii, and M. Tasumi, *J. Chem. Phys.*, **103**, 8964(1995)
12) T. Hasegawa, *Quantitative Infrared Spectroscopy for Understanding of a Condensed Matter*, Springer, Tokyo(2017), pp. 25-27
13) T. Shimanouchi, *Tables of Molecular Vibrational Frequencies, Consolidated Volume I*, NSRDS-NBS 39(1972), p. 156
14) R. G. Snyder and J. H. Schachtschneider, *Spectrochim. Acta*, **19**, 85(1963)
15) M. Tasumi, T. Shimanouchi, A. Watanabe, and R. Goto, *Spectrochim. Acta*, **20**, 629(1964)

5.5 ■ グループ振動による解析

1 つの基準振動においては，一般に分子を構成するすべての原子が振動し，その基準振動の振動数（波数）は分子を構成するすべての化学結合の力の定数や原子の質

量に依存する．しかしながら，基準振動の中には，特定の化学結合やグループに局在した特徴的な振動もあり，そのような振動は**特性吸収帯**や**グループ振動**とよばれている．グループ振動には，伸縮振動や変角振動が多く，平面分子では変角振動は面内変角振動と面外変角振動に分けられる．グループ振動に基づけば，化学結合や官能基の定性分析が可能となる．偏光スペクトルの解析では，赤外バンドに付随する遷移モーメントベクトルと原子の配置の関係が必要となるので，グループ振動に付随する遷移モーメントベクトルに関しても記述する．5.1 節で記述したように，官能基の定性分析においても官能基・局所構造の検索プログラムが使用され，今後も人工知能により益々発展することが期待されるが，個々のグループ振動に関する知識は，スペクトル解析の質を高めるために役立つ．

グループ振動に関しては，文献 1～6 に詳しくまとめられている．ここでは，代表的なグループ振動について記述する．3600～1600 cm^{-1} の波数領域には，特徴的な伸縮振動が観測される．1600～1000 cm^{-1} の波数領域には，主に単結合の伸縮と変角振動が観測されるが，定性分析に利用するのは難しく，**指紋領域**(finger-print region)とよばれている．1000 cm^{-1} 以下の波数領域には，アルケンや芳香族化合物の CH 面外変角振動が観測され，置換様式の判定に利用できる．無機イオンのグループ振動については付録 D に示した．また，観測した試料のスペクトルから，化学結合や官能基の定性分析だけでなく，より詳しい局所的な化学環境に関して情報を得ることもできるが，これらは個々に検討する必要がある．

これ以降，バンド強度について，s, m, w はそれぞれ，強い，中程度，弱いことを示す．br はバンド幅が広いことを示す．

A. 3600～2100 cm^{-1} の領域に強い特徴的なバンドがある物質

軽い原子である H がつくる化学結合 A–H（例えば，A=C, O, S, N など）をもつ分子では，AH 伸縮振動は 3600～2100 cm^{-1} の領域に観測され，他の化学結合の影響を受けない．このような赤外バンドは，A–H 結合の存在を示すバンドとして使用することができる．A–H 結合が 1 つで，他の振動とのカップリングがなければ，遷移モーメントベクトルは A–H 結合に平行である．AH_2 と AH_3 グループの振動に関する遷移モーメントは表に記載した．**表 5.5.1** から**表 5.5.7** に AH 伸縮振動のグループ振動を示す．

(1) O–H 結合をもつ物質

表 5.5.1 O–H 結合に関係した赤外バンド

波数 /cm^{-1}	強度,形	振動モード	備 考
脂肪族アルコール,単量体			
3640〜3610	s, br	OH 伸縮	2量体で 3600〜3500(s) 会合体,水素結合で 3400〜3200(s, br) キレートで 3200〜2500(m, br) 結晶水で 3600〜3100
1160〜1030	s	CO 伸縮	
芳香族アルコール			
〜3610	s, br	OH 伸縮	
〜1200	s	CO 伸縮	

(2) N–H 結合をもつ物質

表 5.5.2 アミンの赤外バンド

波数/cm^{-1}	強度,形	振動モード	備 考
第一級アミン–NH$_2$,単量体			
3480〜3370	m–w	NH$_2$ 逆対称伸縮	会合体,水素結合で 3400〜3300
3350〜3320	m–w	NH$_2$ 対称伸縮	会合体,水素結合で 3330〜3250
1640〜1570	s	NH$_2$ はさみ	
1360〜1030	m	CN 伸縮	
900〜650	m	NH$_2$ 縦ゆれ	
第二級アミン–NH–,単量体			
3450〜3310	m–w	NH 伸縮	ピペリジンなど含窒素環状化合物では特に弱い. 会合体(水素結合)で 3400〜3200
1580〜1490	w	NH 変角	
1360〜1180	m	CN 伸縮	

表 5.5.3 アミンの塩の赤外バンド

波数/cm^{-1}	強度,形	振動モード	備 考
飽和アミン–N$^+$H$_3$			
〜3000	s, br	N$^+$H$_3$ 非対称と対称伸縮	CH 伸縮バンドの上に幅広く重なるのが特徴で,「アンモニウム吸収帯」とよばれている.
〜2500	m	結合音,倍音	
〜2000	m	結合音,倍音	
1600〜1575	s	N$^+$H$_3$ 非対称変角	
1500		N$^+$H$_3$ 対称変角	
飽和アミン–N$^+$H$_2$–			
2700〜2250	s, br	N$^+$H$_2$ 伸縮	アンモニウム吸収帯
2000	s	結合音,倍音	
1600〜1575	s–m	N$^+$H$_2$ 変角	

(3) C–H 結合をもつ物質

CH 伸縮振動に帰属される赤外バンドの波数は，C 原子の化学結合すなわち単結合(sp^3 混成)，二重結合(sp^2 混成)，三重結合(sp 混成)に依存する．$C(sp^3)$ の場合には，$-CH_3$，$-CH_2$ のグループ振動が重要である．類似構造をもつ $-N^+H_3$ の基準振動も同様である．$-CH_2$ の基準振動の原子変位はすでに図 4.1.3 に示してある．

表 5.5.4 CH 伸縮振動の赤外バンド

化学結合	波数 /cm^{-1}	強度，形	備 考
$C(sp)H$ 伸縮	3300	s	脂肪族
$C(sp^2)H$ 伸縮	3020	m	芳香族，不飽和
$C(sp^3)H$ 伸縮	2845〜2960	s, m	アセチレン誘導体

表 5.5.5 CH_3 に関係した赤外バンド

波数/cm^{-1}	強度，形	振動モード	備 考
2970〜2950	s	CH_3 非対称伸縮	遷移モーメントは 3 回回転軸に垂直 $O-CH_3$：2990〜2975
2885〜2860	m	CH_3 対称伸縮	遷移モーメントは 3 回回転軸に平行 $O-CH_3$：2830〜2815 $N-CH_3$：2805〜2790
1470〜1455	m	CH_3 非対称変角	遷移モーメントは 3 回回転軸に垂直
1385〜1370	m	CH_3 対称変角	遷移モーメントは 3 回回転軸に平行
1200〜845	w	CH_3 横ゆれ	遷移モーメントは 3 回回転軸に垂直

表 5.5.6 $(CH_2)_n$ に関係した赤外バンド

波数 /cm^{-1}	強度，形	振動モード	備 考
2940〜2915	s	CH_2 逆対称伸縮	ゴーシュ形が増えると高波数シフト 全トランス形で遷移モーメントは HCH 角の二等分線に垂直で，分子長軸に垂直
2865〜2845	s	CH_2 対称伸縮	ゴーシュ形が増えると高波数シフト 全トランス形で遷移モーメントは HCH 角の二等分線に平行で，分子長軸に垂直
2920〜2890	w	フェルミ共鳴	
1475〜1445	m	CH_2 はさみ	結晶で分裂 全トランス形で遷移モーメントは分子長軸に垂直
1350〜1175	m	CH_2 縦ゆれ	バンドプログレッション 全トランス形で遷移モーメントは分子長軸に平行
1305〜1295	w	CH_2 ねじれ	実用上，役に立たない
725〜720	m	CH_2 横ゆれ	バンドプログレッション 結晶で分裂 全トランス形で遷移モーメントは分子長軸に垂直

(4) その他の A–H 結合(A : S, P, Si)

表 5.5.7　A–H 結合の伸縮振動の赤外バンド

振動モード	波数/cm^{-1}	強度, 形	備 考
SH 伸縮	2600〜2550	w	OH 伸縮よりも弱い
PH 伸縮	2450〜2280	m, w	
SiH 伸縮	2360〜2100	s	

B. 2300〜2000 cm^{-1} の領域に強い特徴的なバンドがある物質

　この波数領域では C, N, O 原子の多重結合に帰属されるグループ振動が観測される．同じ原子から構成される多重結合では，対称性がよいと等核 2 原子分子と同様に，伸縮振動の強度は非常に弱い．この場合には，ラマンスペクトルに強く観測される．対称性が悪いと赤外スペクトルに観測される．異なる原子から構成される多重結合では，赤外スペクトルに強く観測される．

表 5.5.8　多重結合の伸縮振動の赤外バンド

多重結合	波数/cm^{-1}	強度, 形	振動モードと備考
–N$^+$≡N (ジアゾニウム塩)	2280〜2240	s	波数は対イオンに依存する
–N=C=O (イソシアネート)	2275〜2250 1350 付近	s s	NCO 逆対称伸縮 NCO 対称伸縮, 実用性なし
C≡C 結合	2260〜2100	s, m	対称性がよいと強度はほぼゼロである
C≡N 結合	2260〜2210	s, m	
–NC (イソシアニド)	2150〜2130	s, m	
–N$_3$ (アジド)	2160〜2095 1340〜1180	s s, m	NNN 逆対称伸縮 NNN 対称伸縮
C=C=O	2150〜2110	s	CCO 逆対称伸縮
C=N$^+$=N– (ジアゾ化合物)	2050〜2000	s	CNN 逆対称伸縮
C=O	1850〜1630	s	
C=N 結合	1690〜1620	m	
C=C 結合	1680〜1620	m, w	対称性がよいと強度は弱い

C. 1900〜1600 cm^{-1} の領域：C=O 基

　化学において重要な官能基である C=O に関して，伸縮振動は，1850〜1630 cm^{-1} の領域に観測され，赤外分光による定性分析が有用であることが知られている．C=O 基をもつグループであるケトン，カルボン酸，エステル，ペプチド結合などのグループ振動を**表 5.5.9** と**表 5.5.10** に示した．

第5章 赤外スペクトルの解析

表 5.5.9 C=O 基に関係した赤外バンド

グループ	波数/cm^{-1}	強度, 形	振動モードと備考
–CO–O–CO– （酸無水物）	1825〜1815 1755〜1745	s m	C=O 逆対称伸縮 C=O 対称伸縮
R–CO–Cl	1810〜1775	s	C=O 伸縮
R–O–CO–O–R′ （炭酸エステル）	1776〜1740	s	C=O 伸縮，R や R′ が芳香族の場合，波数が高い 1280〜1240(s)：C–O–C 逆対称伸縮 1160〜1000(m–w)：C–O–C 対称伸縮
–COOH 単量体	1760	s	C=O 伸縮 3550：OH 伸縮
–COOH 二量体	1720〜1680	s	C=O 伸縮 3550：OH 伸縮 1420, 1300〜1200：OH 面内変角と C–O 伸縮の混成 920：OH 面外変角
–COO–	1650〜1540 1450〜1360	s m	COO$^-$ 逆対称伸縮 COO$^-$ 対称伸縮
R–CO–O–R′ （エステル）	1750〜1735	s	1300〜1050 に2本のバンド：C–O–C 逆対称伸縮と対称伸縮 R = 共役系：1735〜1715 R, R′ = 共役系：1735〜1715
R–COH （アルデヒド）	1740〜1720	s	α, β-不飽和：1710〜1685 〜2820 と〜2720：CH 伸縮と CH 変角振動の倍音のフェルミ共鳴
R–CO–R′ （ケトン）	1725〜1705	s	R = 共役系：1700〜1670 R, R′ = 共役系：1680〜1640

表 5.5.10 ペプチド結合に関係した赤外バンド

波数/cm^{-1}	強度, 形	帰属	備考
3460〜3420	s	アミド A	NH 伸縮 水素結合：〜3290．二次構造のマーカーではない
1685〜1632	s	アミド I	C=O 伸縮 α ヘリックス：1652($\perp$), 1650($\parallel$) β シート：1685($\parallel$, w), 1632($\perp$) ランダムコイル：1656 遷移モーメントは 4.1.2 項の図 4.1.13 を参照
1550〜1516	s	アミド II	CN 伸縮 + NH 面内変角 α ヘリックス：1546($\perp$), 1516($\parallel$, w) β シート：1550($\perp$, w), 1530($\parallel$) ランダムコイル：1535 NH の重水素置換で 1450 付近へシフト ^{15}N 置換で -14 シフト 遷移モーメントは 4.1.2 項の図 4.1.13 を参照
1274〜1221	w	アミド III	NH 面内変角 + CN 伸縮 NH の重水素置換で 950 付近にシフト α ヘリックス：1274($\perp$), 1270($\parallel$) β シート：1240($\perp$), 1221($\parallel$)

表 5.5.10　ペプチド結合に関係した赤外バンド(つづき)

波数/cm^{-1}	強度，形	帰　属	備　考
650	w, br	アミド V	ランダムコイル：1246 NH 面外変角 NH の重水素置換で 530 付近にシフト α ヘリックス：610 β シート：700 ランダムコイル：650
627		アミド IV	面内振動

// と ⊥：それぞれ遷移モーメントの方向がペプチド鎖の伸びる方向に平行と垂直

D. その他の官能基・化学結合

表 5.5.11　その他の官能基に関係した赤外バンド

グループ	波数/cm^{-1}	強度，形	備　考
C–NO$_2$	1560～1510	s	NO$_2$ 逆対称伸縮
	1385～1335	s	NO$_2$ 対称伸縮
C–SO$_2$–OH，無水	3100～2200	s, br	OH 伸縮
	1352～1342	s	SO$_2$ 逆対称伸縮
	1165～1150	s	SO$_2$ 対称伸縮
C–SO$_3^-$[H$_3$O]$^+$	2800～2100	s, br	OH 伸縮
	1230～1120	s	SO$_2$ 逆対称伸縮
	1085～1025	m	SO$_2$ 対称伸縮
C–F	1100～1000	s	CF 伸縮
CF$_2$	1250～1050	s	CF 伸縮
C–Cl	830～560	s	CCl 伸縮
C–Br	700～515	s	CBr 伸縮
C–I	500	s	CI 伸縮

E. 1000 cm^{-1} 以下の領域：アルケンや芳香族化合物の CH 面外変角振動

(1) アルケンの CH 面外変角振動

　アルケンのグループ振動として，CH 伸縮(～3020 cm^{-1})，C=C 伸縮(1680～1625 cm^{-1})，CH 面外変角(995～665 cm^{-1})がある．これらのなかで，CH 面外変角は赤外スペクトルで強く観測され，置換様式の判定に利用できる．遷移モーメントベクトルの方向は分子面に垂直である．

表 5.5.12　アルケンの CH 面外変角振動の赤外バンド

グループ	波数/cm^{-1}	強度，形	備　考
R–CH=CH$_2$	995〜985		
	910〜905	s	
		s	C=C 伸縮：1648〜1638
RR′C=CH$_2$	895〜885	s	C=C 伸縮：1658〜1648
trans–RHC=CHR	980〜960	s	C=C 伸縮：1678〜1668
			共役ポリエンでは鎖長が長くなると低波数シフト
cis–RHC=CHR	730〜665	s	C=C 伸縮：1662〜1626
RHC=CR′R″	840〜790	m	C=C 伸縮：1675〜1665

(2) ベンゼン環の CH 面外変角振動

ベンゼン置換体で，ベンゼン環の存在を示すグループ振動として，CH 伸縮は〜3020 cm^{-1} に中程度の強度のバンドが数本観測される．そのほかに，骨格振動として，骨格延伸(BI)と骨格変形(BII)がある．BI は骨格の CC 伸縮振動で，BII は CC 伸縮と CCC 変角が混ざった振動である．BI は〜1600 cm^{-1} と〜1580 cm^{-1} に 2 ないし 1 本観測される．2 本のうち〜1580 cm^{-1} のバンドは，非共有電子対をもったグループや不飽和グループがベンゼン環に直接，結合すると現れる．パラ二置換体では対称性により両方のバンドが観測されないという特徴がある．BII は〜1500 cm^{-1} と〜1450 cm^{-1} に 2 本，観測される．1450 cm^{-1} 付近のバンドは–CH$_3$ や–CH$_2$ のバンドと重なることが多い．CH 面外変角は，置換様式を鋭敏に反映する．置換様式とスペクトルの関係を**表 5.5.13** に示した．面外変角振動の遷移モーメントベクトルの方向は分子面に垂直である．

表 5.5.13　ベンゼン環の置換様式を反映するグループ振動の赤外バンド

グループ	波数/cm^{-1}	強度，形	備　考
一置換	780〜720	m	CH 面外変角(5 個の隣接 CH)
	710〜690	s	環面外変角
オルト二置換	820〜720	s	CH 面外変角(4 個の隣接 CH)
メタ二置換	950〜880	m	CH 面外変角(孤立 CH)
	870〜730	s	CH 面外変角(3 個の隣接 CH)
	740〜690	m	環面外変角
パラ二置換	860〜800	s	CH 面外変角(2 個の隣接 CH)：820〜800 に観測されることが多い

[引用文献]

1) 島内武彦，赤外線吸収スペクトル解析法 増補第 12 版，南江堂(1976)
2) 中西香爾，P. H. Solomon，古舘信生，赤外線吸収スペクトル――定性と演習 第 25 版，南江堂(1990)
3) K. Nakamoto, *Infrared and Raman Spectra of Inorganic and Coordination Compounds, Part A and Part B*, John Wiley & Sons, Hoboken, N. J.(1997)
4) P. Larkin, *Infrared and Raman Spectroscopy, Principles and Spectral Interpretation*, Elsevier, Amsterdam(2011)
5) 濱口宏夫，岩田耕一 編著，ラマン分光法(分光法シリーズ)，講談社(2015)
6) 日本化学会 編，化学便覧 基礎編 II 改訂 5 版，丸善(2004)，15.7 振動スペクトル

第6章　赤外分光法の先端測定法

6.1 ■ ダイナミック赤外分光法

　試料に外部から電圧，光，延伸などの刺激を加えて，スペクトルの変化を測定することにより，外部刺激に対する物質の応答を測定することができる．一般に，外部刺激に対する変化を測定する方法には，過渡状態法と定常状態法がある．過渡状態法は，パルス状やステップ状の外部刺激に対して，赤外バンドの変化の時間変化（時間応答）を計測する方法で，時間分解測定がこれにあたる．一方，定常状態法は，周波数 f で正弦・矩形的な変化をする外部変調に対して，赤外バンドの強度と位相遅れの f 依存性（周波数応答）を測定する方法で，変調測定法や差スペクトル法などがある．ここでは，FT–IR 分光計を使用した過渡状態・定常状態測定法を紹介する．

6.1.1 ■ 過渡状態法と定常状態法

　外部刺激に対する赤外バンド強度の時間応答と周波数応答は，無関係ではない．まず，これらの間の関係について，**線形応答理論**(linear response theory)を用いて説明する．物質が外部刺激に対して線形な応答をすると仮定すると，外部刺激 S により誘起される吸光度変化 ΔA は，時刻 t において，次式で表される．

$$\Delta A(\tilde{\nu}, t) = K \int_{-\infty}^{t} S(t')\rho(\tilde{\nu}, t-t')\mathrm{d}t' = K \int_{-\infty}^{t} S(t-t')\rho(\tilde{\nu}, t')\mathrm{d}t' \quad (6.1.1)$$

ここで，$\rho(t)$ は**減衰関数**(decay function)である．この式は，3.1節および付録 C で説明したコンボリューションであり，時刻 t における ΔA は，それ以前に物質にかかった外部刺激が現在に及ぼす影響の足し算で表されるということを示している．

　過渡状態法では，パルス状やステップ状の外部刺激に対して，時間分解測定法を使用して，赤外バンド強度を時間の関数として測定し，減衰関数を得る．一方，定常状態法では，角振動数 ω（周波数 $f = \omega/2\pi$）で正弦波状に変化する外部刺激を用いる．例えば，外部刺激として光を使用する場合には，音響光学変調器を使用して，

光の強度を正弦波状に変化させる．外部刺激 $S(t)$ を

$$S(t) = a + b\sin\omega t \tag{6.1.2}$$

とすると，次式を導くことができる[1]．

$$\begin{aligned}\Delta A(\tilde{\nu},\omega,t) &= \Delta A(\tilde{\nu},\omega)'\sin[\omega t - \phi(\tilde{\nu},\omega)] + \Delta A(\tilde{\nu})'' \\ &= \Delta A(\tilde{\nu},\omega)^{\mathrm{ip}}\sin\omega t + \Delta A(\tilde{\nu},\omega)^{\mathrm{q}}\cos\omega t + \Delta A(\tilde{\nu})''\end{aligned} \tag{6.1.3}$$

ここで，$\Delta A(\tilde{\nu},\omega)'$ は**振幅**（amplitude），$\phi(\tilde{\nu},\omega)$ は**位相遅れ**（phase delay），$\Delta A(\tilde{\nu},\omega)^{\mathrm{ip}}$ は**同位相**（in-phase）成分，$\Delta A(\tilde{\nu},\omega)^{\mathrm{q}}$ は **90度位相**（quadrature）成分とよばれており，

$$\Delta A(\tilde{\nu},\omega)' = \sqrt{[\Delta A(\tilde{\nu},\omega)^{\mathrm{ip}}]^2 + [\Delta A(\tilde{\nu},\omega)^{\mathrm{q}}]^2} \tag{6.1.4}$$

$$\phi(\tilde{\nu},\omega) = \arctan\frac{\Delta A(\tilde{\nu},\omega)^{\mathrm{q}}}{\Delta A(\tilde{\nu},\omega)^{\mathrm{ip}}} \tag{6.1.5}$$

である．また

$$\Delta A(\tilde{\nu},\omega)^{\mathrm{ip}} = Kb\int_0^\infty \rho(\tilde{\nu},t')\cos\omega t\, dt' \tag{6.1.6}$$

$$\Delta A(\tilde{\nu},\omega)^{\mathrm{q}} = Kb\int_0^\infty \rho(\tilde{\nu},t')\sin\omega t\, dt' \tag{6.1.7}$$

$$\Delta A(\tilde{\nu})'' = Ka\int_0^\infty \rho(\tilde{\nu},t')\, dt' \tag{6.1.8}$$

である．

　以上の式から，定常状態では角振動数 ω の正弦波状の外部刺激に対して，赤外バンドの強度は同じ角振動数 ω で正弦波状の変化をして，その振幅と位相遅れは ω の関数となる．ΔA の同位相と90度位相成分は，それぞれ減衰関数の $\cos$ と $\sin$ フーリエ変換で与えられる．また，同位相と90度位相成分は互いにヒルベルト変換で結ばれている．

　いま時間応答と周波数応答の例として，減衰関数が次の単一指数関数で表される場合を考察する．

$$\rho(t) = \mathrm{e}^{-\frac{t}{\tau}} \tag{6.1.9}$$

ここで，τ は**寿命**（life time）や**緩和時間**（relaxation time）とよばれる．

　周波数応答に関しては，以下の式で表される．

$$\Delta A(\tilde{\nu}, f)^{\mathrm{ip}} = Kb \frac{\tau}{1+(2\pi f\tau)^2} \tag{6.1.10}$$

$$\Delta A(\tilde{\nu}, f)^{\mathrm{q}} = Kb \frac{(2\pi f)\tau^2}{1+(2\pi f\tau)^2} \tag{6.1.11}$$

$$\Delta A(\tilde{\nu}, f)' = Kb \frac{\tau}{\sqrt{1+(2\pi f\tau)^2}} \tag{6.1.12}$$

$$\phi(\tilde{\nu}, \omega) = \arctan \omega\tau \tag{6.1.13}$$

$$\Delta A(\tilde{\nu})'' = Ka\tau \tag{6.1.14}$$

これらの式から τ を求めることができる．例えば，式(6.1.11)では，$f=1/(2\pi\tau)$ で極大を示すので，極大を示す振動数から緩和時間を求めることができる．

　外部刺激がある場合とない場合の差スペクトルの測定は，変調周波数がゼロの場合に相当する．その場合，外部刺激の式(6.1.2)で $b=0$ であるから，ΔA は式(6.1.14)で表される定数項のみとなり，ΔA は寿命 τ に比例する．電子励起状態やラジカルなどの寿命が短い過渡種の測定の場合には，励起状態の赤外バンドの吸光係数は特別に大きいことはなく，計測の感度も高くないので，定常状態法で計測されている過渡種は，寿命が μs よりも長い化学種に限られる．ns や ps の短い寿命の過渡種は，時間分解法で測定されている．周波数応答の測定では，多くの f の値に対して，振幅と位相遅れを測定することが必要である．

6.1.2 ■ 時間分解測定

　スペクトルの時間変化の測定では，反応速度と1つのスペクトル測定に要する時間（時間分解）との関係が重要である．反応速度が非常に遅く，例えば，反応が1時間以上かかる場合には，時間分解は数分のオーダーで十分であり，通常のスペクトル測定を行う．反応速度が速く，時間分解を秒ないしはミリ秒に設定したい場合には，高速スキャン測定が利用される．さらに高速な反応に対して，マイクロからナノ秒の時間分解測定を行う場合には，ステップスキャン測定が用いられる．図 6.1.1 に示したように，ステップスキャン測定では，任意の光路差の位置で可動鏡を停止して反応を起こさせてインターフェログラムの時間変化を測定し，次の位置に可動鏡を移動させた後，再び可動鏡を停止して，反応を起こさせてインターフェログラムの時間変化を測定し，すべての光路差でインターフェログラムの時間変化を測定

第6章 赤外分光法の先端測定法

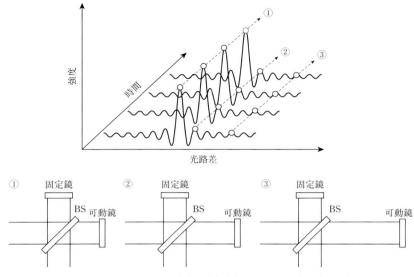

図 6.1.1　ステップスキャン方式の分光計を用いた時間分解測定の概念図

する．時間分解は使用する検出器と増幅電気系に依存するが，一般的なシステムでは数マイクロ秒，最高で数ナノ秒である．すべての測定が終了した後に，同じ時間でのインターフェログラムを再構築する．このため時間分解ステップスキャン測定は，可逆反応にのみ適用可能である．以下では測定例を示す．

A.　液晶の電場応答の測定例

　ネマチック液晶は，テレビやスマートフォンなどの液晶ディスプレイの主要な材料として利用されている．4-cyano-4′-pentylbiphenyl(5CB)は，ネマチック液晶の代表的な物質である．**図 6.1.2** に，5CB の化学構造および電場印加による分子配向の変化を模式的に示す．5CB は電場の ON/OFF に対して分子配向が高速かつ可逆的に変化することにより，光学的性質が変化して，ディスプレイとして機能する．5CB の電場応答にともなう配向変化の過程を分析するために，ステップスキャン方式の FT-IR 分光計を用いた時間分解測定が利用されてきた[2,3]．

　液晶セルを作製する際には，まずインジウム・スズ酸化物(ITO)でコーティングされたガラスの表面にポリイミド膜を成膜し，ラビング処理を行う．ITO は導電性なので電極として使用可能で，また，膜厚が薄いと赤外光を透過し，ガラスも CH 伸縮振動領域では赤外光を透過する．この基板を2つとスペーサーを用いて 5CB

6.1 ダイナミック赤外分光法

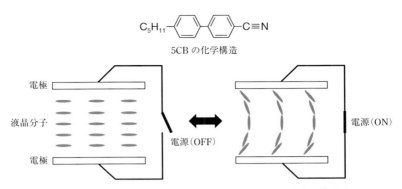

図 6.1.2 5CB の化学構造およびネマチック液晶の電場応答の模式図

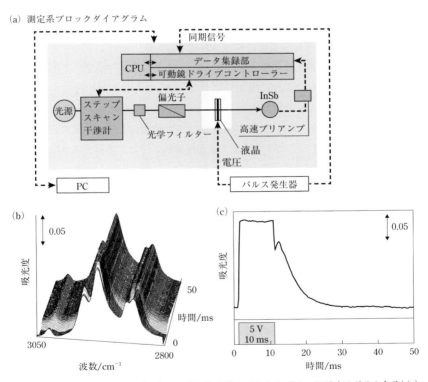

図 6.1.3 (a) 時間分解ステップスキャン FT–IR 分光システムのブロックダイアグラムと (b) (c) 5CB 液晶の電場応答の時間変化

を挟むと，液晶セルができる．液晶の電場応答を測定するための FT–IR 分光システムのブロックダイアグラムを**図 6.1.3** に示す．この図において，太い実線は赤外光の光路を示し，点線は電気系の信号の経路を示す．光源からの赤外光はステップスキャン方式の干渉計を通る．2956 cm^{-1} の CH 伸縮振動に着目するので，この波数領域で高い感度を有する InSb 検出器と光学フィルターを組み合せたシステムで測定を行っている．光学フィルターを透過した赤外光は，偏光子を通過し，液晶セルに入射される．液晶を透過した赤外光は InSb 検出器で受光され，アンプなどの電気系を通った後，PC により信号処理される．また，パルス発生器から，可動鏡の移動と同期した電圧が液晶セルに印加される．測定開始時刻を基準として，1 ms から 11 ms までの 10 ms の間のみ，液晶セルに 5 V の直流電圧を印加する．

時間分解 0.25 ms で測定した IR スペクトルの時間変化を図 6.1.3(b) に示す．X 軸に波数，Y 軸に吸光度，Z 軸に時間をとり三次元的に示している．図 6.1.3(c) には，メチル基の CH$_3$ 非対称伸縮振動に帰属される 2956 cm^{-1} のバンドのピーク強度を時間に対してプロットしたグラフを示す．測定開始 1 ms 後に 5 V の電圧を印加することで，ピーク強度が急峻に増加している．CH$_3$ 非対称伸縮の遷移モーメントは，メチル基の 3 回回転軸に垂直な方向を向いており，赤外強度は電場ベクトル（液晶セル基板に平行）と遷移モーメントベクトルの内積の二乗に比例するので，この結果は電圧を印加することで，液晶分子が電極間に対して垂直方向に配向することに由来する．その後，測定開始 11 ms 後に電圧の印加を停止するとピーク強度が減少していることから，液晶分子が緩やかに電極間に対して水平方向に再配向しているといえる．また，電圧の印加を停止した際，ピーク強度が急峻に減少した後，緩やかに減少しているが，これは電極界面近傍の液晶分子が界面との相互作用（アンカリングエネルギー）により急峻に再配向した後，バルクの液晶分子が緩やかに再配向しているものと考えられる[4]．このようにステップスキャンを搭載した FT–IR 分光計を用いることで，液晶分子の電圧印加にともなう時間応答を評価できる．

B. 液晶の電場応答の時間分解赤外イメージ測定

最近では，時間分解測定をイメージ測定と組み合わせることで，2 次元面内における反応過程の違いなどを評価する技術が確立されつつある．これは多素子検出器を利用することで，短時間で赤外イメージ測定が可能となったことも関連している．ここでは，ステップスキャン測定と多素子検出器を装備した顕微赤外分光計を組合せた方法で，ネマチック液晶 5CB の電場の変化に対する赤外イメージの時間

6.1 ダイナミック赤外分光法

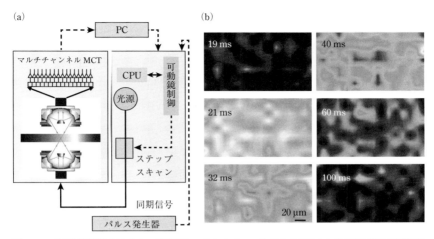

図 6.1.4 (a)時間分解赤外イメージ測定システムのブロックダイアグラムと(b)5CB 液晶の電場応答の時間変化

変化を測定した例[5]を示す．

　LA 検出器赤外顕微鏡とステップスキャン干渉計を組み合せた時間分解赤外イメージ測定システムを用いて，液晶分子の電圧印加にともなう動的応答の面内分布を測定した例を示す．図 6.1.4(a)に，測定に用いた時間分解赤外イメージ測定システムのブロックダイアグラムを示す．1×16 素子の LA 型 MCT 検出器を搭載したステップスキャン顕微赤外分光計を基本とした測定システムである．測定可能な全試料面積は 200 μm×75 μm，1 ピクセルあたりの試料面積は 12.5 μm×12.5 μm で，顕微透過法にて赤外イメージ測定を行った．測定開始 19 から 30 ms の間のみ，液晶試料に 10 V の電圧を印加した．メチル基の CH_3 非対称伸縮振動に帰属される 2956 cm^{-1} 付近のピーク強度を基に作成した赤外イメージを図 6.1.4(b)に示す．測定開始 19 ms の赤外イメージでは，すべての領域で寒色系の色を示しており，これはすべての場所で液晶分子が面内で電極間に対して平行方向に配向していることを示している．測定開始 21 ms（電圧を印加して 2 ms 後）の赤外イメージでは，すべての領域で暖色系の色を示しており，電圧を印加することで，液晶分子が面内で電極間に対して垂直方向に配向していることを示している．さらに，測定開始 32〜60 ms（電圧の印加を停止してから 2〜30 ms 後）では，面内で寒色系の部分と暖色系の部分が混在している．これは電圧の印加を停止することで，液晶分子が電極間に対して平行な元の配向状態に戻るものの，場所により緩和時間が異なること

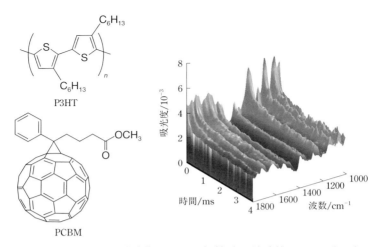

図 6.1.5　P3HT:PCBM 混合物フィルムの光誘起時間分解赤外スペクトル(77 K)

を意味している．測定開始 100 ms（電圧の印加を停止してから 60 ms 後）には，ほとんどすべての領域で寒色系の色に戻っていることから，電圧印加前の状態に液晶分子の配向が戻っていることがわかる．

C. 導電性高分子のキャリヤー再結合過程の評価

　共役高分子とフラーレン誘導体の混合物は有機太陽電池の材料として期待されている．これらの混合物の薄膜は，共役高分子とフラーレン誘導体が数十 nm スケールの相分離構造をとっている．光照射により生成する正と負のキャリヤーの動的挙動は，太陽電池の変換効率と関連していると考えられるので，キャリヤーの再結合過程に関する知見は重要である．ここでは，光誘起時間分解赤外分光法によるキャリヤー再結合過程の研究[6]を紹介する．

　代表的な材料である位置規則性 poly(3-hexylthiophene)(P3HT)と[6,6]-phenyl-C_{61}-butyric acid methyl ester(PCBM)の化学構造を図 6.1.5 に示した．スピンキャスト法で，BaF_2 基板の上に P3HT:PCBM 混合物の薄膜を作製し，クライオスタットにセットし，Nd:YAG レーザーからの 532 nm パルス光（繰り返し周波数 10 Hz，パルス幅 4〜6 ns，パルスエネルギー 0.38 mJ/cm^2）を試料に照射した時と未照射時の強度スペクトルを，ステップスキャン方式の FT-IR 分光計を用いて 10 μs の時間間隔で測定した．78 K で測定した光誘起吸光度変化 ΔA を図 6.1.5 に示した．複雑なスペクトルが観測されているが，光照射により P3HT 鎖上に生成した正キャリヤー（正ポーラロン）の幅広い電子遷移と振動遷移の干渉に由来することが明らかに

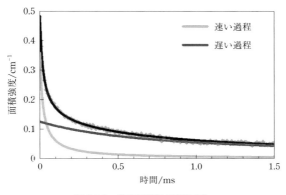

図 6.1.6　光誘起吸収の時間変化

されている．図 6.1.6 には，1260 cm^{-1} のバンドの面積強度を時間 t に対してプロットしたグラフを示す．負のキャリヤーすなわち PCBM のアニオンラジカルのバンドは，吸収係数が小さく，観測されていない．正キャリヤーは 2 次反応で再結合すると考えられるので，観測された時間変化を，最小二乗法により 2 次反応の積分反応式 $A(t)=A_0/(1+A_0kt)$ に回帰させたところ，時間変化を遅い 2 次反応と速い 2 次反応の和で表すことができた．正と負のキャリヤー再結合は界面で起こるので，P3HT：PCBM 固体の相分離構造には，2 種類の界面が存在すると考えられる．

D.　UV 硬化樹脂の硬化過程の評価

　UV 硬化樹脂は，フォトリソグラフィー，シール，接着，コーティングの用途で，スマートフォンや家電，建材，半導体，歯科材料など幅広い分野において使用されている．硬化過程の理解は，UV 硬化樹脂の性能評価や新規材料の開発にとって重要である．硬化過程の研究には，高速スキャン時間分解測定が適している．アクリレート系の UV 硬化樹脂をステンレス基板に塗布した試料を，反射法により分解 4 cm^{-1} で，可動鏡の移動速度を 32 mm/s，1 回のスペクトル測定時間は約 80 ms とし，65 s の間連続してスペクトル測定を行った．測定開始時間を基準として 4 s 後から，UV 光源である水銀キセノンランプを照射した．光の強度は 290 mW/cm^2 とした．図 6.1.7 に，UV 照射前と後の試料のスペクトルを示した．アクリレート系の UV 硬化樹脂では，UV 光照射により，ラジカル重合で反応が進むことがわかっている．重合が進むと，ビニル基の C=C 伸縮振動に帰属される 1634 と 1618 cm^{-1} のバンドおよび C=C–H 面外変角振動に帰属される 810 cm^{-1} のバンド

第6章　赤外分光法の先端測定法

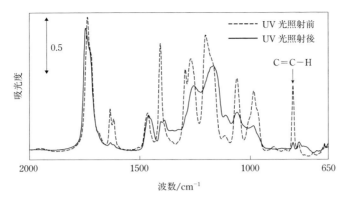

図 6.1.7　UV 光照射前と後のアクリレート系 UV 硬化樹脂のスペクトル

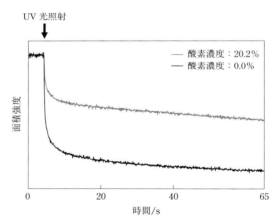

図 6.1.8　図 6.1.7 のスペクトルにおける 810 cm^{-1} のバンドの面積強度の時間変化

の強度が弱くなる．**図 6.1.8** には，大気中と窒素気体中で反応させた場合に関して，810 cm^{-1} のバンドの面積強度を時間に対してプロットしたグラフを示した．窒素雰囲気下では UV 光照射後に反応が急速に進み樹脂が硬化している一方，大気下では UV 光照射後，反応は急速に進むが，酸素による重合阻害により反応速度が遅くなることがわかった．この方法は酸素による重合阻害の評価に利用することが可能である．

6.1.3 ■ 変調測定と差スペクトル測定

A. 振動シュタルク効果の測定

　誘電体(絶縁体)に電場を印加すると，官能基や分子全体の配向変化と正・負電荷の偏りが起こる．これらが赤外スペクトルに及ぼす影響が研究されている[7,8]．正・負電荷の偏りが振動エネルギー準位に影響を及ぼすことで観測される赤外バンドの微小な変化は，**振動シュタルク効果**(vibrational Stark effect, VSE と略す)とよばれている．VSE は，赤外バンドのピーク波数のシフトや振動遷移モーメントの変化に起因する．誘電体に電場が印加されたときの，1分子の外部電場 $\boldsymbol{F}$ によるピーク波数のシフトは次式で与えられる．

$$hc\Delta\tilde{\nu} = -\Delta\boldsymbol{\mu}\cdot(f\boldsymbol{F}) - \frac{1}{2}(f\boldsymbol{F})\cdot\Delta\boldsymbol{\alpha}\cdot(f\boldsymbol{F}) \tag{6.1.15}$$

ここで，$\Delta\boldsymbol{\mu}$ と $\Delta\boldsymbol{\alpha}$ はそれぞれ振動基底状態と第一励起振動状態における電気双極子モーメントと分極率の差である．電場の印加による分子配向やバンド波形に変化がない場合，ランダムな配向をとっている分子集団に対して，大きさ F の外部電場で誘起される吸光度変化 ΔA は，次式のように元のスペクトルと1次微分，2次微分の線形結合で表される．

$$\Delta A(\tilde{\nu}) = (fF)^2\left[a_\chi A(\tilde{\nu}) + b_\chi\tilde{\nu}\frac{\mathrm{d}}{\mathrm{d}\tilde{\nu}}\left(\frac{A(\tilde{\nu})}{\tilde{\nu}}\right) + c_\chi\tilde{\nu}\frac{\mathrm{d}^2}{\mathrm{d}\tilde{\nu}^2}\left(\frac{A(\tilde{\nu})}{\tilde{\nu}}\right)\right] \tag{6.1.16}$$

ここで，f は分子が置かれている場所の局所電場と外部電場との補正因子で，係数 a_χ, b_χ, c_χ は，$\Delta\boldsymbol{\mu}$, $\Delta\boldsymbol{\alpha}$, 遷移モーメント，遷移分極率などに依存する．

　ここでは，ポリメチルメタクリレート(PMMA)における VSE の測定例[9]を示す．BaF_2 基板の上に Al の薄膜を蒸着し，その上に PMMA フィルムを作製し，さらにその上に Al 薄膜を作製して，測定セルを作製した．PMMA のセルをクライオスタットに取り付けて，温度 77〜297 K の範囲で，電圧をかけた場合とかけない場合の差スペクトルを測定した．77 K で測定した赤外スペクトルと電圧誘起赤外スペクトルを図 6.1.9 に示した．CH や C=O, C–C, C–O 伸縮振動に関しては VSE が観測され，なかでも強い C=O 伸縮バンドの VSE は大きかった．一方，変角振動の VSE は観測されなかった．C=O 伸縮振動のデータを解析した結果，2次微分スペクトル項から $|\Delta\boldsymbol{\mu}| = 0.0633$ D/f と求められた．この値は，1 MV/cm の電場に対して，1.06 cm^{-1} のシフトである．VSE 測定から分子配向の向きを決めることもできる．物質の電場応答を測定する際に，分子や官能基の配向変化の検出を目的にする

第6章　赤外分光法の先端測定法

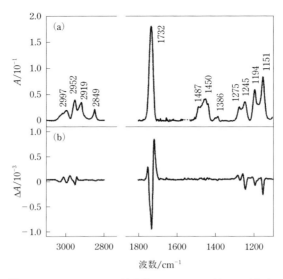

図 6.1.9　Al/PMMA/Al の(a)赤外スペクトルと(b)電圧誘起赤外スペクトル[9]
外部電場：2.8 MV/cm，温度：77 K

ことが多いが，それに付随して VSE が観測されることがある．

B. 強誘電体の電場誘起スペクトル測定

　ポリフッ化ビニリデン(PVDF)では C–F 結合が大きな電気双極子をもつため，対称中心をもたない PVDF の β 結晶相は強誘電性を示す．この結晶の空間群は $Cm2m$ (C_{2v}) で，単位胞に 2 本の全トランス形の PVDF 鎖が存在する．PVDF は有機溶媒に溶けにくいが，フッ化ビニリデンとトリフルオロエチレンとの共重合体である P(VDF–TrFE) は，有機溶媒に可溶なので薄膜形成が容易で，しかも β 結晶相の含量も多く，圧電材料としてセンサーや音響機器，アクチュエーターなどに利用されている．ここでは，赤外分光法を用いた P(VDF–TrFE) の分極反転機構の研究[10]を示す．

　BaF$_2$ 基板に Al を薄く蒸着し，その上に P(VDF–TrFE) 薄膜(厚さ 350 nm)をスピンキャスト法で作製し，120℃で 2 h 加熱することにより結晶化させた．その上に Al の薄膜電極を作製して，測定用のセルとした．電極間に 3 MV/cm (105 V) の電場をかけて配向をそろえる処理(ポーリング)を行ったセルの赤外スペクトルを図 6.1.10 に示す．各バンドの帰属は図中に示した．P(VDF–TrFE) 鎖が PVDF 鎖と

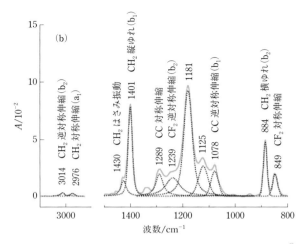

図 6.1.10　ポーリング後の Al/P(VDF–TrFE)/Al の赤外スペクトル[8]

同じ対称性 C_{2v} をもつと仮定して，スペクトルを帰属した．849 cm^{-1} のバンドは CF_2 対称伸縮振動(a_1)に帰属され，遷移モーメントベクトルは F–C–F 結合の二等分線に平行であり，永久双極子モーメントの方向と平行である．したがって，このバンドの動きは永久双極子の動きと同様となる．そこで，ステップ電圧をセルに印加して電圧誘起赤外スペクトルを測定し，電圧をサイクル変化させ，849 cm^{-1} のバンドの強度変化を図 6.1.11 に示した．元のバンドの強度変化と VSE が観測されたが，VSE は無視できる程度に小さく，配向変化の影響が主であった．

　プラスとマイナスの符号は，それぞれ電圧印加により強度が増加，減少したことを示している．ほぼ左右対称で，2 つのピークが観測された．赤外吸収の強度は，遷移双極子モーメントベクトルと赤外光の電場の内積の二乗に比例することを念頭に置いて，観測された 2 ピーク型ヒステリシス曲線から，高分子の運動を考察する．ポーリングの後，β 結晶ドメイン内で高分子の配向がそろい，双極子モーメントが発生し，電場の印加を停止した後も配向は維持される（図 6.1.11(a)）．角度 θ_0 にエネルギーの極小があり，電場が印加されると双極子に偶力がかかり，双極子は平衡状態から角度 θ が大きくなる方向に回転し（図(b)），赤外強度は強くなる．さらに電圧すなわち偶力が大きくなると，電場 F_c 付近で束縛状態から反転して（図(c)），もう一つの束縛状態に変化し（図(d)），赤外強度は急激に小さくなる．ただし，電場がかかっているので，平衡状態の角度 θ_0 よりも小さな角度の位置となる．

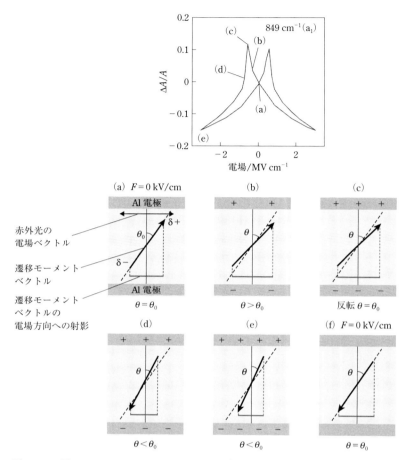

図 6.1.11 図 6.1.10 のスペクトルにおける 849 cm^{-1} のバンド(CF_2 対称伸縮)の外部電場に対する変化および反転運動の模式図[9]

さらに電場が大きくなると再配向が進み，角度 θ は小さくなり(図(e))，赤外強度も徐々に小さくなる．電場をゼロにすると，双極子は平衡状態に戻る．そのときの角度は θ_0 である(図(f))．赤外強度は徐々に大きくなり，元の状態に戻り，ゼロとなる．

C. 延伸による配向変化と 2 次元相関解析法

高分子フィルムに対して振動数 f で正弦的な変化をする微小な引張歪みをかけると，高分子鎖の配向変化により赤外吸収強度は変化する．このときの吸光度変化

6.1 ダイナミック赤外分光法

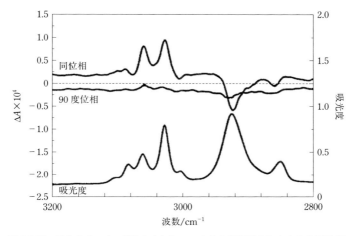

図6.1.12 アタクチック-ポリスチレンフィルムの引張歪みにともなう同位相
(ΔA^{ip})および90度位相(ΔA^q)スペクトル[10]
引張歪みの振動数は23 Hz, 振幅は50 μm(0.1%).

ΔAは式(6.1.3)で与えられる[11]. 位相遅れϕは, 引張歪みとΔAとの間の位相差となる. アタクチック-ポリスチレンフィルムに関して, 振動数23 Hzで, 振幅50 μm(0.1%)の引張歪みをかけた場合のスペクトルを図6.1.12に示した. 3200〜3000 cm^{-1}の波数領域にフェニル基に由来するCH伸縮バンドが観測され, 2925と2854 cm^{-1}に主鎖のCH$_2$逆対称と対称伸縮バンドが観測されており, 同位相スペクトルでの挙動がまったく異なっている. この結果は, 微小な引張にともなうフェニル基と主鎖の配向変化が異なっていることを示している.

以上の例のように単一のfの値で変調測定された全波数の同位相と90度位相成分を基にして, これらを相関解析し, 2つの波数に対して相関関数を表示する2次元相関解析法が提案された[12]. この方法では, 時間応答はわからないが, 1つのスペクトルにいくつかの化学種や変化する成分が含まれている場合に, それらを区別することができる. 重なっているバンドでも, 挙動が異なると, 分離することが可能となる. また, 2次元相関解析法は, 温度や圧力などの変化にも拡張され, 赤外スペクトルの解析法として利用されている[13].

[引用文献]

1) Y. Furukawa, *Appl. Spectrosc.*, **47**, 1405（1993）
2) 鳥海弥和，分光研究，**42**, 215（1993）
3) T. Nakano, T. Yokoyama, and H. Toriumi, *Appl. Spectrosc.*, **47**, 1354（1993）
4) H. Toriumi and T. Akahane, *Jpn. J. Appl. Phys.*, **37**, 608（1998）
5) H. Sugiyama, J. Koshoubu, S. Kashiwabara, T. Nagoshi, R. A. Larsen, and K. Akao, *Appl. Spectrosc.*, **62**, 17（2008）
6) 沖 範彰，古川行夫，平成29年度日本分光学会年次講演会要旨集（2017），p.126
7) 平松弘嗣，濵口宏夫，分光研究，**52**, 138（2003）
8) 古川行夫，髙嶋健二，山本 潤，磯田隼人，分光研究，**66**, 79（2017）
9) K. Takashima and Y. Furukawa, *Vib. Spectrosc.*, **78**, 54（2015）
10) K. Takashima and Y. Furukawa, *Anal. Chem.*, **33**, 59（2017）
11) I. Noda, A. E. Dowrey, and C. Marcott, *Appl. Spectrosc.*, **42**, 203（1988）
12) I. Noda, *J. Am. Chem. Soc.*, **111**, 8116（1989）
13) 森田成昭，新澤英之，尾崎幸洋（田隅三生 編著），赤外分光測定法―基礎と最新手法，エス・ティ・ジャパン（2012），21章 2次元相関分光法

6.2 ■ 多角入射分解分光（MAIRS）法

　赤外分光法による薄膜構造解析法（4.2節）のうち，透過法とRA法はそれぞれTOおよびLO関数の形を測定できるという点で最も基本的で，かつ互いに相補的である（図4.2.4）．この性質により，同一の薄膜について透過およびRAスペクトルが得られれば，官能基ごとの分子配向が議論できる．薄膜の結晶化の程度によらず，分子配向が簡単に解析できるのは赤外分光法の強みの一つである．

　しかし，透過法とRA法の組み合わせ測定は，それぞれ赤外透明基板および金属面という大きく性質の異なる基板を必要とするところが，薄膜試料作製にとって問題となる．例えば，透過法にシリコン基板を，RA法に金基板を使う場合を考えてみよう．この2つの基板には，基板表面と有機溶媒のなじみやすさに大きな違いがある．実際，スピンコート法で製膜する際，金基板上では試料溶液が瞬時にはじき飛ばされ，膜が作れないことも多い．このように，異なる2種類の基板上に同一の薄膜を作れないことは多く，透過およびRA法の組み合わせ測定は，実用性という面から見て問題がある．

また，薄膜の表面の粗さまで含めて2つの試料を一致させることは，LB膜やSAM膜を除くとほぼ不可能である．そもそもフレネルの反射理論は薄膜が平滑な平行層であることが前提なので，スピンコート膜やドロップキャスト膜などの実用的に重要な非平滑膜は，定量的な分子配向解析に不向きである．

6.2.1 ■ MAIRS法

多角入射分解分光(multiple-angle incidence resolution spectrometry, **MAIRS**)**法**は，CLS回帰式(5.3.2項)の機能である「スペクトル分解」を活用した薄膜解析法で，透過およびRAの組み合わせ測定法の原理的限界を克服できる[1~3]．すなわち，MAIRS法は，単一の試料からTOおよびLO関数スペクトルを2つ同時に測定できる．

CLS回帰法では，系に含まれる成分数が不正確になると解析誤差が急激に拡大するが，MAIRS法では成分を偏光と考えており，この問題が生じない．直線偏光の電場振動方向は，基板表面に対して平行および垂直の2種類しかなく，この数が変わることは原理的にないからである(図 6.2.1)．これにより，CLSのスペクトル分解が高い精度で実行でき，TOおよびLO関数スペクトルを一度に得ることができる．

具体的には，図 6.2.2 に示すように，入射角 θ を変えながらいくつかの非偏光による透過光強度(シングルビームスペクトル)を測定し，それをCLS回帰法によりTOおよびLOスペクトルに分解する．なお，測定にはSN比の高いMCT検出器を用い，液体窒素で冷却して十分に安定してから測定を開始する．

測定した複数の(通常6~8本)シングルビームスペクトルを，行(横)ベクトルと

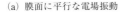

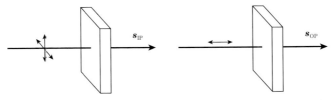

図 6.2.1 　CLS回帰法による基板表面に対する(a)平行および(b)垂直な電場振動をもつ偏光スペクトルへの分解
(b)は仮想的な測定イメージで，直接の測定はできない．

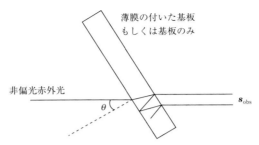

図 6.2.2 MAIRS 法における実際の光学系
透過光強度（シングルビームスペクトル）s_{obs} を測定する．
バックグラウンドには基板のみで測定したものを用いる．

してまとめて行列 S に入れる（式(6.2.1)）．U は単に「残余項」というだけでなく，重み因子からなる行列 R に線形応答しない成分がすべて U に捨てられるという機能をもつ．このため，基板表面で反射する光や，基板内部で多重反射して検出器に届かない光は U という項に押し込むことができ，重ね合わせ係数行列 R に線形応答する成分だけ式に残せば式が書ける．すなわち，スペクトル行列 S は，s_{IP} および s_{OP}（図 6.2.1）の線形結合で書ける部分だけ書けばよい．これは回帰式を使う大きなメリットである．

$$S \equiv \begin{pmatrix} s_{\text{obs},1} \\ s_{\text{obs},2} \\ \vdots \end{pmatrix} = \begin{pmatrix} r_{\text{IP},1} & r_{\text{OP},1} \\ r_{\text{IP},2} & r_{\text{OP},2} \\ \vdots & \vdots \end{pmatrix} \begin{pmatrix} s_{\text{IP}} \\ s_{\text{OP}} \end{pmatrix} + U \equiv R \begin{pmatrix} s_{\text{IP}} \\ s_{\text{OP}} \end{pmatrix} + U \quad (6.2.1)$$

R は j 番目の測定の入射角 θ_j を使って，式(6.2.2)のように書けることがわかっている[1~4]．

$$R = \begin{pmatrix} 1 + \cos^2 \theta_j + \sin^2 \theta_j \tan^2 \theta_j & \tan^2 \theta_j \\ \vdots & \vdots \end{pmatrix} \quad (6.2.2)$$

これを使えば，s_{IP} および s_{OP} は，CLS 回帰式の最小二乗解（5.3.2 項）としてつぎのように計算できる．

$$\begin{pmatrix} s_{\text{IP}} \\ s_{\text{OP}} \end{pmatrix} = (R^{\text{T}} R)^{-1} R^{\text{T}} S$$

こうして，直接の測定ができない s_{OP} も含めて，s_{IP} および s_{OP} が同時に求まる．同じ測定を試料およびバックグラウンドについて 2 度行い，得られた 2 組の s_{IP} および s_{OP} から

6.2 多角入射分解分光(MAIRS)法

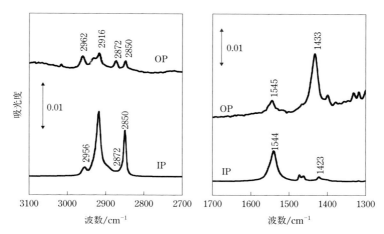

図 6.2.3 ゲルマニウム基板上に作製したステアリン酸カドミウム 5 層の LB 膜の赤外 MAIRS スペクトル

$$A_{IP} = -\log\left(\frac{s^S_{IP}}{s^B_{IP}}\right) \quad \text{および} \quad A_{OP} = -\log\left(\frac{s^S_{OP}}{s^B_{OP}}\right)$$

として膜面に平行(in-plane, IP)および垂直(out-of-plane, OP)な電場振動をもつ偏光スペクトル A_{IP} および A_{OP} を同時に得る．これらは，それぞれ TO および LO 関数に相当し[4]，従来法の透過および RA 法に相当する[3]．

図 6.2.3 に，ゲルマニウム基板上のステアリン酸カドミウム 5 層の LB 膜について，赤外 MAIRS 法で測定したスペクトル[1]を示す．同時に得られる MAIRS–IP および –OP スペクトルを，同じステアリン酸カドミウム LB 膜の透過および RA スペクトル(図 4.2.4)と比較すると，IP および OP スペクトルが透過および RA スペクトルに各々よく対応することがわかる．OP スペクトルには RA 法のような高感度測定という特徴がない代わりに，IP および OP スペクトルが同一のスケールで現れる点も MAIRS 法の重要な性質である．完全に共通のスケールで得られるようにするには，最適な入射角条件を設定する必要がある(6.2.2 項)[5]．

IP および OP スペクトルが同一の縦軸スケールで求まるため，バンドごとに遷移モーメントの配向角 ϕ が式(6.2.3)により簡単に計算できる[2,5,6]．

$$\phi = \tan^{-1}\sqrt{\frac{2A_{IP}}{A_{OP}}} \tag{6.2.3}$$

ただし，配向角は膜法線からの傾き角で，A_{IP} および A_{OP} は解析したいバンドの IP および OP スペクトルでの吸光度(バンド高さ)である．なお，最適化した入射角を

表 6.2.1 基板ごとに最適化された pMAIRS 法の測定条件

基　板	屈折率	入射角範囲	入射角間隔
Ge	4.0	9～44°	5°
Si	3.4	9～44°	5°
ZnSe	2.4	9～44°	5°
CaF_2	1.4	8～38°	6°

用いれば，基板の屈折率は考えなくても式(6.2.3)が使えるようになっている[5]．その際，薄膜の屈折率は多くの有機物に当てはまる $n=1.55$ としてあり，これから大きく外れる化合物を扱う場合でも，屈折率が既知の場合は補正ができる[6]．

6.2.2 ■ pMAIRS 法[7]

非偏光で測定する MAIRS 法は，FT-IR の偏光依存性の影響を受け，定量的な精度の確保が難しい．式(6.2.3)を用いた定量的な分子配向解析の精度を高めるには，p 偏光のみを使った **pMAIRS 法**（ピーメアーズ）が使いやすい．pMAIRS の場合，MAIRS の行列 R を，s 偏光に該当する因子を取り除いた行列 R_p に変更する．それ以外は MAIRS と同じである．

$$R_p = \begin{pmatrix} \cos^2\theta_j + \sin^2\theta_j \tan^2\theta_j & \tan^2\theta_j \\ \vdots & \vdots \end{pmatrix}$$

偏光依存性の影響は，測定波数領域にも影響する[5]．MAIRS 法の測定波数領域が $4000\sim1100\ cm^{-1}$ と狭いのに対し，偏光依存性のない pMAIRS 法の測定領域は $4000\sim700\ cm^{-1}$ と広く，MCT 検出器による中赤外測定領域をほぼカバーできることから，pMAIRS 法は非常に使いやすい．

pMAIRS スペクトルを測定する際の最適な入射角条件は，**表 6.2.1** のように決まっている[5]．例えば，シリコン基板(両面磨き)を使う場合，入射角は 9° から 44° まで 5° 間隔で 8 本測定し，得られた結果を 8 行の行列として S に入れる．ここで定めた最適な実験条件を使えば，IP および OP スペクトルが共通の縦軸スケールで得られ，式(6.2.3)を使って簡単に分子配向角を計算することができる．

pMAIRS 法は，同一の試料の測定から IP および OP スペクトルを得るため，試料表面の粗さは IP および OP の両スペクトルに同程度影響し，式(6.2.3)で比をとることで粗さがスペクトルに及ぼす影響はほとんど消えてしまう．このため，pMAIRS 法は試料の表面粗さに強く，スピンコート膜などにも再現性の高い分子配向解析を可能にする．

6.2 多角入射分解分光(MAIRS)法

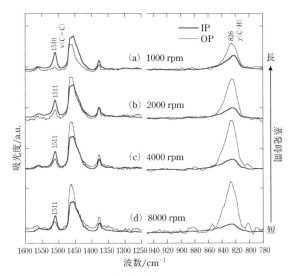

図 6.2.4 P3HT 薄膜の赤外 pMAIRS スペクトル
薄膜にクロロホルム溶液をシリコン基板上に滴下して(a)1000,
(b)2000, (c)4000, (d)8000 rpm でスピンコート法により作製した. 各回転数について,IP および OP スペクトルがそれぞれ太線および細線で重ねて示してある.

一例として,P3HT のクロロホルム溶液をシリコン基板上にスピンコートすることで作製した薄膜の赤外 pMAIRS スペクトルを**図 6.2.4** に示す[8].

1510 cm^{-1} 付近のバンドは,チオフェン環の逆対称伸縮振動が主体の振動(ν(C=C)と略記)に対応し,高分子主鎖の長軸方向に沿った遷移モーメントをもち,分子鎖の配向が議論できる. 一方,825 cm^{-1} 付近のバンドは,チオフェン環の C–H 面外変角振動(γ(C–H))バンドで,チオフェン環に垂直な遷移モーメントをもち,環の配向が議論できる.

γ(C–H)バンドから見てみよう. 1000 rpm という比較的低速で製膜すると,IP と OP スペクトルの強度が比較的近いが,8000 rpm で製膜すると強度比が明らかに大きくなり,IP スペクトルの強度が非常に弱まっている. これは,高速回転でスピンコートすると,チオフェン環が膜面により平行に配向した「face-on 型」の配向に制御できることを示す.

なお,式(6.2.3)を使って,チオフェン環の配向角について回転数ごとに具体的に求めた結果を**図 6.2.5** にまとめた. 図から 8000 rpm が 4000 rpm に比べて優位に高

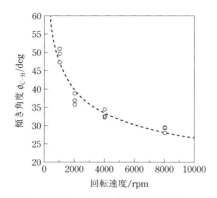

図 6.2.5 図 6.2.4 の結果から得られたチオフェン環の膜面からの傾き角度に対するスピン回転速度依存性
各速度での 3 つの点は,3 回実験した結果.

表 6.2.2 スピンコート膜の分子配向の回転数依存性(3 回の実験の平均値)

回転数/rpm	$\phi(C=C)/°$	$\phi(C-H)/°$	$\phi(C=C)+\phi(C-H)/°$
1000	72	49	121
2000	62	37	99
4000	62	33	95
8000	61	30	91

配向化していることがわかる.また,各回転速度で 3 回ずつ実験した結果を見ると,スピン回転速度を高くすることで製膜のばらつきも抑えられることがわかる.

つぎに,$\nu(C=C)$ バンドを見ると,低速回転のときに IP スペクトルの方が顕著に大きく,分子鎖主軸が膜面に高度に平行配向することがわかる.一方,高速回転で作製すると IP と OP スペクトルでのバンドの強度比が 1 に近づき,高分子鎖全体としては無配向に近づくことが読み取れる.式(6.2.3)により具体的な配向角を求め,$\gamma(C-H)$ の配向角とともに**表 6.2.2** にまとめた.

$\phi(C=C)$ および $\gamma(C-H)$ の遷移モーメントの方向とチオフェン環短軸は互いに直交するため,チオフェン環短軸の膜法線からの角度を φ とすれば,次の方向余弦の式を満たす.

$$\cos^2\phi(C=C) + \cos^2\phi(C-H) + \cos^2\varphi = 1$$

この式から,$\phi(C=C) + \phi(C-H) = 90°$ のとき $\varphi = 90°$ となるので,$\phi(C=C) + \phi(C-H)$

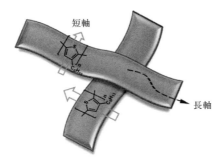

図 6.2.6 P3HT の face-on 配向のイメージ
長軸方向には「うねり」があるものの，短軸方向には膜面に対して平行に配向する．

が 90° に近いほど P3HT の短軸が膜面に平行に近づき，いわゆる face-on 配向のイメージに近づく[9]．表 6.2.2 を見ると，8000 rpm のとき，まさにこの状況が実現しており，逆に低速回転の場合は face-on 配向から離れた乱れた構造になることがわかる．このように，pMAIRS 法による定量的な分子配向解析により，高分子鎖の分子配向のイメージを描くことができる．

なお，回転数の違いによる γ(C–H) バンドの位置のシフトは分子間の距離の違いを反映しており，主に薄膜の結晶多形と相関がある[8]．結晶多形が議論できる試料の場合は，微小入射角 X 線回折（GIXD）パターンと pMAIRS スペクトルを組み合わせると議論がしやすい[10]．GIXD 法も IP および OP の回折パターンを測定でき，それぞれが pMAIRS の IP および OP スペクトルと相関づけて議論できる．

[引用文献]

1) T. Hasegawa, *J. Phys. Chem. B*, **106**, 4112 (2002)：行列 ***R*** 頭の比例定数は不要なので，本書では削除している．
2) T. Hasegawa, *Appl. Spectrosc. Rev.*, **43**, 181 (2008)
3) T. Hasegawa, *Quantitative Infrared Spectroscopy for Understanding of a Condensed Matter*, Springer, Tokyo (2017)
4) Y. Itoh, A. Kasuya, and T. Hasegawa, *J. Phys. Chem. A*, **113**, 7810 (2009)
5) N. Shioya, S. Norimoto, N. Izumi, M. Hada, T. Shimoaka, and T. Hasegawa, *Appl. Spec-*

trosc., **71**, 910(2017)
6) N. Shioya, T. Shimoaka, R. Murdey, and T. Hasegawa, *Appl. Spectrosc.*, **71**, 1242(2017)
7) T. Hasegawa, *Anal. Chem.*, **79**, 12, 4385(2007)
8) N. Shioya, T. Shimoaka, K. Eda, and T. Hasegawa, *Macromolecules*, **50**, 5090(2017)
9) N. Shioya, T. Shimoaka, K. Eda, and T. Hasegawa, *Phys. Chem. Chem. Phys.*, **17**, 13472(2015)
10) M. Hada, N. Shioya, T. Shimoaka, K. Eda, M. Hada, and T. Hasegawa, *Chem. Eur. J.*, **22**, 16539(2016)

6.3 ナノ赤外分光法

4.3 節で記述したように，赤外顕微鏡の空間分解は，光の波動としての性質から，大ざっぱに波長程度(2.5～25 μm)であり，これは回折限界とよばれている．**原子間力顕微鏡**(atomic force microscope, AFM)や電子顕微鏡の空間分解は数 nm で空間分解能は高いが，分子構造に関する知見を得ること，すなわち状態分析はできない．一方，赤外分光法では状態分析は可能であるが，空間分解能は高くない．そのため，赤外分光法の空間分解能を高くすることが求められている．このような背景のもと，回折限界を超えた空間分解を実現する 2 つの方法が開発されている．いずれも AFM と赤外レーザーを組み合わせた測定法であり，これまでの FT-IR 分光計に基づく測定法とはまったく異なる測定システムである．ここでは，光熱変換分光法に分類できる AFM-IR 法と近接場(near field)を利用した散乱型走査型近接場光学顕微鏡(scanning near-field optical microscope, SNOM と略す)法に関して説明する．

6.3.1 AFM-IR

AFM-IR 測定システム[1,2)]の概念図を**図 6.3.1** に示した．試料にパルス赤外光を照射する波長可変赤外レーザーと AFM 装置から構成されており，これまでの赤外分光計とはまったく異なる測定システムである．光源としては，光パラメトリック発振器(optical parametric oscillator, OPO と略す)を利用したレーザーまたは量子カスケードレーザー(quantum cascade laser, QCL と略す)が使用されており，単一波長(波数)の赤外レーザー光を絞って試料に照射する．試料の上方から照射する配置と下方から照射する配置がある．試料が赤外レーザー光を吸収する場合には，試料

の温度が上昇し，体積が膨張し，熱の拡散とともに元の状態に戻る．AFM のカンチレバーは，図 6.3.1 に示したように，過渡的な体積膨張とともに減衰振動をする．振幅は，主にその波長における赤外光の吸光係数に比例する．レーザーの波長を変化させて，カンチレバーの減衰振動の振幅を測定すると，赤外スペクトルを得ることができる．**図 6.3.2** に示したように，このようにして測定したポリスチレンの AFM–IR スペクトルは，通常の FT–IR スペクトルとよい一致を示す．赤外スペクトルを測定可能な波数範囲は赤外レーザーの発振波長の範囲となり，波数分解はレーザー光の線幅と波数スキャンのステップ幅に依存する．例えば，OPO レーザーを使用したシステムでは，測定波数範囲は 2000〜1000 と 3600〜2400 cm^{-1} で，パルス幅は約 10 ns，繰り返し周波数は 1 kHz である．波数分解は 4〜8 cm^{-1} である．QCL レーザーを使用したシステムでは，1850〜770 cm^{-1} の範囲で 250 cm^{-1} の波数領域で発振し，パルス幅は 40 ns，繰り返し周波数は可変で，10〜250 kHz である．QCL レーザーの性能は日進月歩で向上している．

また，赤外光の波長を固定し，試料を XY ステージにのせて XY 方向へ移動して一点一点測定を繰り返すと，そのバンドの強度のイメージを測定することができる．空間分解は AFM の性能や試料の性質などに依存するが，現在 100〜500 nm 程度である．測定法の改善により，10 nm の空間分解も報告されている．

カンチレバーの減衰振動をフーリエ変換すると，**図 6.3.3** に示したように，減衰振動に含まれている固有周波数(コンタクト共鳴周波数とよばれている)を得ることができる．これは，試料とカンチレバーが一体となった振動子の固有振動とみなすことができる．この周波数は，主に試料の堅さに依存しており，堅いものは高い振動数を示す．したがって，コンタクト共鳴周波数を 2 次元図として表示すると，試料の堅さについてのイメージを得ることができる．また，パルスレーザーの繰り返し周波数をコンタクト共鳴周波数にすると，カンチレバーの振動は減衰しなくなり，信号強度は飛躍的に大きくなるため，検出感度が向上する．この方法は共鳴増強(resonance-enhanced) AFM–IR とよばれている．共鳴増強効果を利用すると，スペクトル測定時間は 100 分の 1，イメージ測定時間は 10 分の 1 になる．

AFM–IR の空間分解能の高さを示す例として，直径 3 μm のポリスチレンビーズがエポキシの中に埋め込まれている試料の測定結果[1]を**図 6.3.4** に示した．ポリスチレンビーズの中心では，ポリスチレンのみのスペクトルが観測されており，ビーズとエポキシの界面付近では 100 nm 程度の空間分解で，エポキシとポリスチレンのスペクトルが分離できている．

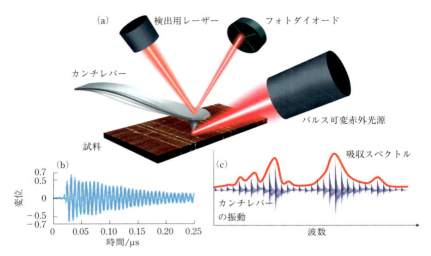

図 6.3.1　AFM−IR 分光システムの概念図

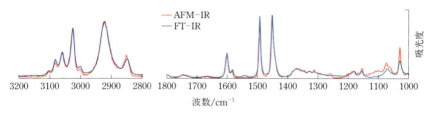

図 6.3.2　ポリスチレンの AFM−IR スペクトル（赤線）と FT−IR スペクトル（青線）

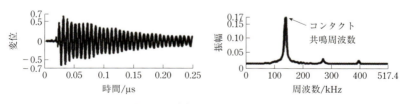

図 6.3.3　減衰振動のフーリエ変換

　続いて，ポリマーブレンドの相分離構造を研究した例[3]を紹介する．5.2.4 項で述べたアクリロニトリル・ブタジエン・スチレン（ABS）熱可塑性樹脂は，ポリカーボネート（PC）とのブレンドとして利用されており，相分離することが知られている．PC：ABS＝60：40 で混合したブレンドフィルムについて AFM−IR スペクトル測定

6.3 ナノ赤外分光法

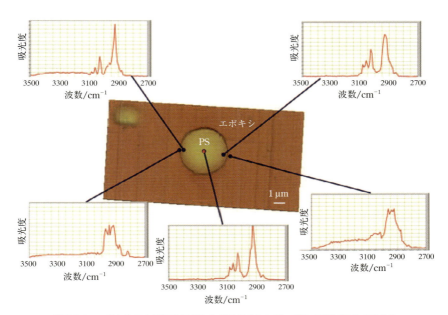

図 6.3.4 エポキシの中に埋め込まれたポリスチレンビーズの AFM–IR スペクトル

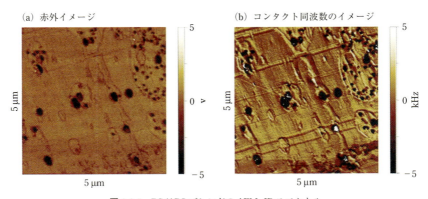

図 6.3.5 PC/ABS ブレンドの AFM–IR スペクトル
(a) $1245\ \mathrm{cm}^{-1}$ のバンド強度のイメージ，(b) $1245\ \mathrm{cm}^{-1}$ のバンドのコンタクト周波数のイメージ．

から得られた PC に由来する $1245\ \mathrm{cm}^{-1}$ のバンドのイメージを**図 6.3.5**(a)に示した．濃い茶色の部分は PC の濃度が薄い部分で，島状に存在している．図 6.3.5(b)には，$1245\ \mathrm{cm}^{-1}$ のバンドのコンタクト周波数のイメージを示した．周波数が高いほど相対的に堅いことを示しており，濃い茶色は相対的に柔らかいことを示し，島状に分

265

布している.これらのイメージから,PC 濃度が薄い領域すなわち ABS の濃度が濃い領域は,相対的に柔らかいことがわかる.AFM-IR は,高分子研究(ポリマーブレンドのナノ構造,多層膜,界面,塗膜など)に有用な分析法であり[4,5],製薬や医療分野にも応用されている[2].

6.3.2 ■ 近接場赤外分光法

図 6.3.6 に示したように,物質 1 と 2 が平滑な界面で接しているとする.物質 1 の屈折率を n_1,物質 2 の屈折率を n_2 とし,$n_1 > n_2$ である場合に,光が物質 1 側から入射する内部反射を考える.ここで,**スネルの法則**(Snell's law)

$$n_1 \sin\theta_1 = n_2 \sin\theta_2 \tag{6.3.1}$$

が成り立つ.$n_1 > n_2$ であるから,$\theta_1 < \theta_2$ である.θ_2 は 90° を超えることはないので,式(6.3.1)を満たす最大の入射角を θ_c とすると

$$\sin\theta_c = \frac{n_2}{n_1} \equiv n_{12} \tag{6.3.2}$$

となる.この角度は**臨界角**(critical angle)とよばれる.入射角が臨界角以上では入射光はすべて反射し,この現象は**全反射**とよばれる.

仮に,入射角 θ_1 が θ_c よりも大きい場合($\theta_c < \theta_1 < 90°$)の透過光を考えてみる.式(6.3.1)から,

$$\cos\theta_2 = \pm i\sqrt{\frac{\sin^2\theta_1}{n_{12}^2} - 1} \tag{6.3.3}$$

となる.物質 2 に入り込む光があるとすると,

$$\boldsymbol{E}(x,z,t) = \boldsymbol{E}_0 \exp\{i[k_2(x\sin\theta_2 + z\cos\theta_2) - \omega t]\} \tag{6.3.4}$$

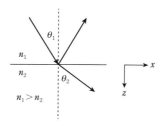

図 6.3.6 物質 1(屈折率 n_1)と物質 2(屈折率 n_2)の界面における光の反射と屈折

6.3 ナノ赤外分光法

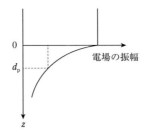

図 6.3.7　エバネッセント波の振幅の減衰

と書ける．式(6.3.1)と(6.3.3)を代入すると

$$\begin{aligned}\boldsymbol{E}(x,z,t) &= \boldsymbol{E}_0 \exp\left[i\left\{k_2\left(x\frac{\sin\theta_1}{n_{12}} \pm iz\sqrt{\frac{\sin^2\theta_1}{n_{12}^2}-1}\right) - \omega t\right\}\right] \\ &= \boldsymbol{E}_0 \exp\left[i\left(k_2 x\frac{\sin\theta_1}{n_{12}} - \omega t\right)\right]\exp\left(\mp k_2 z\sqrt{\frac{\sin^2\theta_1}{n_{12}^2}-1}\right)\end{aligned} \quad (6.3.5)$$

となる．ここで，＋符号では，z が大きくなると電場が発散するので波動方程式の解として不適切であり，その結果

$$\boldsymbol{E}(x,z,t) = \boldsymbol{E}_0 \exp\left[i\left(k_2 x\frac{\sin\theta_1}{n_{12}} - \omega t\right)\right]\exp\left(-k_2 z\sqrt{\frac{\sin^2\theta_1}{n_{12}^2}-1}\right) \quad (6.3.6)$$

となる．

図 **6.3.7** に示したように，電場の大きさは，z の増加とともに減衰し，$z=0$ の 1/e になる z の値を d_p とすると

$$d_\mathrm{p} = \frac{1}{k_2\sqrt{\dfrac{\sin^2\theta_1}{n_{12}^2}-1}} = \frac{\lambda_1}{2\pi\sqrt{\sin^2\theta_1-n_{12}^2}} = \frac{\lambda_0}{2\pi\sqrt{n_1^2\sin^2\theta_1-n_2^2}} \quad (6.3.7)$$

となる．d_p は**しみ込み深さ**（penetration depth）とよばれている．また，この光は x 方向には進行波であり，その波長は

$$\lambda_x = \frac{n_{12}\lambda_2}{\sin\theta_1} = \frac{\lambda_1}{\sin\theta_1} \quad (6.3.8)$$

である．

第6章 赤外分光法の先端測定法

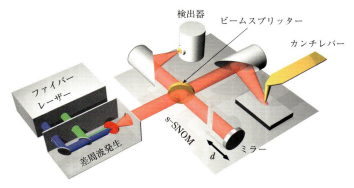

図 6.3.8　s-SNOM-IR 分光システム

　この光はしみ込み深さ d_p をもって物質面上に存在する光で，**エバネッセント波**（evanescent wave）とよばれており，4.2 節で記述したように，ATR 測定に利用されている．界面が平面ではない場合，例えば球の場合には，**近接場光**（near-field light）[6]とよばれている．エバネッセント波は界面に沿って進む波なので，物質 1 から物質 2 へのエネルギー移動はない．したがって，このままではエバネッセント波を観測することはできない．しかしながら，物質 2 に赤外光を吸収するエネルギー準位をもつ物質があると，エバネッセント波は進行波として吸収される．また，金属などを下方から近づけると進行波となり，散乱される．近接場光は SNOM で利用されている．

　赤外分光法においても近接場赤外光を利用した SNOM が開発されている．SNOM では空間分解能の向上が期待されるが，測定が難しく，一般的な分析法として使用されるまでにはさらに発展が必要と思われる．ここでは，市販装置もある近接場赤外測定法を紹介する[7]．**図 6.3.8** に，測定システムの概略を示した．2 種類のフェムト秒パルスレーザー光の差の周波数をもつ光を発生させること（差周波発生）により得た赤外レーザーパルス光を金属（Au, Pt など）でコーティングした AFM のカンチレバーの探針の先端に集光して照射すると，探針の先端径と同程度の試料の領域に光を照射することになる．探針は光のアンテナのような働きをする．AFM では，探針を振動数 Ω で振動させる．探針からの散乱光には，探針と試料との近接場相互作用すなわち試料による近接場光の吸収が反映されている．散乱光を非対称マイケルソン干渉計に導入し，検出器からの信号を振動数 $n\Omega$（$n = 2, 3, 4$）で復調すると（非線形な応答をする成分の検出），偽りの信号のない近接場光由

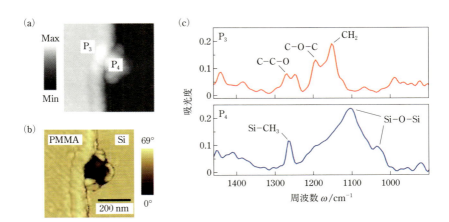

図 6.3.9 s–SNOM–IR 分光法による異物の同定
(a)AFM イメージ，(b)AFM 位相イメージ，(c)s–SNOM–IR スペクトル．波数分解 13 cm^{-1}，積算時間 7 min．

来の散乱光電場の振幅と位相（すなわち実部と虚部）を決定することができる．このとき，マイケルソン干渉計は，通常の FT–IR 分光計とは異なる役割で使用されている．入射光の電場を $\boldsymbol{E}_{\mathrm{inc}}(\omega)$，散乱光の電場を $\boldsymbol{E}_{\mathrm{s}}(\omega)$，散乱係数を $\sigma(\omega)$，検出器を含む干渉計全体の感度を $R(\omega)$ とすると，$\boldsymbol{E}_{\mathrm{s}}(\omega)=\sigma(\omega)R(\omega)\boldsymbol{E}_{\mathrm{inc}}(\omega)$ と表される．参照として，表面が平滑な Si 基板からの散乱光を同様に測定すると，$\boldsymbol{E}_{\mathrm{s,ref}}(\omega)=KR(\omega)\boldsymbol{E}_{\mathrm{inc}}(\omega)$（$K$ は定数）となる．これらの結果から，$\sigma(\omega)=K\boldsymbol{E}_{\mathrm{s}}(\omega)/\boldsymbol{E}_{\mathrm{s,ref}}(\omega)$ を求めることができる．$\sigma(\omega)$ の虚部がスペクトルを表す．このような散乱光を利用した SNOM は，散乱型（scattering-type）SNOM（s–SNOM と略す）とよばれている．この測定システムの空間分解は約 20 nm と報告されている．

Si 基板の上に作製した PMMA フィルムをこすり取った部分の AFM イメージを**図 6.3.9**(a)に示した．また，位相のイメージを図 6.3.9(b)に示した．100 nm 程度の大きさの異物が観測されている．点 P_3 と P_4 の s–SNOM–IR スペクトルを図 6.3.9(c)に示した．P_3 のスペクトルは PMMA によるものである．異物である P_4 のスペクトルは，ポリジメチルシロキサンによるものであることがわかった．

[引用文献]

1) A. Dazzi, C. B. Prater, Q. Hu, D. B. Chase, J. F. Rabolt, and C. Marcott, *Appl. Spectrosc.*, **66**, 1365(2012)
2) A. Dazzi and C. B. Prater, *Chem. Rev.*, **117**, 5146(2017)
3) J. Ye, H. Midorikawa, T. Awatani, C. Marcott, M. Lo, K. Kjoller, and R. Shetty, *Microscopy and Analysis*, April, 24(2012)
4) 西岡利勝(西岡利勝 編著),高分子赤外・ラマン分光法,講談社(2015),pp. 90-100
5) 泉 由貴子,馬殿直樹(西岡利勝 編著),高分子赤外・ラマン分光法,講談社(2015),pp. 243-262
6) 大津元一,小林 潔,近接場光の基礎——ナノテクノロジーのための新光学,オーム社(2003)
7) F. Huth, A. Govyadinov, S. Amarie, W. Nuansing, F. Keilmann, and R. Hillenbrand, *Nano Lett.*, **12**, 3973(2012)

付　録

付録 A ■ 界面での連続条件

　界面を横切る光の電場や磁場を論じるのは，電磁気学の最も得意とするところである．電磁気学は，式(2.3.1)〜(2.3.6)に示したマクスウェル方程式と付随する物質に関する方程式から出発する．

　任意の2層界面を考えるため，誘電率が ε_1 および ε_2 の2層が接する界面を考える．はじめに，界面をまたぐ厚みが δh という非常に薄く半径も小さな円筒(**図 A.1**(a))について考える．厚みが非常に小さいので，円筒の上面および下面の面積は等しい，すなわち

$$\delta A_1 = \delta A_2 (\equiv \delta A)$$

とし，いずれも δA とおく．式(2.3.4)についてガウスの公式を当てはめると，

$$\int \nabla \cdot \boldsymbol{B} \, dV = \int \boldsymbol{B} \cdot \boldsymbol{n} \, dS = 0 \tag{A.1}$$

と書け，体積積分を面積積分に変換できる．

　いま，上面および下面にそれぞれ法線ベクトル $\boldsymbol{n}_1$ および $\boldsymbol{n}_2$ を立てると，

$$\boldsymbol{n}_1 = -\boldsymbol{n}_2 \equiv \boldsymbol{n}_{12}$$

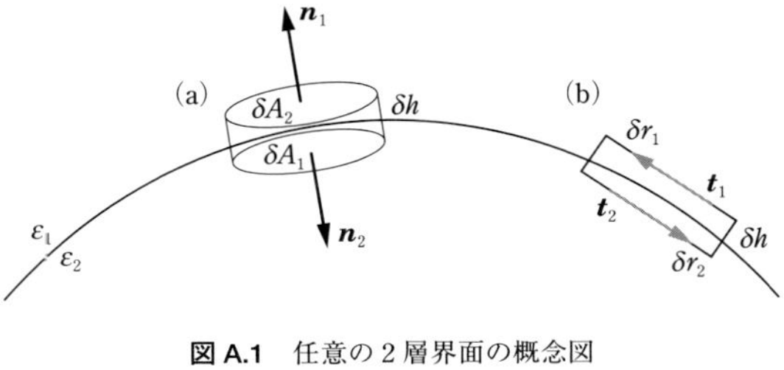

図 A.1　任意の2層界面の概念図
(a)薄い円筒と(b)細長い長方形を用いて，それぞれ界面および界面の断面を考える．

と書けるから，$\delta h \to 0$ の極限では，式(A.1)は具体的に次のように書ける．

$$0 = \boldsymbol{B}_1 \cdot \boldsymbol{n}_1 \delta A_1 + \boldsymbol{B}_2 \cdot \boldsymbol{n}_2 \delta A_2 + 厚み$$

$$\approx (\boldsymbol{B}_1 - \boldsymbol{B}_2) \cdot \boldsymbol{n}_{12} \delta A$$

$$\Leftrightarrow \quad \boldsymbol{n}_{12} \cdot \boldsymbol{B}_1 = \boldsymbol{n}_{12} \cdot \boldsymbol{B}_2 \tag{A.2}$$

この式(A.2)は非常に重要な結論で，「磁束密度」の法線成分は界面で連続であることを示す．

同様のことを式(2.3.3)についても考えると，

$$\boldsymbol{n}_{12} \cdot (\boldsymbol{D}_2 - \boldsymbol{D}_1) = \rho$$

が得られ，系に電荷がない場合($\rho = 0$)は，

$$\boldsymbol{n}_{12} \cdot (\boldsymbol{D}_2 - \boldsymbol{D}_1) = 0 \quad \Leftrightarrow \quad \boldsymbol{n}_{12} \cdot \boldsymbol{D}_1 = \boldsymbol{n}_{12} \cdot \boldsymbol{D}_2$$

が得られる．すなわち，「電束密度」の法線成分も界面で連続である．

一方，界面の断面を考えるため，界面に沿った細長い長方形(図A.1(b))を用意する．ここで，式(2.3.2)にストークスの公式を当てはめると，次式が得られる．

$$\int \nabla \times \boldsymbol{E} \cdot \boldsymbol{b} \, dS = -\int \frac{d\boldsymbol{B}}{dt} \cdot \boldsymbol{b} \, dS = \int \boldsymbol{E} \cdot d\boldsymbol{r} \tag{A.3}$$

すなわち，面積積分を線積分に変換できる．ここで，$\boldsymbol{b}$ は長方形についての法線 $\boldsymbol{n}_{12}$ を用いてつぎのように定義する．

$$\boldsymbol{n}_{12} \times \boldsymbol{t} = \boldsymbol{b}$$

界面を囲む細長い長方形について，式(2.3.2)を考慮して式(A.3)を具体的に書くと，

$$-\frac{d\boldsymbol{B}}{dt} \cdot \boldsymbol{b} \, \delta r \delta h = \boldsymbol{E}_1 \cdot \boldsymbol{t}_1 \delta r_1 + \boldsymbol{E}_2 \cdot \boldsymbol{t}_2 \delta r_2 + 厚み$$

と書けるから，$\delta r_1 = \delta r_2 \equiv \delta r$ とすれば，$\delta h \to 0$ の極限ではつぎのようになる．

$$(\boldsymbol{E}_1 \cdot \boldsymbol{t}_1 + \boldsymbol{E}_2 \cdot \boldsymbol{t}_2) \delta r = 0 \quad \Leftrightarrow \quad \boldsymbol{E}_1 \cdot \boldsymbol{t}_1 + \boldsymbol{E}_2 \cdot \boldsymbol{t}_2 = 0$$

さらに，$\boldsymbol{t}_1 = -\boldsymbol{b} \times \boldsymbol{n}_{12}$ および $\boldsymbol{t}_2 = \boldsymbol{b} \times \boldsymbol{n}_{12}$ を考えると，次式が得られる．

$$\boldsymbol{b} \cdot [\boldsymbol{n}_{12} \times (\boldsymbol{E}_2 - \boldsymbol{E}_1)] = 0$$

$\boldsymbol{b}$ は長方形の面上で任意の方向をもつので，

$$\boldsymbol{n}_{12} \times (\boldsymbol{E}_2 - \boldsymbol{E}_1) = 0 \tag{A.4}$$

が必要十分条件である．これは，「電場」の界面に平行な成分は界面で連続であることを示す重要な結論である．同様のことが「磁場」についてもいえる（式(A.5)）．

$$\boldsymbol{n}_{12} \times (\boldsymbol{H}_2 - \boldsymbol{H}_1) = 0 \tag{A.5}$$

これらの関係式は，マクスウェル方程式を解いて得られるので，界面を考慮した議論を進める際に公式として用いる．

付録 B ■ Abeles の伝達行列法

図 B.1 のような 2 層界面に x–z 面内を進む光が下半分の層 1 から入射し，反射光と層 2 への屈折透過光に分かれて進む場合を考える．図中の A, R, T はそれぞれ入射光(i)，反射光(r)，透過光(t)の電場または磁場の「振幅」を表す．x–z 面を入射面とするとき，入射面に平行および垂直な電場振動をもつ偏光を，それぞれ p および s 偏光という．すなわち，A_p を p 偏光が入射する際の電場振幅とすると，このとき A_s は磁場の振幅に相当する．

「電場」が界面を横切るときは，界面で電場および磁場がそれぞれ x および y 成分について連続するので（式(A.4)および(A.5)），電場や磁場は重ね合わせが成り立つことを考慮して，つぎのような式が書ける．

$$E_x^\mathrm{i} + E_x^\mathrm{r} = E_x^\mathrm{t} \tag{B.1}$$
$$E_y^\mathrm{i} + E_y^\mathrm{r} = E_y^\mathrm{t} \tag{B.2}$$

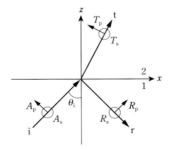

図 B.1　相 1／相 2 の光学的界面に光が入射する模式図

付　録

$$H_x^i + H_x^r = H_x^t \tag{B.3}$$

$$H_y^i + H_y^r = H_y^t \tag{B.4}$$

この式に，図 B.1 の変数を当てはめていく．例えば，A_p の膜面に平行な x 成分は $A_p \cos\theta_i$ と書けるので，式 (B.1) はつぎのようになる．

$$\cos\theta_i (A_p - R_p) = \cos\theta_t T_p \tag{B.5}$$

一方，A_s はそれ自体が y 成分なので，式 (B.2) はつぎのように簡単に書ける．

$$A_s + R_s = T_s \tag{B.6}$$

ここで入射面 (x–z 面) を進む光の波数ベクトル $\boldsymbol{k}$ を

$$\boldsymbol{k} = k\boldsymbol{a} = k \begin{pmatrix} \sin\theta_i \\ 0 \\ \cos\theta_i \end{pmatrix} \equiv k \begin{pmatrix} a_x \\ a_y \\ a_z \end{pmatrix}$$

と書くことにする[1]．すると，マクスウェル方程式にある微分演算子 ∇ と $\partial/\partial t$ は，それぞれ $i k\boldsymbol{a}$ および $-i\omega$ と置き換えられ，微分演算子のない形に書き直せる．

$$\boldsymbol{a} \times \boldsymbol{H} = -\frac{\omega}{k}\boldsymbol{D} \quad \Leftrightarrow \quad \boldsymbol{H} \times \boldsymbol{a} = \frac{\omega}{k}\boldsymbol{D}$$

$$\boldsymbol{a} \times \boldsymbol{E} = \frac{\omega}{k}\boldsymbol{B} = \frac{\omega}{k}\mu_0 \mu_r \boldsymbol{H}$$

$$\boldsymbol{D} \cdot \boldsymbol{a} = 0$$

$$\boldsymbol{H} \cdot \boldsymbol{a} = 0$$

ここで，式 (2.3.12) および (2.3.13) を考慮すると，

$$\boldsymbol{H} = \frac{\sqrt{\varepsilon_r}}{Z_0} \boldsymbol{a} \times \boldsymbol{E}$$

となる．ただし，$Z_0 \equiv \sqrt{\mu_0/\varepsilon_0}$ である．この式を使えば，ベクトルの向きを 90 度回したり，磁場を電場の表現に変えたり，図 B.1 に合わせて使いやすいように自在に式を書き換えられる．これを使うと，式 (B.3) および (B.4) は，つぎのように書ける．

$$\sqrt{\varepsilon_{r,1}} \cos\theta_i (A_s - R_s) = \sqrt{\varepsilon_{r,2}} \cos\theta_t T_s \tag{B.7}$$

$$\sqrt{\varepsilon_{r,1}} (A_p + R_p) = \sqrt{\varepsilon_{r,2}} T_p \tag{B.8}$$

こうして得られた4つの式(B.5)～(B.8)を使うと，つぎの重要な関係が得られる[1,2].

$$T_\mathrm{p} = \frac{2n_1 \cos\theta_\mathrm{i}}{n_2 \cos\theta_\mathrm{i} + n_1 \cos\theta_\mathrm{t}} A_\mathrm{p} \equiv t_\mathrm{p} A_\mathrm{p}$$

$$T_\mathrm{s} = \frac{2n_1 \cos\theta_\mathrm{i}}{n_1 \cos\theta_\mathrm{i} + n_2 \cos\theta_\mathrm{t}} A_\mathrm{s} \equiv t_\mathrm{s} A_\mathrm{s}$$

$$R_\mathrm{p} = \frac{n_2 \cos\theta_\mathrm{i} - n_1 \cos\theta_\mathrm{t}}{n_2 \cos\theta_\mathrm{i} + n_1 \cos\theta_\mathrm{t}} A_\mathrm{p} \equiv r_\mathrm{p} A_\mathrm{p} \qquad \text{(B.9)}$$

$$R_\mathrm{s} = \frac{n_1 \cos\theta_\mathrm{i} - n_2 \cos\theta_\mathrm{t}}{n_1 \cos\theta_\mathrm{i} + n_2 \cos\theta_\mathrm{t}} A_\mathrm{s} \equiv r_\mathrm{s} A_\mathrm{s}$$

ここで新たに定義して導入したtおよびrは，それぞれ**フレネルの振幅反射率**および**振幅透過率**とよぶ．

分光器で実測する光の強度は，光エネルギーの流れである**ポインティングベクトル S** を計算することで得られる．特に，時間平均を考慮すると[2~5]，次式になる．

$$\langle S \rangle = \frac{1}{2} \mathrm{Re}(\boldsymbol{E} \times \boldsymbol{H}^*)$$

これを使うと，界面近傍での光のエネルギー流れは，

$$入射光 : J_j^\mathrm{i} = |\boldsymbol{S}_j^\mathrm{i}| \cos\theta_\mathrm{i} \quad (j \text{ は p または s 偏光})$$

$$反射光 : J_j^\mathrm{r} = |\boldsymbol{S}_j^\mathrm{r}| \cos\theta_\mathrm{i}$$

$$透過光 : J_j^\mathrm{t} = |\boldsymbol{S}_j^\mathrm{t}| \cos\theta_\mathrm{t}$$

と書けるので，反射率 $\mathcal{R}$ はつぎのように求まる．

$$\mathcal{R}_j \equiv \frac{J_j^\mathrm{r}}{J_j^\mathrm{i}} = \frac{|R_j|^2}{|A_j|^2} = |r_j|^2 \qquad \text{(B.10)}$$

このように，反射率は振幅反射率の絶対値の二乗で簡単に計算できる．これを使えば I_0 が計算できる．同様に透過率 $\mathcal{T}$ は

$$\mathcal{T}_j \equiv \frac{J_j^\mathrm{t}}{J_j^\mathrm{i}} = \frac{n_2}{n_1} \frac{\cos\theta_\mathrm{t}}{\cos\theta_\mathrm{i}} \frac{|T_j|^2}{|A_j|^2} = \frac{n_2}{n_1} \frac{\cos\theta_\mathrm{t}}{\cos\theta_\mathrm{i}} |t_j|^2$$

となり，反射率に比べて複雑な式になる．その意味で，反射測定で得たスペクトルはその後の解析が楽で，特にクラマース・クローニッヒの関係を利用したスペクトル解析(5.2.2項)は，反射測定(正反射法やATR法など)に向いている．

バックグラウンド測定 I_0 の計算が比較的見通しがよいのに対して，試料測定 I は

単純な2層界面のモデルでは計算できず，空気／薄膜／基板の3層モデルを扱う必要がある．もう一つの問題は，扱う薄膜の厚みよりも赤外線の波長が圧倒的に長く（薄膜近似），薄膜中で多重反射が起こるのかどうか直感的に判断できない．そこで，多重反射のようなモデルを考えなくても厳密な透過率・反射率が計算できるAbelesの伝達行列（transfer matrix）法[1~5]を用いるのがよい．

伝達行列法は，多重反射の仮定なしに界面での電磁場の連続性（付録A）だけを考え，行列を用いることで任意の積層構造について一般性の高い式で記述でき，透過率と反射率を正確に計算できる優れた方法である．界面での連続性を直接扱っているので，「マクスウェル方程式を解く」という言い方で簡単に言い表されることも多い．

伝達行列法のもう一つの大きな利点は，複屈折のある系でのp偏光を含む任意の直線偏光を，フレネル方程式（後述）を通じて自由に計算に取り込むことができる点にある．平面波近似のもとでは，位相による振動が$\exp[i(\boldsymbol{k}\cdot\boldsymbol{r}-\omega t)]$と書けるので，マクスウェル方程式はつぎのように微分演算子を外した形に書ける[1]．

$$\begin{aligned} \boldsymbol{k}\cdot\boldsymbol{D} &= 0 \\ \boldsymbol{k}\cdot\boldsymbol{B} &= 0 \\ \boldsymbol{k}\times\boldsymbol{H} &= -\omega\boldsymbol{D} \\ \boldsymbol{k}\times\boldsymbol{E} &= \omega\boldsymbol{B} \end{aligned} \quad (\text{B.11})$$

誘電率はテンソル量だが，sおよびp両偏光の進行方向が一致する軸（光軸）をz軸にとると，簡単な対角行列で表現できる．実際，多くの薄膜で見られる一軸配向[注1]（uniaxial orientation）系は，この仮定に合致する．

$$\varepsilon = \begin{pmatrix} \varepsilon_x & 0 & 0 \\ 0 & \varepsilon_y & 0 \\ 0 & 0 & \varepsilon_z \end{pmatrix} = \varepsilon_0 \begin{pmatrix} \varepsilon_{r,x} & 0 & 0 \\ 0 & \varepsilon_{r,y} & 0 \\ 0 & 0 & \varepsilon_{r,z} \end{pmatrix} \equiv \varepsilon_0 \varepsilon_r$$

いま，入射面に平行な電場振動をもつp偏光を考える．波数ベクトルはx–z面内を進むから

$$\boldsymbol{k} = \begin{pmatrix} k_x \\ 0 \\ k_z \end{pmatrix} = k \begin{pmatrix} a_x \\ 0 \\ a_z \end{pmatrix}$$

[注1] 球座標の偏角の1つθ（膜法線からの傾き角）だけが決まり，もう1つのϕは広く分布した配向状態．分野によっては薄膜試料の一軸「延伸」のことを一軸配向ということがあり，その場合は一軸配向と二軸配向の定義が光学での定義と逆になるので注意．

と書ける．ただし，入射角を θ とするとき，$a_x = \sin\theta$ および $a_z = \cos\theta$ である．

つぎに天下りになるが，電場と磁場を

$$\boldsymbol{E} = \begin{pmatrix} E_x^{\mathrm{e}} \\ E_y^{\mathrm{o}} \\ E_z^{\mathrm{e}} \end{pmatrix} \quad \text{および} \quad \boldsymbol{H} = \begin{pmatrix} H_x^{\mathrm{o}} \\ H_y^{\mathrm{e}} \\ H_z^{\mathrm{o}} \end{pmatrix}$$

と，o および e という肩付き文字を付けておく．式(B.11)より得られる $\boldsymbol{k} \times \boldsymbol{E} = \omega\boldsymbol{B} = \omega\mu_0\boldsymbol{H}$ にこれらを代入すると，

$$\begin{pmatrix} -k_z E_y^{\mathrm{o}} \\ k_z E_x^{\mathrm{e}} - k_x E_z^{\mathrm{e}} \\ k_x E_y^{\mathrm{o}} \end{pmatrix} = \omega\mu_0 \begin{pmatrix} H_x^{\mathrm{o}} \\ H_y^{\mathrm{e}} \\ H_z^{\mathrm{o}} \end{pmatrix} \tag{B.12}$$

となる．同様に，$\boldsymbol{k} \times \boldsymbol{H} = \omega\boldsymbol{D} = \omega\varepsilon_0\varepsilon_{\mathrm{r}}\boldsymbol{E}$ を使うと

$$\begin{pmatrix} -k_z H_y^{\mathrm{e}} \\ k_z H_x^{\mathrm{o}} - k_x H_z^{\mathrm{o}} \\ k_x H_y^{\mathrm{e}} \end{pmatrix} = -\omega\varepsilon_0\varepsilon_{\mathrm{r}} \begin{pmatrix} E_x^{\mathrm{e}} \\ E_y^{\mathrm{o}} \\ E_z^{\mathrm{e}} \end{pmatrix} = -\omega\varepsilon_0 \begin{pmatrix} \varepsilon_{\mathrm{r},x} E_x^{\mathrm{e}} \\ \varepsilon_{\mathrm{r},y} E_y^{\mathrm{o}} \\ \varepsilon_{\mathrm{r},z} E_z^{\mathrm{e}} \end{pmatrix} \tag{B.13}$$

が得られる．式(B.12)および(B.13)はいずれも各行が o または e のみにまとまっている．o について成り立つ式をまとめると，

$$-\frac{k_z^2}{\omega\mu_0} E_y^{\mathrm{o}} - \frac{k_x^2}{\omega\mu_0} E_y^{\mathrm{o}} = -\omega\varepsilon_0\varepsilon_{\mathrm{r},x} E_y^{\mathrm{o}} \Leftrightarrow k^2 = \frac{\omega^2}{c^2}\varepsilon_{\mathrm{r},x}$$

となる．これは o の付いている媒質は誘電率だけで進行方向が一意に決まることを意味する．この光を**常光**(ordinary light)といい，s 偏光測定に対応する．

一方，e についても同様にまとめると，つぎの**フレネル方程式**[1〜4]が得られる．

$$\frac{1}{\bar{\bar{\varepsilon}}} = \frac{a_x^2}{\varepsilon_{\mathrm{r},z}} + \frac{a_z^2}{\varepsilon_{\mathrm{r},x}}$$

ただし

$$\bar{\bar{\varepsilon}} \equiv \frac{c^2 k^2}{\omega^2}$$

である．フレネル方程式は，誘電率 $\bar{\varepsilon}$ が光の進行方向に依存することを意味し，これを**異常光線**(extraordinary light)といい[1〜4]，p 偏光測定に対応する．言い換えると，誘電率異方性のある媒質に光を入れると，常光と異常光線の2つに光が分かれる(複屈折)．

ここで，電場の接線成分は界面で連続することを使う．p 偏光を考える場合，磁場が界面に平行になって扱いやすいので，磁場表示で始める．まず $\boldsymbol{H} \times \boldsymbol{k} = \omega\boldsymbol{D}$ を

具体的に書くと，

$$\begin{pmatrix} 0 \\ H_y \\ 0 \end{pmatrix} \times k \begin{pmatrix} a_x \\ 0 \\ a_z \end{pmatrix} = \omega \begin{pmatrix} \varepsilon_x E_x \\ \varepsilon_y E_y \\ \varepsilon_z E_z \end{pmatrix} \Leftrightarrow H_y \frac{k}{\omega} \begin{pmatrix} a_z \\ 0 \\ -a_x \end{pmatrix} = \begin{pmatrix} \varepsilon_x E_x \\ \varepsilon_y E_y \\ \varepsilon_z E_z \end{pmatrix}$$

となり，これを $\boldsymbol{H} \times \boldsymbol{k} = \omega \boldsymbol{D}$ を使って電場について書きなおすと，次式になる．

$$\boldsymbol{E} = H_y \frac{k}{\omega} \begin{pmatrix} \varepsilon_x^{-1} a_z \\ 0 \\ -\varepsilon_z^{-1} a_x \end{pmatrix} = H_y \frac{\bar{\bar{n}}}{c} \begin{pmatrix} \varepsilon_x^{-1} a_z \\ 0 \\ -\varepsilon_z^{-1} a_x \end{pmatrix}$$

ただし，フレネル方程式を考えて

$$\frac{k}{\omega} = \frac{\sqrt{\bar{\bar{\varepsilon}}}}{c} \equiv \frac{\bar{\bar{n}}}{c}$$

を用いた．この結果，電場を磁場形式に書き換える際に便利な次の関係が得られる．

$$E_x = \frac{\bar{\bar{n}} a_z}{c \varepsilon_x} H_y \tag{B.14}$$

同様にして s 偏光については

$$H_x = -\frac{n_x a_z}{c \mu_0} E_y \tag{B.15}$$

が得られる．ただし，s 偏光なので $\bar{\bar{n}} = n_x$ を使った．

　ここで，いよいよ伝達行列法の記述法について述べる．**図 B.2** に界面と変数が示してある．相 j から入射した電場 E_j^{i} は，一部が反射光電場 E_j^{r} と透過光電場 E_j^{t} となる．一方，相 $j+1$ に進んだ光は界面 $j+1$ で「何らかの影響」を受けて一部が界面 j に返ってくる．この電場を E_j^{rb} と表す．すなわち，多重反射のような具体的な描像は一切考えず，確実に成り立つ界面での電場の連続性だけを描いていくのが

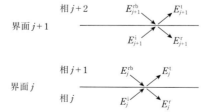

図 B.2　伝達行列法を考えるための界面と変数
　　　　厚み方向を z 軸とする．

伝達行列法の大きな特徴である[1,4].

具体的には，s および p 偏光についてそれぞれつぎのような式が書ける．

$$E_j^{\mathrm{i}} + E_j^{\mathrm{r}} = E_j^{\mathrm{t}} + E_j^{\mathrm{rb}}$$
$$H_j^{\mathrm{i}} + H_j^{\mathrm{r}} = H_j^{\mathrm{t}} + H_j^{\mathrm{rb}} \tag{B.16}$$

相のインデックスを加えて，式(B.14)の係数部分をつぎのように書くと，非常に便利に使える．

$$m_j \equiv \frac{\bar{\bar{n}}_j a_{z,j}}{\varepsilon_{x,j}} \tag{B.17}$$

ただし，今後，m_j は常に比をとって現れるので，定数 c は省いてある．すると，電場は磁場で書き換えられる．同様の理由で，ε は ε_r に読み替えてよい．

$$E_j^{\mathrm{i}} = m_j H_j^{\mathrm{i}}$$
$$E_j^{\mathrm{r}} = -m_j H_j^{\mathrm{r}}$$
$$E_j^{\mathrm{t}} = m_{j+1} H_j^{\mathrm{t}}$$
$$E_j^{\mathrm{rb}} = -m_{j+1} H_j^{\mathrm{rb}}$$

これを使って式(B.16)を行列形式でまとめると，次式になる．

$$\boldsymbol{Q}_j \boldsymbol{N}_j = \boldsymbol{Q}_{j+1} \boldsymbol{F}_j$$

ただし，

$$\boldsymbol{Q}_j \equiv \begin{pmatrix} m_j & -m_j \\ 1 & 1 \end{pmatrix}, \quad \boldsymbol{N}_j \equiv \begin{pmatrix} H_j^{\mathrm{i}} \\ H_j^{\mathrm{r}} \end{pmatrix} \quad \text{および} \quad \boldsymbol{F}_j \equiv \begin{pmatrix} H_j^{\mathrm{t}} \\ H_j^{\mathrm{rb}} \end{pmatrix}$$

である．この時点で議論が足りないのは，相の「厚み d_j」による位相の変化 $\delta_j \equiv k_{z,j} d_j$ である．すなわち，界面に平行な方向(x, y)は電場・磁場の連続条件ですでに書けているので，残りの z 方向だけが書ければよい．すると，隣り合う界面はつぎの 2 式で結ばれる．

$$H_j^{\mathrm{t}} \exp(\mathrm{i}\delta_{j+1}) = H_{j+1}^{\mathrm{i}}$$
$$H_{j+1}^{\mathrm{r}} \exp(\mathrm{i}\delta_{j+1}) = H_j^{\mathrm{rb}}$$

これも行列でまとめるため，

$$\boldsymbol{P}_j \equiv \begin{pmatrix} \exp(\mathrm{i}\delta_j) & 0 \\ 0 & \exp(-\mathrm{i}\delta_j) \end{pmatrix}$$

とすれば,

$$\boldsymbol{N}_{j+1} = \boldsymbol{P}_{j+1}\boldsymbol{F}_j$$

となる.これらを全部まとめると,結局,

$$\begin{aligned}\boldsymbol{Q}_j\boldsymbol{N}_j &= \boldsymbol{Q}_{j+1}\boldsymbol{F}_j \\ \boldsymbol{N}_{j+1} &= \boldsymbol{P}_{j+1}\boldsymbol{F}_j\end{aligned} \tag{B.18}$$

となり,これが伝達行列法の本体である.

伝達行列法の具体的な利用法を示す.よく見かける両面膜は「空気／薄膜／基板／薄膜／空気」という5層系で書け,式(B.18)を漸化式として扱うと[5],

$$\boldsymbol{N}_1 = \boldsymbol{Q}_1^{-1}\boldsymbol{Q}_2\boldsymbol{P}_2^{-1}\boldsymbol{Q}_2^{-1}\boldsymbol{Q}_3\boldsymbol{P}_3^{-1}\boldsymbol{Q}_3^{-1}\boldsymbol{Q}_2\boldsymbol{P}_2^{-1}\boldsymbol{Q}_2^{-1}\boldsymbol{Q}_1\boldsymbol{F}_4$$

と次の2式で完結する.

$$\boldsymbol{N}_1 = \begin{pmatrix} H_1^{\mathrm{i}} \\ H_1^{\mathrm{r}} \end{pmatrix} \quad \text{および} \quad \boldsymbol{F}_4 = \begin{pmatrix} H_4^{\mathrm{t}} \\ 0 \end{pmatrix}$$

これを使って具体的に計算すると,途中で

$$\boldsymbol{Q}_i^{-1}\boldsymbol{Q}_j = \frac{1}{2m_i}\begin{pmatrix} 1 & m_i \\ -1 & m_i \end{pmatrix}\begin{pmatrix} m_j & -m_j \\ 1 & 1 \end{pmatrix} = t_{ij}^{-1}\begin{pmatrix} 1 & r_{ij} \\ r_{ij} & 1 \end{pmatrix}$$

といった項が次々に出てくる.ここで出てくる

$$t_{ij} \equiv \frac{2m_i}{m_i + m_j}$$

$$r_{ij} \equiv \frac{m_i - m_j}{m_i + m_j}$$

はあらゆる光学計算に頻繁に現れる大切な変数である.

なお,光の絶対強度には興味がなく,あくまでも入射光に対する反射光や透過光の割合がわかればよいので,

$$\left|\frac{H_4^{\mathrm{t}}}{H_1^{\mathrm{i}}}\right|^2 = \left|\frac{t_{13}t_{31}}{1 - r_{31}^2\exp(2\mathrm{i}\delta_3)}\right|^2$$

といった量を扱うことになる.また,$\exp(2\mathrm{i}\delta_3)$にともなう振動はフリンジを生むが,細かすぎるフリンジは平均化されて見えなくなる[4].こうして,透過光強度は,

指数項を除いて書くことができる．

$$T_{\text{sample}} \equiv \left\langle \left| \frac{H_4^{\text{t}}}{H_1^{\text{i}}} \right|^2 \right\rangle = \frac{|t_{13}t_{31}|^2}{1-|r_{31}|^4}$$

こうした基礎を利用して，薄膜の吸光度スペクトルを解析的に計算することができる．ただし，かなりの計算量を要する．詳細は別の成書に譲る[5]．

なお，s 偏光の場合は，m_j の形が変わるので注意が必要である．すなわち，式(B.14)と(B.15)の違いを反映し，つぎのような m_j^{s} になる．

$$m_j^{\text{s}} \equiv n_{x,j} a_{z,j}$$

付録 C ■ クラマース・クローニッヒの関係式

凝縮系の誘電率は，分子の密度や配向などが詳しくわかっていないと，ボトムアップ的な手法では理論的に表現できない．このため，誘電率を介した光吸収の理論構築をあきらめそうになる．しかし，分子配列など凝縮系の構造がまったく不明でも，信号応答理論を使うと入射赤外線の電場振動によって生じる「分極の振動」が正確に表現できる．これにより，凝縮系が光吸収を引き起こすメカニズムが理解できるようになり，線形分光法の基礎を与える不可欠な考え方となる[5]．

FT-IR で用いる赤外光のように，光の電場 $\boldsymbol{E}$ が分子にとって十分に弱いとき，誘起される分極 $\boldsymbol{P}$（誘起双極子 $\boldsymbol{p}$ の集合体）は次の線形式で近似的に表現できる．

$$\boldsymbol{P} = \chi_{\text{e}} \varepsilon_0 \boldsymbol{E} \tag{C.1}$$

χ_{e} は電気感受率でテンソル量だが，ここでは話を簡単にするためスカラー表示で進める．1 個の誘起双極子に関する「分子分極率」α（これも本来テンソル）の定義式

$$\boldsymbol{p} = \alpha \boldsymbol{E} \tag{C.2}$$

との比較から，χ_{e} は「バルク分極率」とみなすこともできる[6,7]．後述するように，χ_{e} は凝縮系による光吸収の本質を担い，式(C.1)で説明可能な分光法を「線形分光法」という．赤外や紫外可視の「吸収分光法」はほとんどこの範疇に入る．

ただし，式(C.1)は静電場では成立するものの，あとで述べるように時間ドメインに単純に拡張することはできない．

付　録

$$\boldsymbol{P}(t) = \chi_e(t)\varepsilon_0 \boldsymbol{E}(t) \qquad (C.3)$$

これは，電場振動と分極振動の間に遅れ(位相差)がありうるからである．

　電場の周波数ごとに位相差が異なる応答を示す，物理的に複雑な誘電体(これを「系」という)を考えるには，系が次の3つの性質を満たすと仮定すると，比較的簡単に信号応答の仕組みをまとめることができる．

(1) 因果律
(2) 線形応答性
(3) 時不変性(「時間シフト」ともいう)

(1)の因果律は「結果が原因より先に生じることはない」という直感的にわかりやすいもので，あとで詳しく述べる．

(2)の線形応答性は，つぎに示すとおりである．

$$a \cdot x_1(t) + b \cdot x_2(t) \to \boxed{系} \to a \cdot y_1(t) + b \cdot y_2(t)$$

ここで，$x_j(t)$（例えば電場振動）は系への入力信号で，$y_j(t)$（例えば分極振動）という結果になって現れることを意味する．$x_j(t)$と$y_j(t)$の関数形はもちろん違っていてよい．このように入力の線形性がそのまま出力の線形性として維持されることを線形応答性という．

(3)の時不変性とは，入力信号を時間uだけ遅らせると，出力信号もuだけ遅れることをいう．

$$x(t-u) \to \boxed{系} \to y(t-u)$$

これら3つの性質を満たす系について，入力信号に対する出力信号の「応答性」を調べるには，いろいろな周波数のcos波に対する応答性をすべて知る必要がある．そこで，あらゆる周波数の波をいっぺんに系に入力し(白色光のイメージ)，その出力を調べることにする．つまり，系の具体的な中身を考えずに，入力応答の相関だけを調べるのである．

　一般に，異なる周波数のcos波をたくさん用意し，時間ドメインで重ねると波束(例えばsinc関数)になるが，その極限として無限個数のcos波を重ねるとDiracのデルタ関数$\delta(t)$になる．Diracによるデルタ関数の定義は，

$$\int_{-\infty}^{\infty} \delta(t) = 1 \quad \text{かつ} \quad \delta(t) = 0 \quad (t \neq 0)$$

付録 C　クラマース・クローニッヒの関係式

である．デルタ関数は超関数(distribution)でこのままでは数式的に扱いにくいので，「無限個数の cos 波を重ねる」という意味も含めたつぎの定義式を用いる．

$$\delta(t) \equiv \frac{1}{2\pi}\int_{-\infty}^{\infty} e^{i\omega t} d\omega \left(= \frac{1}{2\pi}\int_{-\infty}^{\infty} 1 \cdot e^{i\omega t} d\omega \right) \tag{C.4}$$

この定義は，カッコ内に示すように，ブロードバンド極限($f(\omega)=1$)のフーリエ逆変換と考えればわかりやすい．つまり，超短パルスを系に入力する思考実験は，広帯域光を一瞬で入力することに相当する．

いま，この実験で出てくる応答関数 $h(t)$(「インパルス応答関数」という)が測定できたとする．すなわち，

$$\delta(t) \to \boxed{系} \to h(t)$$

である．系を表す装置演算子を $\hat{S}$ と書けば，

$$\hat{S}[\delta(t)] = h(t) \tag{C.5}$$

である．ただし，$\hat{S}$ は因果律・線形応答性・時不変性の性質をもつものとする．

いま，この系に時間ドメインで「任意の入力信号 $x(t)$」を入れることを考える．$x(t)$ をフーリエ変換およびフーリエ逆変換の組で表示し，その積分の順序を入れ替えると，デルタ関数を含む次式が得られる．

$$\begin{aligned}x(t) &= \frac{1}{2\pi}\int_{-\infty}^{\infty}\left(\int_{-\infty}^{\infty} x(\tau) e^{-i\omega\tau} d\tau\right) e^{i\omega t} d\omega \\ &= \int_{-\infty}^{\infty} x(\tau)\left(\frac{1}{2\pi}\int_{-\infty}^{\infty} e^{i\omega(t-\tau)} d\omega\right) d\tau \\ &= \int_{-\infty}^{\infty} x(\tau)\delta(t-\tau) d\tau\end{aligned} \tag{C.6}$$

最後の変形にはデルタ関数の定義式(式(C.4))を使った．τ は時間で，t と積分変数を区別するためだけの目的で文字を変えている．この式(C.6)は，デルタ関数の重要な性質の一つとしてよく知られている．

つぎに，このデルタ関数を使って表現した任意の関数 $x(t)$ を系 $\hat{S}$ に入力し，$\hat{S}$ の「線形応答性・時不変性」および式(C.5)を考慮すると，出力 $y(t)$ はつぎのようになる．

$$\begin{aligned}y(t) &= \hat{S}[x(t)] = \hat{S}\left[\int_{-\infty}^{\infty} x(t)\delta(t-\tau) d\tau\right] \\ &= \int_{-\infty}^{\infty} x(t)\hat{S}[\delta(t-\tau)] d\tau\end{aligned}$$

$$\Leftrightarrow \quad y(t) = \int_{-\infty}^{\infty} x(\tau) h(t-\tau) \mathrm{d}\tau \equiv (x * h)(t) \tag{C.7}$$

となる．式(C.7)をコンボリューション・畳み込み・合成積などといい，アスタリスク記号で簡略表記される．すなわち，インパルス応答関数 $h(t)$ が得られれば，コンボリューションによって任意の入力信号について，系の詳細が不明でも出力信号が正確に予測できる．

凝縮系の光吸収を理解するため，分子配列など構造が不明な誘電体 $\hat{A}$ に光を入射し，光の電場振動 $E(t)$ が引き起こす分極の振動 $P(t)$ について考える．前節と同様に，装置関数 $\hat{A}$ の詳細が不明のまま，

$$\hat{A}[E(t)] = P(t) \tag{C.8}$$

と書く．電場振動は式(C.6)のようにデルタ関数を使って書けば，

$$E(t) = \int_{-\infty}^{\infty} E(\tau) \delta(t-\tau) \mathrm{d}\tau$$

となるから，演算子 $\hat{A}$ に線形応答性・時不変性さえあれば，式(C.8)は次式のように書き換えられる．

$$\hat{A}\left[\int_{-\infty}^{\infty} E(\tau) \delta(t-\tau) \mathrm{d}\tau\right] = \int_{-\infty}^{\infty} E(\tau) \hat{A}[\delta(t-\tau)] \mathrm{d}\tau = P(t)$$

いうまでもなく $\hat{A}[\delta(t-\tau)]$ はインパルス応答関数である．インパルス応答関数を $G(t)$ として，

$$\hat{A}[\delta(t-\tau)] = G(t-\tau)$$

と置き換えれば，$P(t)$ は $E(t)$ と $G(t)$ のコンボリューションで書ける．

$$P(t) = \int_{-\infty}^{\infty} E(\tau) \delta(t-\tau) \mathrm{d}\tau = (E * G)(t) \tag{C.9}$$

この式を式(C.1)と比較すると，

$$\chi_{\mathrm{e}}(t) = G(t) \tag{C.10}$$

となり，電気感受率が誘電体の応答関数であることがわかる．そこで，これ以降 $G(t)$ は $\chi_{\mathrm{e}}(t)$ で置き換える．

ところで，フーリエ変換演算子を FT で表すと，コンボリューションのフーリエ変換は，つぎのような公式(畳み込み定理)で与えられる．

$$FT[f*g] = FT[f] \cdot FT[g]$$

これを用いると，式(C.9)両辺のフーリエ変換により，次式が得られる．

$$P(\omega) = E(\omega)\chi_{\mathrm{e}}(\omega) \tag{C.11}$$

すなわち，式(C.1)は時間ドメインには拡張できないが，周波数ドメインの式には拡張できることがわかる．

ここまでの議論では，因果律は特に活躍していない．しかしここで「物理現象は外部刺激を受けた後にのみ起こる」という因果律を追加すると，スペクトル解析にきわめて有用な関係式に発展させることができる．

因果律は，時間に関するつぎのステップ関数を使うと簡単に表現できる．

$$s(t) = \begin{cases} 1 & (t \geq 0) \\ 0 & (t < 0) \end{cases}$$

例えば$\chi_{\mathrm{e}}(\omega)$が因果律に従うことは，つぎのように表現できる．

$$\chi_{\mathrm{e}}(\omega) = \chi_{\mathrm{e}}(\omega)s(t) \tag{C.12}$$

式(C.12)の両辺をフーリエ変換すると，関数積のフーリエ変換に関する公式

$$FT(fg) = \frac{1}{2\pi} FT[f] * FT[g]$$

を使って，

$$\chi_{\mathrm{e}}(\omega) = \frac{1}{2\pi} \chi_{\mathrm{e}}(\omega) * FT[s(t)] \tag{C.13}$$

となる．ステップ関数のフーリエ変換$FT[s(t)]$は公式としてよく知られており，次式で与えられる．

$$FT[s(t)] = \pi\delta(\omega) + \frac{\mathrm{i}}{\omega}$$

すると，式(C.13)はつぎのように書き換えられる．

$$\begin{aligned} \chi_{\mathrm{e}}(\omega) &= \int_{-\infty}^{\infty} \chi_{\mathrm{e}}(\varpi) \left\{ \frac{1}{2}\delta(\omega-\varpi) + \frac{\mathrm{i}}{2\pi(\omega-\varpi)} \right\} \mathrm{d}\varpi \\ &= \frac{1}{2}\chi_{\mathrm{e}}(\omega) + \frac{\mathrm{i}}{2\pi} P \int_{-\infty}^{\infty} \frac{\chi_{\mathrm{e}}(\varpi)}{\omega-\varpi} \mathrm{d}\varpi \end{aligned}$$

付　録

$$\Leftrightarrow \chi_\mathrm{e}(\omega) = \frac{\mathrm{i}}{\pi} P \int_{-\infty}^{\infty} \frac{\chi_\mathrm{e}(\varpi)}{\omega - \varpi} \mathrm{d}\varpi \tag{C.14}$$

P は特異点を含む積分に関するコーシーの主値であることを表す．ここで，$\chi_\mathrm{e}(\omega)$ が $\chi_\mathrm{e}(\omega) \equiv \chi_\mathrm{e}'(\omega) + \mathrm{i}\chi_\mathrm{e}''(\omega)$ のように複素数であると仮定すると，式(C.14)に入れて次式を得る．

$$\chi_\mathrm{e}'(\omega) + \mathrm{i}\chi_\mathrm{e}''(\omega) = -\frac{1}{\pi} P \int_{-\infty}^{\infty} \frac{\chi_\mathrm{e}''(\varpi)}{\omega - \varpi} \mathrm{d}\varpi + \mathrm{i}\frac{1}{\pi} P \int_{-\infty}^{\infty} \frac{\chi_\mathrm{e}'(\varpi)}{\omega - \varpi} \mathrm{d}\varpi$$

実部と虚部の比較から，次の2つの式が得られる．

$$\begin{aligned}\mathrm{Re}[\chi_\mathrm{e}(\omega)] &= -\frac{1}{\pi} P \int_{-\infty}^{\infty} \frac{\mathrm{Im}[\chi_\mathrm{e}(\varpi)]}{\omega - \varpi} \mathrm{d}\varpi \\ \mathrm{Im}[\chi_\mathrm{e}(\omega)] &= \frac{1}{\pi} P \int_{-\infty}^{\infty} \frac{\mathrm{Re}[\chi_\mathrm{e}(\varpi)]}{\omega - \varpi} \mathrm{d}\varpi\end{aligned} \tag{C.15}$$

式(C.15)は実部と虚部が互いに生み合うことを示すから，角周波数ドメインの電気感受率が確かに複素関数で，その実部と虚部は互いに従属であることがわかる．

ところで，$\chi_\mathrm{e}(\omega)$ をフーリエ変換表示し，さらに実部と虚部に分けると，

$$\begin{aligned}\chi_\mathrm{e}(\omega) &= \int_{-\infty}^{\infty} \chi_\mathrm{e}(t) \mathrm{e}^{-\mathrm{i}\omega t} \mathrm{d}t \\ &= \int_{-\infty}^{\infty} \chi_\mathrm{e}(t) \cos \omega t \, \mathrm{d}t - \mathrm{i} \int_{-\infty}^{\infty} \chi_\mathrm{e}(t) \sin \omega t \, \mathrm{d}t\end{aligned}$$

となる．この式の角周波数の符号を反転させると，三角関数の性質から次の関係が成り立つ．

$$\chi_\mathrm{e}(-\omega) = \int_{-\infty}^{\infty} \chi_\mathrm{e}(t) \cos \omega t \, \mathrm{d}t + \mathrm{i} \int_{-\infty}^{\infty} \chi_\mathrm{e}(t) \sin \omega t \, \mathrm{d}t$$

先の式との比較から，$\chi_\mathrm{e}(\omega)$ の実部と虚部がそれぞれ偶関数および奇関数であることを意味する．これを利用すると，式(C.15)はつぎのように変形して，積分範囲を正の範囲に変更できる（ただし，$-\varpi \equiv \sigma$）．

$$\begin{aligned}-P \int_{-\infty}^{\infty} \frac{\mathrm{Im}[\chi_\mathrm{e}(\varpi)]}{\omega - \varpi} \mathrm{d}\varpi &= P \int_{-\infty}^{0} \frac{\mathrm{Im}[\chi_\mathrm{e}(\varpi)]}{\varpi - \omega} \mathrm{d}\varpi + P \int_{0}^{\infty} \frac{\mathrm{Im}[\chi_\mathrm{e}(\varpi)]}{\varpi - \omega} \mathrm{d}\varpi \\ &= P \int_{0}^{\infty} \frac{\mathrm{Im}[\chi_\mathrm{e}(\sigma)]}{\varpi + \omega} \mathrm{d}\sigma + P \int_{0}^{\infty} \frac{\mathrm{Im}[\chi_\mathrm{e}(\varpi)]}{\varpi - \omega} \mathrm{d}\varpi \\ &= P \int_{0}^{\infty} \frac{2\varpi \mathrm{Im}[\chi_\mathrm{e}(\varpi)]}{\varpi^2 - \omega^2} \mathrm{d}\varpi\end{aligned}$$

こうした計算から[5]，次式が得られる．

付録 C　クラマース・クローニッヒの関係式

$$\mathrm{Re}[\chi_\mathrm{e}(\omega)] = \frac{2}{\pi} P \int_0^\infty \frac{\varpi \, \mathrm{Im}[\chi_\mathrm{e}(\varpi)]}{\varpi^2 - \omega^2} \mathrm{d}\varpi$$

$$\mathrm{Im}[\chi_\mathrm{e}(\omega)] = -\frac{2\omega}{\pi} P \int_0^\infty \frac{\mathrm{Re}[\chi_\mathrm{e}(\varpi)]}{\varpi^2 - \omega^2} \mathrm{d}\varpi \tag{C.16}$$

この式の組を**クラマース・クローニッヒの関係式**（Kramers-Kronig (KK) relations）という．ここで，$\varepsilon_\mathrm{r}(t) = 1 + \chi_\mathrm{e}(t)$ をフーリエ変換した $\varepsilon_\mathrm{r}(\omega) - 1 = \chi_\mathrm{e}(\omega)$ を利用すれば，さらに次式が得られる．

$$\mathrm{Re}[\varepsilon_\mathrm{r}(\omega)] - \varepsilon_\infty = \frac{2}{\pi} P \int_0^\infty \frac{\varpi \, \mathrm{Im}[\varepsilon_\mathrm{r}(\varpi)]}{\varpi^2 - \omega^2} \mathrm{d}\varpi$$

$$\mathrm{Im}[\varepsilon_\mathrm{r}(\omega)] = -\frac{2\omega}{\pi} P \int_0^\infty \frac{\mathrm{Re}[\varepsilon_\mathrm{r}(\varpi)] - \varepsilon_\infty}{\varpi^2 - \omega^2} \mathrm{d}\varpi \tag{C.17}$$

ただし，式(2.3.58)で示したように，ε_∞ の置き換えを行っている．この式も KK の関係式として知られる．すなわち，誘電率もやはり複素数で，かつ実部と虚部が互いに従属であることが理解できる．また，このことから，誘電率の絶対値は KK 式からだけでは決められず，赤外領域での既知の屈折率を利用した $\varepsilon_{\mathrm{r},\infty} = n^2$ の値が必要となる．有機物の多くは，$n = 1.55$ として概ね問題ない．また，フッ素原子を多く含むパーフルオロアルキル化合物は $n = 1.35$，曲がった共役系をもつフラーレンは $n = 1.8$ という実験値を近似的に使うと便利である[8]．

ところで，式(C.11)に複素誘電率を入れて，実部と虚部に分けると，

$$\boldsymbol{P}(\omega) = \varepsilon_0 [\varepsilon_\mathrm{r}(\omega) - 1] \boldsymbol{E}(\omega)$$
$$= \varepsilon_0 \{(\mathrm{Re}[\varepsilon(\omega)] - 1) + \mathrm{i} \, \mathrm{Im}[\varepsilon(\omega)]\} \boldsymbol{E}(\omega)$$

となる．これを見ると，分極振動と電場振動との位相差は，$\mathrm{Im}[\varepsilon(\omega)]$ が引き起こしていることがわかる．つまり，電場振動によって分極が電場と同じ周波数でゆれていても，位相遅れのない場合は光吸収にはならないことがわかる．また，$\varepsilon_\mathrm{r} = 1 + \chi_\mathrm{e}$ を考慮すると，やはり線形分光法における凝縮系の光吸収の本質は，1 次の電気感受率の虚部にあることがわかる．

付録 D ■ 無機イオンの振動スペクトル[9]

表中の記号は，R：ラマン活性，IR：赤外活性，s：強い，m：中程度の強度，w：弱い．

正三角形構造（D_{3h}）

分 子	$\nu_1(A_1')$ R(s) 対称伸縮	$\nu_2(A_2'')$ IR(m) 変 角	$\nu_3(E')$ R(m), IR(s) 非対称伸縮	$\nu_4(E')$ R(m), IR(w) 変 角
$[CO_3]^{2-}$	1090〜1060	880〜860	1470〜1410	720〜680
$[NO_3]^-$	1070〜1045	840〜820	1380〜1350	725〜695
$[SO_3]^{2-}$	1215〜970	680〜620	980〜900	540〜440

正四面体構造（T_d）

分 子	$\nu_1(A_1)$ R(s) 対称伸縮	$\nu_2(E)$ R(m) 変 角	$\nu_3(T_2)$ R(w), IR(s) 縮重伸縮	$\nu_4(T_2)$ R(m), IR(m) 変 角
$[BF_4]^-$	777	360	1070	533
$[FeCl_4]^-$	330	114	〜378	〜136
$[FeCl_4]^{2-}$	266	82	286	119
$[PO_4]^{3-}$	938	420	1017	567
$[SO_4]^{2-}$	983	450	1105	611
$[ClO_4]^-$	928	459	1119	625
$[CrO_4]^{2-}$	846	349	890	378
$[CrO_4]^{3-}$	834	260	860	324
$[CrO_4]^{4-}$	806	353	855	404
$[MnO_4]^-$	839	360	914	430
$[MnO_4]^{2-}$	812	325	820	332
$[MnO_4]^{3-}$	810	324	839	349
$[FeO_4]^{2-}$	832	340	790	322
$[FeO_4]^{3-}$	776	265	805	335
$[FeO_4]^{4-}$	762	257	857	314

その他のイオン

イオン	波数/cm^{-1}	備 考
CN^-	2250〜2050(s)	
SCN^-	2060(s)	直 線 形
OCN^-	2170(s)	直 線 形
$[NO_2]^-$	1380〜1320(w), 1250〜1230(s), 840〜800(w)	折れ線形
$[HPO_4]^{2-}$	1100〜1000(s)	
$[Cr_2O_7]^{2-}$	900〜825(m), 750〜700(m)	

[引用文献]

1) Y. Itoh and T. Hasegawa, *J. Phys. Chem. A*, **116**, 5560（2012）
2) J. D. Jackson, *Classical Electrodynamics, 3rd Edition*, Wiley, New York（1998）
3) M. Born and E. Wolf, *Principles of Optics : Electromagnetic Theory of Propagation, Interference and Diffraction of Light, 7th Edition*, Cambridge University Press, Cambridge（1999）
4) P. Yeh, *Optical Waves in Layered Media, 2nd Edition*, Wiley, Hoboken（2005）
5) T. Hasegawa, *Quantitative Infrared Spectroscopy for Understanding of a Condensed Matter*, Springer, Tokyo（2017）
6) T. Hasegawa, *Chem. Phys. Lett.*, **627**, 64（2015）
7) T. Hasegawa, *Chem. Rec.*, **17**, 903（2017）
8) N. Shioya, T. Shimoaka, R. Murdey, and T. Hasegawa, *Appl. Spectrosc.*, **71**, 1242（2017）
9) K. Nakamoto, *Infrared and Raman Spectra of Inorganic and Coordination Compounds, Part A and Part B*, John Wiley & Sons, Hoboken, New Jersey（1997）

索　引

■欧　文

90 度位相成分　240
Abeles の伝達行列法　126, 276
AD 変換器　80
AFM-IR　262
ASTM 米国試験材料協会　91, 93
ATR 法全反射測定法　142
Berreman 効果　135
Binomial 法　116
CLS 回帰式　202
Colthup の相関表　186
Connes の利得　90
ER 法（外部反射法）　136
　——の表面選択律　138
Fellgett の利得　90
FFT フィルター　116
FT-IR 分光計　67
Golay セル　77
grazing angle 入射　134
Hansen の近似式　142
ILS 回帰法　205
Jacquinot の利得　90
KBr プレート法　161
KBr ペレット法　99
LO エネルギー損失関数　127
MAIRS 法　255
MCT 検出器　76

Mertz 法　88
MLR 回帰法　205
PCA 法（主成分分析法）　207
PCR 法（主成分回帰法）　212
PLS 法　214
pMAIRS 法　258
power 法　88
RA 法（RAS 法，反射吸収法）　132
　——の表面選択律　133
Savitzky-Golay 法　113, 116
SDBS　184
Si ボロメーター検出器　77
SVD 解析　208
TO エネルギー損失関数　127
α スペクトル　48

■和　文

ア

アパーチャー　159
アポダイゼーション（関数）　63, 86
アルドリッチ Spectral Viewer　185
異常光線　277
位相遅れ　240
位相変調測定　71
位相補正　88
一軸配向　103

索　引

イメージ測定　168
因子群　223
因子群解析　223
インターフェログラム　57, 68
エアーベアリング　71
エアリーディスク　157
液　晶　242
エネルギースペクトル　93
エバネッセント波　268
遠赤外線　2
円偏光　103
欧州薬局方　91
オーダーパラメーター　108
オーバーサンプリング　74
重み付け関数　115
折り返し　66
音響分枝　222

カ

開口数　156
回折限界　262
回転異性体　96
回転因子　83
外部反射法　136
角振動数　30, 45
ガスベアリング　71
カセグレン鏡　155
過渡状態法　239
カーブフィッティング　121
換算質量　29
干渉計　68
緩和時間　240
基準振動　33
帰　属　215

基本因子　210
基本音　5, 37
逆格子空間　222
逆対称伸縮振動　35, 97
既約表現　217
吸光指数　47
吸光度　24
吸収係数　25
共鳴増強 AFM-IR　263
均一幅　27
近赤外線　1
近接場光　268
空間分解　153
屈折率　28
クラマース・クローニッヒの関係式　49, 287
グループ振動　26, 98, 230
群　論　215
結合音　5, 37
ケミカルイメージ　154
ケモメトリックス　197
検索エンジン　183
検出器　75
減衰因子　50
減衰関数　239
顕微 ATR イメージ測定　173
顕微 ATR 測定　167
顕微 RA イメージ測定　171
顕微 RA 測定　164
顕微透過イメージ測定　170
顕微透過吸収測定　162
顕微反射測定　165
検量線　191
光学界面　53
光学定数　48

索　引

光学フィルター　81
光学分枝　222
光　源　74
交互禁制律　221
光　子　24
格子振動　2, 6
高速スキャン　71
高速フーリエ変換　82
　——フィルター　116
高分解　2
高分子フィルムの測定　101
ゴーシュ形　96
コーナーキューブミラー　71
コンボリューション　60
　——定理　61
　——幅　115

サ

サイドフォーカス型　79
差スペクトル法　111, 249
雑音等価パワー　75
サドラースペクトルデータベース　184
差分法　113
サーモパイル　3
サンプリング　65, 72
　——周波数　65
　——定理　65
サンプルシャフト　91
次　数　217
四則演算　111
磁束密度　43
磁　場　43
市販ライブラリー　184

指　標　216
しみ込み深さ　144, 267
指紋領域　230
弱吸収近似　125
重回帰分析　205
臭化カリウム錠剤法　99
主成分回帰法　212
主成分分析法　207
寿　命　240
シュレーディンガー方程式　30
消衰係数　47
焦電型検出器　75
試料室　78
シングルビームスペクトル　93
信号処理　79
伸縮振動　30
振動運動の自由度　29
振動基底状態　31
振動シュタルク効果　249
振動数　2, 23
振動スペクトル　3, 26
振動遷移　32
振動分光学　3
振動モード　36
振動量子数　31
振動励起状態　31
振幅変調測定　71, 240
垂直透過法の表面選択律　128
スケーリング因子　220
スコア　180
スコア-スコアプロット　211
スコアベクトル　208
ステップスキャン方式　71

293

索　引

スネルの法則　266
スプライン補間　119
スペクトル　82
スムージング　114
正反射法　147
赤外イメージ測定　168
赤外活性　39
赤外顕微鏡　154
赤外スペクトル　1, 25
赤外不活性　39
赤外分光学　1
赤外分光法　1, 26
絶対屈折率　45
絶対値法　88
零点エネルギー　32
ゼロフィリング　87
遷移モーメント　38
線形応答領域　239
センターバースト　58
センターフォーカス型　79
選択律　39
全反射　266
全反射測定法　142
装置関数　60

タ

対称種　217
対称伸縮振動　34, 97
対称操作　216
楕円偏光　103
多角入射分解分光法　255
縦ゆれ振動　97
多変量解析　197
単純移動平均法　116

単振動　30
断熱近似　28
断熱ポテンシャル　28
力の定数　29
中赤外線　1
長方形関数　62
調和振動子近似　29
直線偏光　103
定常状態法　239
定性分析　180
テイラー基準　64
定量分析　187
適応化平滑法　116
デコンボリューション　116
データの間引き　119
データ補間　119
電気感受率　43
電気双極子モーメント　38
電気伝導率　46
点　群　216
電磁波　23
電子分極　49
電束密度　43
電　場　43
電流密度　46
同位相成分　240
透過法　78, 126
透過率　24
透磁率　44
特性吸収帯　98, 230
特性振動　26
トランス形　96

294

ナ

二次構造　104
二色比　104
日本薬局方　91
入射孔　78
ノイズ因子　210

ハ

倍　音　5, 37
配向度　108
配向分極　49
波形解析　111
波形処理　111
波形分離　121
はさみ振動　97
波　数　2, 24
波数ベクトル　24, 45
バタフライ　85
波　長　1, 23
発光測定　78
波動関数　30
波動方程式　45
ハミルトン演算子　30
バリデーション　91
パワースペクトル　93
反　射　2
反射吸光度　132
反射吸収法　132
反射法　78
半値全幅　27, 51
バンドプログレッション　101
バンド分解　121

ピエゾ素子　71
光音響法　78
光チョッパー　71
光伝導型検出器　76
光の強度　47, 55
光のサイクル平均強度　47
ピークの波数　120
比検出度　75
非調和性　32
非調和定数　32
ビット数　80
ひねり振動　97
微　分　113
ビームスプリッター　56, 68
比誘電率　44
表　現　216
ヒルベルト変換　49
フェルミ共鳴　42, 98
不均一幅　27
プランク定数　24
フーリエセルフデコンボリューション　118
フーリエ変換　58
フーリエ変換赤外分光計　26, 67
ブリュースター角　141
フレネルの振幅透過率　275
フレネルの振幅反射率　275
分　解　2, 63, 71
分解能　64
分解パラメーター　188
分割統治法　85
分　極　43
分光器　1
分光計　1

索　引

分光光度計　1
分散関係　45
分散曲線　222
分　枝　222
分子振動　2,6
分子内座標　29
平滑化　114
米国試験材料協会　91, 93
米国薬局方　91
平面波近似　43
平面偏光　103
ベースの設定方法　120
ベースライン補正　113
ベールの法則　25
変形分極　49
偏光子　103
偏光スペクトル　103
偏光測定　103
変調測定　249
ボーアの振動数条件　26
ボイスコイル　71
ポインティングベクトル　275
放射照度　55
放　出　2
ホットバンド　33
ポリアセチレン　221
ポリエチレン　226
ボルツマン定数　32
ボルツマン分布　32
ボロメーター　3

マ

マイケルソン干渉計　56

マイラー　69
マクスウェル方程式　43
マッピング測定　168
密度汎関数理論　220
メカニカルベアリング　71
モル吸光係数　25

ヤ

誘電体　49
誘電率　44
ユークリッド距離　180
横ゆれ振動　97

ラ・ワ

ライブラリーサーチ　179
ラグランジュ補間　119
ラピッドスキャン　71
ラマンスペクトル　2
ラマン分光学　3
ランベルトの法則　25
ランベルト・ベールの法則　25
離散インターフェログラム　68
硫酸三グリシン検出器　75
量子化ノイズ　80
臨界角　266
ルーフトップミラー　71
レイリー基準　64, 158
連続スキャン方式　59, 71
ロックインアンプ　71
ローディングベクトル　208
和周波発生分光法　17

編著者紹介

古川　行夫　理学博士
ふるかわ　ゆきお

1981年東京大学大学院理学系研究科化学専攻修士課程修了．東北大学薬学部助手，東京大学理学部助手・講師・助教授を経て，1997年より早稲田大学理工学部教授．2007年から同大学理工学術院教授．

NDC 433　　306 p　　21 cm

分光法シリーズ　第4巻
ぶんこうほう　　　　だい　かん

赤外分光法
せきがいぶんこうほう

2018年4月24日　第1刷発行
2025年1月20日　第5刷発行

編著者	古川行夫
発行者	篠木和久
発行所	株式会社　講談社　　KODANSHA

〒112-8001　東京都文京区音羽2-12-21
　　販　売　(03) 5395-5817
　　業　務　(03) 5395-3615

編　集	株式会社　講談社サイエンティフィク
	代表　堀越俊一

〒162-0825　東京都新宿区神楽坂2-14　ノービィビル
　　編　集　(03) 3235-3701

印刷所	株式会社　双文社印刷
製本所	株式会社　国宝社

落丁本・乱丁本は，購入書店名を明記のうえ，講談社業務宛にお送りください．送料小社負担にてお取り替えします．なお，この本の内容についてのお問い合わせは講談社サイエンティフィク宛にお願いいたします．定価はカバーに表示してあります．
© Y. Furukawa, 2018

本書のコピー，スキャン，デジタル化等の無断複製は著作権法上での例外を除き禁じられています．本書を代行業者等の第三者に依頼してスキャンやデジタル化することはたとえ個人や家庭内の利用でも著作権法違反です．

Printed in Japan

ISBN 978-4-06-156904-1

講談社の自然科学書

【分光法シリーズ】

ラマン分光法	濱口宏夫・岩田耕一／編著	定価 4,620 円
近赤外分光法	尾崎幸洋／編著	定価 4,950 円
NMR分光法	阿久津秀雄ほか／編著	定価 5,280 円
赤外分光法	古川行夫／編著	定価 5,280 円
X線分光法	辻 幸一・村松康司／編著	定価 6,050 円
X線光電子分光法	髙桑雄二／編著	定価 6,050 円
材料研究のための分光法	一村信吾・橋本 哲・飯島善時／編著	定価 5,500 円
紫外可視・蛍光分光法	築山光一・星野翔麻／編著	定価 5,940 円
医薬品開発のための分光法	津本浩平・長門石 曉・半沢宏之／編著	定価 5,500 円
相関分光法	森田成昭・石井邦彦・廣井卓思／編著	定価 6,050 円

【エキスパート応用化学テキストシリーズ】

錯体化学	長谷川靖哉・伊藤 肇／著	定価 3,080 円
有機機能材料	松浦和則／ほか著	定価 3,080 円
光化学	長村利彦・川井秀記／著	定価 3,520 円
物性化学	古川行夫／著	定価 3,080 円
分析化学	湯地昭夫・日置昭治／著	定価 2,860 円
機器分析	大谷 肇／編・著	定価 3,300 円
環境化学	坂田昌弘／編・著	定価 3,080 円
高分子科学	東信行・松本章一・西野孝／著	定価 3,080 円
生体分子化学	杉本直己／編・著	定価 3,520 円
触媒化学	田中庸裕・山下弘巳／編	定価 3,300 円
量子化学	金折賢二／著	定価 3,520 円
コロイド・界面化学	辻井薫ほか／著	定価 3,300 円
セラミックス科学	鈴木義和／著	定価 3,300 円

※表示価格には消費税（10％）が加算されています。

2025年1月現在

講談社サイエンティフィク　www.kspub.co.jp

講談社の自然科学書

よくある質問 NMR スペクトルの読み方	福士江里／著	定価 2,750 円
よくある質問 NMR の基本	竹内敬人・加藤敏代／著	定価 2,860 円
改訂 酵素	虎谷哲夫ほか／著	定価 4,290 円
改訂 細胞工学	永井和夫・大森 斉・町田千代子・金山直樹／著	定価 4,180 円
バイオ機器分析入門	相澤益男・山田秀徳／編	定価 3,190 円
できる技術者・研究者のための特許入門	渕 真悟／著	定価 2,640 円
アカデミック・フレーズバンク	ジョン・モーリー／著	定価 2,750 円
色と光の科学	小島憲道・末元 徹／著	定価 2,860 円
X 線物理学の基礎	雨宮慶幸ほか／監訳	定価 7,700 円
はじめての光学	川田善正／著	定価 3,080 円
トポロジカル絶縁体入門	安藤陽一／著	定価 3,960 円
初歩から学ぶ固体物理学	矢口裕之／著	定価 3,960 円
XAFS の基礎と応用	日本 XAFS 研究会／編	定価 5,060 円
新版 X 線反射率法入門	桜井健次／編	定価 6,930 円
スピンと軌道の電子論	楠瀬博明／著	定価 4,180 円
リファレンスフリー蛍光 X 線分析入門	桜井健次／編著	定価 6,050 円
工学系のためのレーザー物理入門	三沢和彦・芦原 聡／著	定価 3,960 円
基礎からの超伝導	楠瀬博明／著	定価 3,740 円
やるぞ！ 化学熱力学	辻井 薫／著	定価 3,080 円
非エルミート量子力学	羽田野直道・井村健一郎／著	定価 3,960 円
初歩から学ぶ量子力学	佐藤博彦／著	定価 3,960 円
新版 有機反応のしくみと考え方	東郷秀雄／著	定価 5,280 円
詳説 無機化学	福田 豊・海崎純男・北川 進・伊藤 翼／編	定価 4,708 円
界面・コロイド化学の基礎	北原文雄／著	定価 3,740 円
新版 石油精製プロセス	石油学会／編	定価 27,500 円
最新工業化学	野村正勝・鈴鹿輝男／編	定価 3,630 円
改訂 有機人名反応 そのしくみとポイント	東郷秀雄／著	定価 4,290 円
若手研究者のための有機合成ラボガイド	山岸敬道ほか／著	定価 4,620 円

※表示価格には消費税（10％）が加算されています。

2025 年 1 月現在

講談社サイエンティフィク www.kspub.co.jp

講談社の自然科学書

新版 すぐできる 量子化学計算ビギナーズマニュアル	武次徹也／編	定価 3,520 円
高分子の合成（上）	遠藤 剛／編	定価 6,930 円
高分子の合成（下）	遠藤 剛／編著	定価 6,930 円
タンデム質量分析法　MS/MSの原理と実際	藤井敏博／編著	定価 4,400 円
化学版 これを英語で言えますか？	齋藤勝裕・増田秀樹／著	定価 2,090 円
高分子の構造と物性	松下裕秀／編著	定価 7,040 円
光散乱法の基礎と応用	柴山充弘ほか／編著	定価 5,500 円
免疫測定法	生物化学的測定研究会／著	定価 8,580 円
ウエスト固体化学	A.R. ウエスト／著	定価 6,050 円
熱分析 第4版	吉田博久・古賀信吉／編著	定価 7,920 円
X線・光・中性子散乱の原理と応用	橋本竹治／著	定価 7,700 円
新版 石油化学プロセス	石油学会／編	定価 33,000 円
ゲルの科学	長田義仁・K. Dusek・柴山充弘・浦山健治／編	定価 9,900 円
物質・材料研究のための透過電子顕微鏡	木本浩司ほか／著	定価 5,500 円
量子コンピュータによる量子化学計算入門	杉﨑研司／著	定価 4,180 円
核酸科学ハンドブック	杉本直己／編	定価 9,350 円
現代物性化学の基礎 第3版	小川桂一郎・小島憲道／編	定価 3,520 円
はじめての無機材料化学	小澤正邦／著	定価 2,860 円
固体表面キャラクタリゼーション	山下弘巳ほか／編著	定価 4,180 円
これからの環境分析化学入門 改訂第2版	小熊幸一ほか／編著	定価 3,300 円
語りかける量子化学	北條博彦／著	定価 3,410 円
理工系大学基礎化学実験 第5版	東京工業大学化学実験室／編	定価 2,530 円
ゼオライトの基礎と応用	辰巳敬ほか／編	定価 6,050 円
機能性色素ハンドブック	長村利彦／編著	定価 27,500 円
香料の科学 第2版	長谷川香料株式会社／著	定価 2,750 円
よくわかる物理化学	佐藤尚弘／著	定価 3,080 円
リビングラジカル重合ガイドブック	松本章一／著	定価 6,050 円

※表示価格には消費税（10％）が加算されています。

2025年1月現在

講談社サイエンティフィク　www.kspub.co.jp